星载微波探测仪反演大气参数研究

贺秋瑞　张瑞玲　贾俊奇　著

科学出版社
北　京

内 容 简 介

星载微波探测仪是获取全球大气温湿廓线及地表参数的重要仪器，在气候变化研究、数值天气预报、气象灾害监测与预报等大气应用中发挥着重要作用。本书以风云三号卫星搭载的两个微波探测仪(主要用于探测温湿廓线的微波湿温探测仪和探测温度廓线的微波温度计II型)为研究对象，对风云三号卫星微波探测仪遥感数据在大气中的反演应用进行了深入研究。内容包括微波探测仪遥感大气理论基础、微波探测仪对温湿廓线的物理反演及改进措施、微波探测仪对温湿廓线的统计反演及改进措施、深度神经网络在星载微波探测仪反演中的应用研究、微波探测仪反演温湿廓线的验证方法研究、星载微波遥感海面气压原理及多频段融合反演研究、微波探测仪对海面气压的敏感性测试研究、60 GHz 和 118 GHz 对海面气压的探测能力对比与分析。本书开展的星载微波探测仪反演大气参数理论与方法研究对于促进微波遥感大气理论和应用的发展，以及进一步拓展国产卫星遥感数据的应用能力具有重要的理论意义和应用价值，同时可为后续星载被动微波遥感仪器的研制提供重要参考。

本书内容丰富、可读性强，适合大气科学、微波遥感和卫星应用领域研究的相关技术从业人员学习和参考。

图书在版编目（CIP）数据

星载微波探测仪反演大气参数研究 / 贺秋瑞，张瑞玲，贾俊奇著. -- 北京 : 科学出版社，2025. 3. --ISBN 978-7-03-080381-8

Ⅰ. P41

中国国家版本馆 CIP 数据核字第 20240UQ505 号

责任编辑：阚　瑞 / 责任校对：胡小洁

责任印制：师艳茹 / 封面设计：蓝正设计

科学出版社 出版

北京东黄城根北街 16 号

邮政编码：100717

http://www.sciencep.com

北京中科印刷有限公司印刷

科学出版社发行　各地新华书店经销

*

2025 年 3 月第　一　版　开本：720×1000　1/16

2025 年 3 月第一次印刷　印张：13 1/2　插页：1

字数：270 000

定价：128.00 元

（如有印装质量问题，我社负责调换）

前　言

星载微波探测仪是采集地球大气数据及其变化信息的重要遥感仪器，在大气环境监测、数值天气预报和气候变化研究等诸多领域发挥着重要作用。微波探测仪遥感数据可使用反演算法将其转换为大气参数信息，同时也可在数值天气预报同化系统中直接进行同化应用。与同化系统相比，反演在微波遥感领域有其独特的优势，并发挥着不可替代的作用。在区域三维大气探测应用中，对探测数据的时效性、精度及空间分辨率等方面提出了更高的要求，反演系统的区域灵活性尤为重要。反演的大气参数能够独立于模式，可避免模式偏差导致的分析/再分析数据的系统偏差，这对于气候变化研究具有重要意义。另外，反演系统在改善同化系统初始场、评估观测数据质量和优化仪器性能等方面也发挥着重要作用。本书以风云三号系列卫星搭载的微波探测仪(微波湿温探测仪(microwave humidity and temperature sounder, MWHTS)和微波温度计 II 型(microwave temperature sound-II, MWTS-II))为研究对象，重点介绍作者近年来关于星载微波遥感温湿廓线和海面气压的研究进展和成果，对反演应用中所涉及的大气辐射传输理论、微波遥感大气原理、数据处理手段、反演算法、反演结果与结论等进行详尽介绍，结构和章节划分清晰，所有技术成果对于读者而言均可复现。

本书共 10 章。第 1 章为绪论，主要介绍星载微波探测仪反演大气参数的研究背景、国内外发展现状及发展趋势、风云三号卫星 MWHTS 和 MWTS-II 仪器特征；第 2 章为微波探测仪遥感大气理论基础，主要介绍地球大气成分和热结构、微波在大气中的传输机制、反演中常用的快速辐射传输模型、星载微波探测仪探测温湿参数原理及反演方法；第 3 章是 MWHTS 物理反演大气温湿廓线研究，主要介绍一维变分算法原理、算法参数的确定方法，使用物理反演系统开展温湿廓线反演实验，并评价微波湿温探测仪的探测能力；第 4 章是 MWHTS 物理反演系统的改进方法研究，主要阐述线性回归方法和神经网络方法反演温湿廓线原理，提出通过改进背景廓线和观测偏差效果来改进物理反演系统的两种改进措施，建立全天候条件下的 MWHTS 物理反演系统；第 5 章是深度神经网络在 MWHTS 反演中的应用研究，主要介绍深度神经网络算法、基于深度神经网络的观测偏差校正方法和基于深度神经网络的温湿廓线反演方法，在三种常用的反演方案中对比浅层神经网络和深度神经网络的应用效果；第 6 章是基于模拟亮温的统计反演方案的改进，主要介绍基于深度神经网络的辐射传输模型的建立方法，在反演实验中对比物理基辐射传输模型和基于深度神经网络的辐射传输模型在统计反演中的应用效果，验证基于深度神经网络的辐射传输模型改进基于模拟亮温的统计反演方案的可行性；第 7 章是微波探测仪反演温湿廓线的验证方法研究，主要介绍微波探测仪各通道主要探测范围的判定方法、反演参数参与计算反演基模拟亮温的计算方法，以及根据反演基模拟亮温和参考模拟亮温的对比结果验证反演结果的方法；第 8 章是 MWHTS 和 MWTS-II 融合反演海面气压，主要阐述星载微波遥感海面气压原理、星载微波探测仪各通道对海面气压反演贡献测试方法及融合反演海面气压的最优通道组合的建立方法；第 9 章是 MWTS-II 对海面气压的敏感性测试研究，主要介绍基于深度神经网络的 MWTS-II 对海面气压的敏感性测试方法，以及深度神经网络应用于敏感性测试中的稳定性评估；第 10 章是 60 GHz 和 118 GHz 的海面气压探测能力对比，主要开展 60 GHz 和 118 GHz 通道组合对海面气压的探测能力对比、MWTS-II 的高空探测通道对海面气压反演的贡献测试，以及 MWHTS 和 MWTS-II 对海面气压的探测能力对比。

本书是作者近年来关于星载微波遥感温湿廓线和海面气压的研究成果总结，由贺秋瑞、张瑞玲和贾俊奇共同完成。具体分工如下：贺秋瑞负责第 1、2、4、7、8、9、10 章；张瑞玲负责第 3 章；贾俊奇负责第 5、6 章。

感谢国家自然科学基金(41901297、42306198)、河南省科技攻关项目(242102320012、202102310017)、中国博士后科学基金(2021M693201)的资助。本书相关工作得到了中国科学院国家空间科学中心王振占研究员、张升伟研究员、何杰颖研究员、王文煜博士，北京国信航宇科技有限公司李彬董事长，北京信息科技大学张兰杰博士，上海大学李娇阳博士等的指导，在此表示感谢。特别感谢我的妻子郭艳辉，她对我的信任、鼓励和包容伴我一路前行，感谢我的女儿和儿子，他们是我最大的幸福源泉和不断前进的动力。同时感谢为本书顺利出版投入心血和辛勤工作的所有人。

由于作者水平有限，书中难免有不足之处，恳请读者批评指正。

贺秋瑞

2024.5

目　　录

第1章 绪 论

1.1 星载微波探测仪反演大气参数的研究背景

大气温度廓线、湿度廓线和表面气压是描述大气状态的基本参数，在数值天气预报、气候变化研究、预报和监测强对流天气等大气应用中发挥着重要作用[1]。同时，大气的温、湿、压参数直接影响了太阳短波辐射与地-气系统长波辐射的相互作用，进而影响全球的辐射能量收支平衡[1,2]。大气温、湿、压参数信息的获取与人类的生存和生活息息相关。

无线电探空仪作为历史上最早的大气探测工具，能够进入大气中对温度、湿度、压强和风等参数进行直接测量，其探测资料的可信度较高，可满足大量气象应用的需求，目前仍然是其他大气探测手段的参考基准[3]。随着数值天气预报技术的发展和气象应用领域的扩展，大气应用对探空资料时空分辨率的要求越来越高。目前，地面无线电探空网络虽然在全球范围内提供了良好的覆盖，但是单次探测成本高，探测持续时间长，通常只能提供 12 小时间隔的观测资料。对于暴风雷闪和强阵雨天气等研究而言，无线电探空仪观测数据(radiosonde observation，RAOB)的时间分辨率是远不能满足要求的。同时，受观测条件和仪器自身限制的影响，RAOB 存在一定的采样误差和测量偏差。另外，在沙漠、海洋和森林等人迹罕至的区域，无线电探空网络的覆盖率很低，RAOB 匮乏[4,5]。大气遥感观测是对 RAOB 的补充和扩展。地基遥感观测虽然具有较高的时间分辨率，但探测高度有限，不能提供高层大气的准确信息，且同样面临着空间分辨率低的问题。星载遥感观测具有经济效益高、探测区域覆盖广、空间分辨率高、可连续且全球密集探测等优点，是大气科学理论和应用研究中获取大气参数信息的重要手段[6]。由于微波可以穿透大气中的水汽凝结物、沙尘和植被等，且不受太阳辐射的影响，因此星载微波遥感在众多大气遥感技术中优势显著[7]。

在星载遥感观测的有效载荷中，微波辐射计不发射电磁波，而是通过被动接收被观测场景的微波辐射来实现探测的目的，本质上是一种高灵敏度的接收机[3]。微波辐射计使用氧气吸收频段和水汽吸收频段分别对大气的温度和湿度进行探测。在微波频段，氧气有一系列的转动谱线，组合成峰值在 60 GHz 附近的吸收谱带，同时氧气吸收谱线在 118.75 GHz 处存在一个孤立的吸收峰。由于氧气在地球大气中几乎是均匀混合的，可通过测量其辐射实现对温度廓线的探测。水汽吸收谱线在 22.235 GHz 和 183.31 GHz 形成了吸收峰，通过测量水汽的微波辐射可实现对大气水汽信息的探测，如水汽廓线、大气可降水、云中液态水含量等。

根据微波辐射测量原理，探测大气参数在垂直结构上的分布信息的微波辐射计称为微波探测仪，如可探测温湿廓线的先进微波探测装置(advanced microwave sounding unit，AMSU)、先进技术微波探测仪(advanced technology microwave sounder，ATMS)、MWHTS 和可探测温度廓线的 MWTS-II 等[8]。目前，星载微波探测仪已积累大量全球大气观测数据，对于大气科学领域的各种理论和应用研究至关重要[9-11]。

从数据应用的角度而言，微波探测仪遥感数据可被反演为大气参数信息，同时也可在数值天气预报同化系统中被直接同化应用[12]。与同化相比，反演在微波遥感领域有其独特的优势，并发挥着不可替代的作用。区域三维大气探测应用对探测数据的时效性、精度及空间分辨率等方面提出了更高的要求，反演系统的区域灵活性更具优势。反演的大气参数能够独立于模式，可避免模式偏差导致的分析/再分析数据的系统偏差，这对于气候变化研究具有重要意义。另外，反演系统在改善同化系统初始场、评估卫星数据质量和优化仪器性能等方面也发挥着重要作用[13]。本书首先对辐射传输理论和微波遥感大气机理进行了系统的阐述，以风云三号(fengyun-3，FY-3)卫星 MWHTS 和 MWTS-II 观测数据为研究对象，重点研究了物理反演算法的反演原理及改进措施、辐射传输模型对反演精度的影响、反演大气参数的验证方法、微波遥感海面气压理论分析及验证、微波观测对海面气压的敏感性分析，以及多频段融合反演海面气压等。

1.2 国内外星载微波探测仪的发展现状

1.2.1 国外星载微波探测仪的发展

在国际上，利用星载微波辐射计探测大气已有将近 60 年的历史。星载微波探测仪的发展以俄罗斯、美国和欧洲为主要代表[14,15]。1998 年，俄罗斯发射的 METEOR-3M 卫星上搭载了工作频率设置在 18.7～183.0 GHz 范围的微波成像探测仪，主要用于探测全球大气温度和水汽等参数[16,17]。另外，SICH-1 卫星上搭载的工作频率设置在 6.9～183.0 GHz 范围的 MTVZA-OK 微波辐射计与微波成像探测仪的功能相似，但其在 6 km 以下具有更强的水汽探测能力[18,19]。美国和欧洲均在星载微波遥感领域投入了大量的人力和物力，促进了大气微波遥感技术的快速发展。

美国研制的且在气象应用领域发挥重要作用的星载微波探测仪主要包括：1972 年发射的 Nimbus-5 卫星上搭载的电子扫描微波辐射计(electrically scanning microwave radiometer，EMSR)，其工作频率为19.3 GHz、22.2 GHz、31.4 GHz、53.6 GHz、54.9 GHz和58.8 GHz，具有穿透浓密云层的垂直探测能力，可同时探测大气温湿廓线[20]。1978年发射的第一颗业务化极轨气象卫星TIROS-N及之后到1998年间发射的9颗业务化气象卫星(NOAA-6～NOAA-14)均搭载的微波探测仪(microwave sounding unit，MSU)，其工作频率为50.3 GHz、53.74 GHz、54.96 GHz和57.95 GHz，主要用来探测云区温度的垂直分布信息。虽然MSU实现了业务化应用，但受通道设置的限制，其对探测大气的贡献有限[21,22]。1987年发射的国防气象卫星(defense meteorological satellite program，DMSP)搭载的特种微波成像仪(special sensor microwave/imager，SSM/I)和特种微波大气垂直探测仪(special sensor microwave water vapor sounder，SSM/T)，其工作频率设置在60 GHz氧气吸收带、183.31 GHz水汽吸收线附近及窗区90 GHz和150 GHz附近，在天气预报、气象保障和强对流天气监测等方面发挥了重要作用，极大地促进了大气微波遥感技术的发展[23]。从1998年发射NOAA-15卫星开始，20通道的AMSU取代了原低分辨率的MSU。AMSU包括AMSU-A和AMSU-B，其中，AMSU-A的通道主要设置在50～60 GHz氧气吸收带，用于探测大气温度；AMSU-B的通道主要设置在183.31 GHz水汽吸收线附近，主要用于探测大气水汽信息。AMSU-A和AMSU-B均具有全天候的温湿廓线探测能力。NOAA-15卫星的后继星，包括2000年发射的NOAA-16星、2002年发射的NOAA-17星、2005年发射的NOAA-18星和2009年发射的NOAA-19星，均搭载了AMSU[24]。2002年发射的对地观测系统(earth observing system，EOS)AQUA卫星上除了搭载AMSU外，还搭载了巴西研制的微波湿度探测仪(humidity sounder for Brazil，HSB)，其工作频率设置在89 GHz、150 GHz和183.31 GHz，主要用于探测云和大气水汽信息[25]。2003年发射的国防气象卫星DMSP上装载了特殊传感器微波成像仪/探测仪(special sensor microwave imager/sounder，SSMIS)。SSMIS综合SSM/T和SSM/I的功能于一体，可同时探测大气温湿信息及云参数信息[26]。2011年发射的Suomi NPP卫星装载的ATMS继承了AMSU的特点，在质量、尺寸和功率等方面得到了改进，其工作频率设置在23.8 GHz、50～60 GHz、88.2 GHz、165.5 GHz和183 GHz频段，可对晴空和云天条件下的温湿廓线实现高精度反演，服务于数值天气预报系统，进而提高中短期天气预报精度[27]。另外，2017年发射的NOAA-20卫星和2022年发射的NOAA-21卫星均搭载了ATMS。

欧洲对星载微波探测仪的研制主要包括：欧洲气象卫星组织分别于2006年、2012年和2018年发射了气象业务卫星MetOp-A、MetOp-B和MetOp-C，其均搭载了AMSU-A和MHS，目的是实现大气的温湿参数及雨、雪和冰雹等参数的探测[28]。

1.2.2 国内星载微波探测仪的发展

我国对星载微波探测仪的研制起步较晚，但起点高，发展快。2000 年，中国科学院国家空间科学中心研制了 90 GHz 和 118.75 GHz 微波辐射计，并对 90 GHz 微波辐射计开展了机载校飞实验，成功获取黄河和渭河地区的微波辐射图像。2002 年，中国科学院国家空间科学中心研制的 183.31 GHz 微波辐射计的技术指标达到国际先进水平。此后，我国的星载微波遥感大气技术飞速发展。FY-3A 卫星和 FY-3B 卫星是我国新一代极轨气象卫星的试验试用卫星，分别于 2008 年和 2010 年成功发射。FY-3A 卫星是我国第一颗载有微波探测仪的气象卫星，搭载了两个微波探测仪，即微波湿度计(microwave humidity sounder，MWHS)和微波温度计(microwave temperature sounder，MWTS)。MWHS 由中国科学院国家空间科学中心研制，其通道设置在 150 GHz 和 183.31 GHz 附近，可探测大气湿度的垂直分布、水汽含量、降雨量和卷云参数等；MWTS 由中国航天科技集团第五研究院西安分院研制，其通道设置在 50～60 GHz 频段，主要探测大气温度的垂直分布[29]。FY-3B 卫星搭载了与 FY-3A 卫星相同的微波探测仪，实现了上下午双星同时在轨运行的局面，大大提升了我国气象监测水平和天气预报的预测能力。

FY-3C 和 FY-3D 卫星是我国第二代业务化极轨气象卫星，分别于 2013 年和 2017 年成功发射，充分继承了 FY-3A 和 FY-3B 卫星的成熟技术。FY-3C 和 FY-3D 卫星搭载了相同的微波探测仪，即 MWHTS 和 MWTS-II，分别是 FY-3A 和 FY-3B 卫星上 MWHS 和 MWTS 的升级产品。MWHTS 在 89 GHz、118.75 GHz、150 GHz 和 183.31 GHz 频段内设置了 15 个通道，可实现大气温湿廓线的同时探测，其中，设置在 89 GHz 和 150 GHz 处的两个窗区通道可用于降水判识。MWTS-II 在 50～60 GHz 频段设置了 13 个通道，进一步提升了对大气温度廓线的探测能力。FY-3C 和 FY-3D 卫星共同组网，形成了我国新一代极轨气象卫星上、下午星组网观测的业务布局，进一步提高了大气探测精度，增强了温室气体监测、空间环境综合探测和气象遥感探测能力，提升了气象卫星综合应用水平。

FY-3E 和 FY-3F 卫星分别于 2021 年和 2023 年成功发射，在确保气象全球成像和大气垂直探测业务的基础上，强化了地球系统综合观测能力，进一步提升我国在全球数值天气预报、全球气候变化应对和综合防灾减灾等方面的能力和水平。FY-3E 和 FY-3F 卫星搭载了相同的微波探测仪，即 MWHTS-II 和 MWTS-III。MWHTS-II 继承了 MWHTS 的技术体制，窗区探测频率由 150 GHz 更改为 166 GHz，进一步提升了仪器辐射定标精度和探测灵敏度。MWTS-III 在 MWTS-II 的基础上，结合国际上垂直温度分布探测仪器的发展趋势，增加了 23.8 GHz、31.4 GHz、53.246±0.08 GHz、53.948±0.081 GHz 四个通道，提高了仪器的探测能力和性能指标。

1.2.3 星载微波探测仪反演大气温湿廓线的研究现状

辐射定标可把星载微波探测仪测量地-气系统的原始遥感计数值转换为亮温信息，而反演可进一步从亮温中提取大气温度、湿度及云水参数等信息。反演的目的是把星载微波辐射计观测的亮温信息转换成最可能的大气参数信息[30]。

早在 1956 年 King 便开始了大气热辐射和大气温度的相关性研究[31]。Kaplan 在 1959 年根据大气成分的吸收谱推导出大气温度的垂直分布信息[32]。Kondratyev 和 Timofeev 在星载遥感大气方面开展了大量的理论研究，并提出了大气遥感探测的概念[33]。20 世纪 70 年代，随着星载大气探测传感器的发展，基于星载观测数据的大气参数反演方法也随之发展、丰富和完善。目前，大气温湿廓线反演方法主要分为三类：物理反演方法，统计反演方法和物理统计反演方法。

物理反演方法的本质是通过对大气辐射传输方程求逆来实现对大气参数的最优估计。该方法物理概念清晰，是提高反演精度的根本途径。国外比较有代表性的研究成果包括：1968 年 Chahine 建立了对辐射传输方程求逆的松弛法，成功反演了温度廓线，并对解的唯一性和稳定性进行了检验，同时推导了其他大气参数的反演方程，如吸收气体浓度，云顶高度，云量等[34]。然而，Chahine 建立的松弛法在反演过程中未考虑温度场的内在相关性，反演精度有限，未被业务化反演采用。1970 年 Smith 在非线性反演研究的基础上，建立了 Smith 迭代反演算法[35]。该算法不受观测数量的限制，反演结果与传统观测资料的一致性较高。之后 Smith 又提出同时物理反演算法，通过求解多参数线性化亮温泛函方程实现温湿廓线和地表参数的同时反演，是业务化反演软件 ITPP 的核心算法[36]。1976 年 Rodgers 对前人的物理反演方法进行了总结，指出非线性问题的物理求解包括两个阶段，即迭代求解和对解的限制，并对影响迭代求解的因素进行了详细的讨论[37]。1978 年 Ledsham 和 Staelin 首次把 Kalman-Bucy 滤波器应用于温度廓线的反演，反演精度相比线性回归算法有很大提高[38]。1979 年 Schaerer 和 Wilheit 分析了 183.31 GHz 水汽吸收线附近的通道权重函数，使用物理迭代算法反演了水汽廓线，验证了 183.31 GHz 频段探测水汽廓线的可行性[39]。2001 年 Rosenkranz 基于最小方差迭代算法开展了 AMSU-A 和 AMSU-B 反演温湿廓线研究，通过把反演的温度廓线作为先验信息提高了湿度廓线的反演精度[6]。2005 年 Liu 和 Weng 基于一维变分算法开展了 AMSU 反演大气温度、湿度和云水廓线的研究，把反演过程分为不考虑散射和考虑散射的两种场景，进一步改善了反演精度，实现了大气参数的全天候反演[40]。

国内在星载遥感大气领域也开展了大量的物理反演工作。1974 年曾庆存对大气遥感探测理论开展了系统性研究[41]。1981 年黄润恒使用 Chahine 建立的松弛法开展了一系列模拟反演实验，并讨论了影响反演精度的众多因素[42]。1982 年，周秀骥等深入研究了微波遥感方程，探讨了第一类 Fredholm 积分方程形式的遥感方程的求解，同时提出了针对核函数的最优化通道组合方法[43]。1984 年黎光清等根据大气温度遥感方程的非适定性，提出了有偏估计调整算法，并在建立温湿参数初始估计、光谱特性的修正和通道优化选择等方面做了大量改进工作，建立了改进同步物理反演方法[44,45]。2001 年王寅虎等从辐射传输方程中求解了温湿权重函数的解析形式，利用牛顿非线性迭代方法反演了温湿廓线，并用经验正交函数的线性组合表示反演结果，改善了反演精度[4]。2011 年杨寅开展了 AMSU 在不同天气条件下反演大气参数的研究，使用一维变分算法反演了晴空、有云和降水条件下的温度、湿度和水汽凝结物，并对 AMSU 的观测误差进行了重估计[30]。2013 年王曦等以 Smith 迭代算法为基础建立了物理迭代算法，开展了晴空条件下 FY-3A/MWHS 反演水汽廓线研究，反演结果与红外水汽廓线产品的一致性较高[46]。

物理反演方法在反演之前需要针对卫星观测数据开展大量的预处理工作，且反演性能受多个因素的影响，如大气辐射传输模型的精度、观测亮温的偏差校正效果、初始廓线的偏离程度等。因此，物理反演算法计算量较大，时效性差，在业务化反演实现时有一定的难度。

统计反演方法是随着反演理论的发展而发展的，其本质是建立历史大气参数和卫星观测数据之间的统计回归模型，具有操作简单、计算量小和时效性强等优点。国外关于星载微波探测仪的统计反演成果主要包括：1976 年 Smith 和 Woolf 提出特征向量反演方法，建立了星载微波探测仪观测数据和反演参数之间的统计模型，避免了物理反演方法中的权重函数计算，基于 Nimbus-6/SCAMS 观测数据成功反演了温度廓线[47]；1980 年 Ali 等使用线性回归方法开展了 118.75 GHz 通道对温度廓线的模拟反演研究，并证明线性回归方法由于不能有效处理非线性关系，在降雨条件下的反演性能较差[48]；1982 年 Komichak 发展了统计 D 矩阵反演方法，根据历史观测数据求解反演算子，成功反演了水汽廓线[49]；1994 年 Churnside 等首先使用神经网络方法反演了温度廓线，并证明了神经网络方法对低空逆温和湿度变化有较强的反演能力[50]；1995 年 Goldberg 等以监测气候变化的目的发展了约束回归算法，利用 NOAA 业务化极轨气象卫星上的 MSU 观测数据成功反演了温度廓线[51]；2013 年 Mathur 等以线性统计回归算法为基础发展了水汽依赖算法，对 SAPHIR 观测数据分别进行海洋和陆地上空的湿度廓线反演，并对反演精度开展了多源数据验证[52]。

国内针对星载微波探测仪的统计反演也开展了大量的研究工作，比较有代表性的研究成果包括：1986 年王振会使用线性统计回归方法开展了星载和地基微波辐射计联合反演温度廓线的研究，并用甚高频雷达测量的高度信息改善了对流层顶处的温度反演精度[53]；2003 年陈洪斌等分析了 118.75 GHz 通道的通道权重函数，使用线性统计回归方法开展了模拟反演实验，验证了 118.75 GHz 通道对温度廓线的反演能力[54]；2005 姚志刚等使用神经网络方法在东亚上空开展了 NOAA-16/

AMSU-A 反演温度廓线的反演研究，取得了优于 IAPP 反演软件包的反演结果[55]；2010 年何杰颖等基于神经网络方法建立了联合地基大气廓线仪和 FY-3A/MWHS 的统计反演模型，改善了地基大气廓线仪和 MWHTS 各自的反演精度[56]；2010 年谭永强等针对神经网络反演算法中存在多个局部极值和隐含层神经元个数难以确定的问题，利用支持向量机对 AMSU 模拟亮温进行了反演，验证了支持向量机可以描述反演中的非线性关系，并成功反演了温湿廓线[57]；2011 年陈昊和金亚秋使用统计 D 矩阵方法实现了整个西北太平洋海域温湿廓线的三维反演，首次把 FY-3A 微波遥感观测数据应用于中国大气观测与台风监测的个例中[58]；2022 年张兰杰等基于 FY-3D/MWHTS 观测数据开展了北极地区上空温湿廓线的反演研究，对比了一维变分算法、深度神经网络算法和长短时记忆模型的反演结果，验证了深度神经网络应用于星载微波探测仪反演温湿廓线的能力[59]。

物理统计反演方法综合了物理反演方法和统计反演方法的优势，例如，在统计反演时使用辐射传输模型计算的模拟亮温反演大气参数，可避免大气参数与实测亮温的时空匹配误差；在物理反演时利用统计反演方法产生的反演结果作为物理迭代的初始廓线，可进一步提高大气参数的物理反演精度。国外关于星载微波探测仪的物理统计反演成果主要包括：2000 年 Li 等以非线性物理迭代反演方法为核心，把回归反演结果作为物理反演的初始廓线，基于改进型泰罗斯卫星 ATOVS 搭载的 AMSU-A 和 HIRS 开发了业务化反演软件 IAPP[60]；2003 年 Hwan 等在 IAPP 的基础上，以美国国家环境预报中心(National Centers for Environmental Prediction，NCEP)预报场作为物理反演方法的初始场开发了反演软件 AAPP，该反演软件在韩国气象局业务化运行多年[1]；2011 年 Boukabara 等以一维变分算法为基础发展了反演系统 MIRS。MIRS 在全天候条件下具有较高的温湿廓线反演能力，并可提供关于云参数和地表参数的多种反演产品，已成功业务化应用于多个星载微波传感器，如 AMSU、MHS、SSMI/S、ATMS[13,61]。

国内针对星载微波探测仪开展的物理统计反演工作主要有：2005 年魏应值和许建民以辐射传输模型计算的通道权重函数作为约束条件，开展了 AMSU 对温度廓线的统计反演研究，反演的温度场可以揭示热带气旋的暖核结构[62]；2007 年黄静等利用奇异值分解技术产生的正交基函数实现了实测亮温对温湿廓线的反演，该反演方案以统计反演方法为基础，实现了对水汽廓线的高质量反演[63]。

1.3 风云三号 D 星微波探测仪介绍

1.3.1 MWHTS

MWHTS 是 FY-3A 和 FY-3B 卫星 MWHS 的升级产品，由 MWHS 的 5 个通

道增加至15个通道，包括设置在118.75 GHz氧气吸收线附近的8个温度通道、设置在183.31 GHz水汽吸收线附近的5个湿度通道和分别设置在89.0 GHz和150.0 GHz处的两个窗区通道。表1.1列出了MWHTS接收机的通道参数。

表1.1　MWHTS接收机通道参数

通道	中心频率/GHz	带宽/MHz	灵敏度/K	在轨灵敏度/K	定标精度/K	WF峰值高度/hPa
1	89.0	1500	1.0	0.23	1.3	地表
2	118.75±0.08	20	3.6	1.62	2.0	30
3	118.75±0.2	100	2.0	0.75	2.0	50
4	118.75±0.3	165	1.6	0.59	2.0	100
5	118.75±0.8	200	1.6	0.65	2.0	250
6	118.75±1.1	200	1.6	0.52	2.0	350
7	118.75±2.5	200	1.6	0.49	2.0	地表
8	118.75±3.0	1000	1.0	0.27	2.0	地表
9	118.75±5.0	2000	1.0	0.27	2.0	地表
10	150.0	1500	1.0	0.34	1.3	地表
11	183.31±1.0	500	1.0	0.47	1.3	300
12	183.31±1.8	700	1.0	0.34	1.3	400
13	183.31±3.0	1000	1.0	0.30	1.3	500
14	183.31±4.5	2000	1.0	0.22	1.3	700
15	183.31±7.0	2000	1.0	0.27	1.3	800

MWHTS是超外差式接收机的全功率型微波辐射计，接收机系统由天线、接收机单元、数据处理单元和电源单元组成。MWHTS通过一个垂直于卫星飞行轨迹进行扫描的天线反射面获得来自地-气系统的辐射信息，采用机械扫描方式，扫描宽度约为2700 km，如图1.1所示。MWHTS的扫描周期为2.667 s，由电机带动天线进行360°的圆周扫描，对地观测扫描张角为±53.35°(以天底点为中心)。MWHTS的高温定标源位于天顶点位置，冷空定标角度为287°，扫描过程如图1.2所示。为保证足够高的辐射测量灵敏度，须尽可能增加MWHTS的对地观测时间。因此，MWHTS对地观测时，马达速度降低且匀速扫描，观测时间为1.71 s。MWHTS搭载的卫星轨道高度为836 km，天底点像元是直径约为16 km的圆形。MWHTS的每条扫描线包括98个像元，每个像元对应一个扫描角度，像元之间的扫描步进角为1.1°[64,65]。

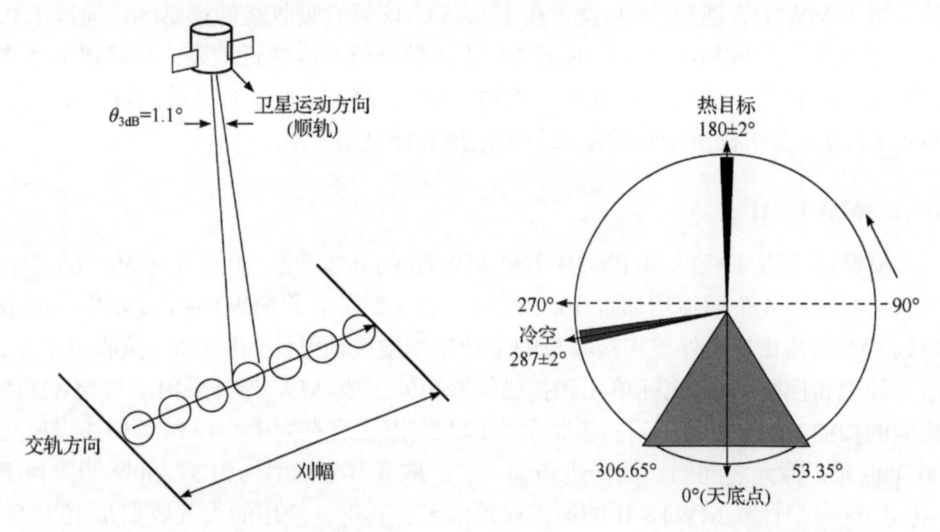

图 1.1　MWHTS 交轨扫描示意图　　　　图 1.2　MWHTS 天线扫描示意图

利用 MPM 93 模型计算 MWHTS 通道权重函数。其中，使用的大气数据是 1976 年美国标准大气廓线，观测角为星下点，地表发射率设置为 0.5。MWHTS 通道权重函数分布如图 1.3 所示。图中，MWHTS 通道 1～9 主要探测从地表到 30 hPa 范围内的大气温度；MWHTS 通道 10～15 主要探测对流层的大气湿度。另

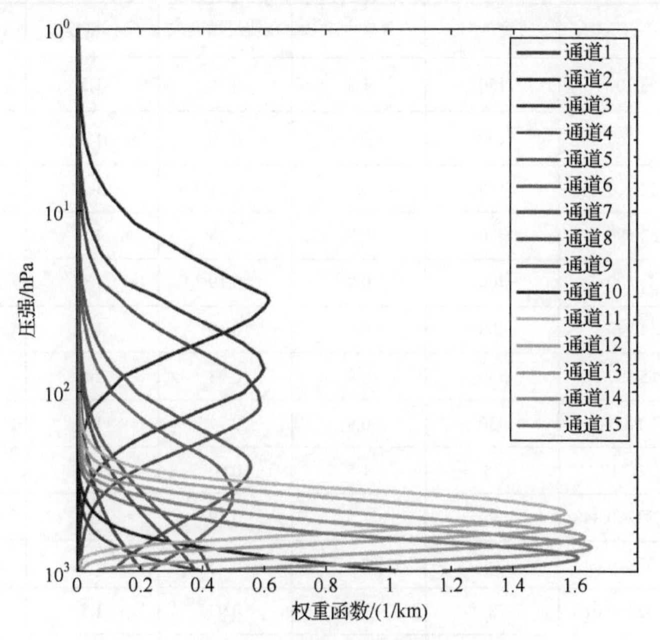

图 1.3　MWHTS 通道权重函数分布(见彩图)

外，由于MWHTS通道7～9设置在118.75 GHz氧气吸收线的远翼区，通道1和10设置在大气吸收窗区，这些通道的权重函数峰值高度接近地表，其观测量受地表辐射影响较大，可用来探测地表参数。MWHTS 各通道的权重函数峰值的分布见表1.1。关于权重函数的定义及理论推导详见第2章。

1.3.2 MWTS-II

MWTS-II是FY-3A和FY-3B卫星MWTS的升级产品，由设置在50～60 GHz氧气吸收带的4个通道增加至13个通道。表1.2列出了MWTS-II接收机的通道参数。MWTS-II是超外差式接收机的全功率型微波辐射计，由天线、接收机单元、信号处理和控制单元、定标单元和扫描伺服单元组成。MWTS-II采用了与MWHTS相似的扫描方式，对地观测扫描张角为±49.5°(以天底点为中心)，每条扫描线包括90个像元，像元之间的扫描步进角为2.2°，星下点分辨率约为33 km[66,67]。利用MPM 93模型计算MWTS-II的通道权重函数，其中，使用的大气数据是1976年美国标准大气廓线，观测角为星下点，地表发射率设置为0.5。MWTS-II的通道权重函数分布如图1.4所示，MWTS-II的13个通道的权重函数峰值高度均匀地分布在从地面到2 hPa的大气范围，通道的中心频率越接近氧气吸收带中心，其权重函数峰值的分布越高。MWTS-II各通道的权重函数峰值高度的分布见表1.2。

表1.2 MWTS-II接收机通道参数

通道	中心频率/GHz	带宽/MHz	灵敏度/K	在轨灵敏度/K	定标精度/K	WF峰值高度/hPa
1	53.300	150	1.5	0.26	1.5	地表
2	51.760	400	0.9	0.20	1.5	地表
3	52.800	400	0.9	0.21	1.5	950
4	53.596	400	0.9	0.18	1.5	700
5	54.400	400	0.9	0.19	1.5	400
6	54.940	400	0.9	0.19	1.5	250
7	55.500	330	0.9	0.23	1.5	180
8	57.290(f_0)	330	0.9	0.74	1.5	90
9	f_0±0.217	78	1.5	0.66	1.5	50
10	f_0±0.322±0.048	36	1.5	0.49	1.5	25
11	f_0±0.322±0.022	16	2.3	0.53	1.5	10
12	f_0±0.322±0.010	8	3.0	0.93	1.5	6
13	f_0±0.322±0.005	3	4.5	2.11	1.5	3

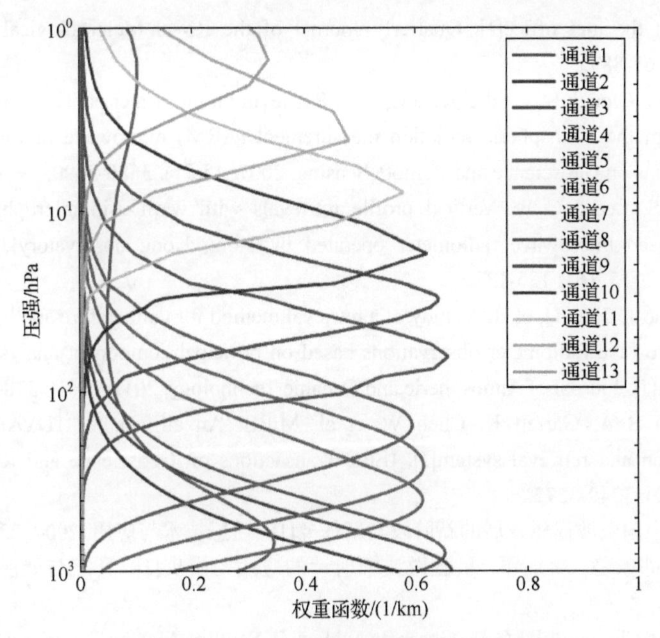

图 1.4 MWTS-II 通道权重函数分布(见彩图)

参考文献

[1] Ahn M H, Kim M J, Chung C Y, et al. Operational implementation of the ATOVS processing procedure in KMA and its validation[J]. Advances in Atmospheric Science, 2003, 20(3): 398-414.

[2] Ebell K, Orlandi E, Hünerbein A, et al. Combining ground-based with satellite-based measurements in the atmospheric state retrieval: Assessment of the information content[J]. Journal of Geophysical Research: Atmospheres, 2013, 118(13): 6940-6956.

[3] 何杰颖. 微波/毫米波大气温湿度探测定标与反演的理论和方法研究[D]. 北京: 中国科学院大学, 2012.

[4] 王寅虎, 孙龙祥. 应用 ATOVS 资料反演大气温湿廓线[J]. 气象科学, 2001, 21(3): 348-354.

[5] 马舒庆, 李峰, 邢毅. 从毛里求斯国际探空系统对比看全球探空技术的发展[J]. 气象科技, 2006, 34(5): 606-609.

[6] Rosenkranz P W. Retrieval of temperature and moisture profiles from AMSU-A and AMSU-B measurements[J]. IEEE Transactions on Geoscience and Remote Sensing, 2001, 39(11): 2429-2435.

[7] 王曦, 宋国琼, 姚展予, 等. 用 AMSU 资料反演西北太平洋海域大气湿度廓线的研究[J]. 北京大学学报(自然科学版), 2010, 46(1): 69-78.

[8] Candy B, Migliorini S. The assimilation of microwave humidity sounder observations in all-sky conditions[J]. Quarterly Journal of the Royal Meteorological Society, 2021, 147(739): 3049-3066.

[9] Migliorini S, Candy B. All-sky satellite data assimilation of microwave temperature sounding

channels at the met office[J]. Quarterly Journal of the Royal Meteorological Society, 2019, 145(719): 867-883.

[10] Turner D D, Clough S A, Liljegren J C, et al. Retrieving liquid water path and precipitable water vapor from the atmospheric radiation measurement (ARM) microwave radiometers[J]. IEEE Transactions on Geoscience and Remote Sensing, 2007, 45(11): 3680-3690.

[11] Chan W S, Lee J C W. Vertical profile retrievals with warm-rain microphysics using the ground-based microwave radiometer operated by Hong Kong observatory[J]. Atmospheric Research, 2015, 161: 125-133.

[12] Tan H, Mao J, Chen H, et al. A study of a retrieval method for temperature and humidity profiles from microwave radiometer observations based on principal component analysis and stepwise regression[J]. Journal of Atmospheric and Oceanic Technology, 2011, 28(3): 378-389.

[13] Boukabara S A, Garrett K, Chen W, et al. MiRS: An all-weather 1DVAR satellite data assimilation and retrieval system[J]. IEEE Transactions on Geoscience and Remote Sensing, 2011, 49(9): 3249-3272.

[14] 姜景山. 中国微波遥感发展的新阶段与新任务[J]. 遥感技术与应用, 2007, 22(2): 123-128.

[15] 陆登柏, 邱家稳, 蒋炳军. 星载微波辐射计的应用与发展[J]. 真空与低温, 2009, 15(2): 70-75.

[16] Cherny I V, Chernyavsky G M, Gorobetz N N, et al. Satellite Meteor-3M microwave radiometer MTVZA[C]. Proceedings of IGARSS, 1998: 556-558.

[17] Cherny I V, Chernyavsky G M, Nakonechny V P, et al. Spacecraft Meteor-3M microwave imager/sounder MTVZA: First results[C]. Proceedings of IGARSS, 2002: 2660-2662.

[18] Cherny I V, Chernyavsky G M. Combined optical-microwave imager/sounder MTVZA-OK[C]. Proceedings of IGARSS, 2001: 2016-2018.

[19] Gorobets N N, Cherny I V, Chernyavsky G M, et al. Microwave radiometer MTVZA-OK of spacecraft Sich-1M[J]. Physics and Engineering of Microwaves, Millimeter, and Submillimeter Waves, 2004, 1: 205-207.

[20] Staelin D H, Barrett A H, Waters J M, et al. Microwave spectrometer on the Nimbus 5 satellite: Meteorological and geophysical data[J]. Science, 1973, 182(4119): 1339-1341.

[21] 李俊, 方宗义. 卫星气象的发展——机遇与挑战[J]. 气象, 2012, 38(2): 129-146.

[22] Smith W L, Woolf H M, Hayden C M, et al. TIROS-N operational vertical sounder[J]. Bulletin of the American Meteorological Society, 1979, 60(10): 1177-1187.

[23] Hollinger J P, Peirce J L, Poe G A. SSM/I instrument evaluation[J]. IEEE Transactions on Geoscience and Remote Sensing, 1990, 28(5): 781-790.

[24] 张定媛, 高浩. 美国极轨气象卫星的发展历程和面临的挑战[J]. 国际太空, 2015, (8): 83-87.

[25] 王毅. 国际新一代对地观测系统的发展[J]. 地球科学进展, 2005, 20(9): 980-989.

[26] 王晓海, 李浩. 国外星载微波辐射计应用现状及未来发展趋势[J]. 中国航天, 2005, (4): 16-20.

[27] 周润松, 葛榜军. 美国新一代气象卫星系统发展综述[J]. 航天器工程, 2008, 17(4): 91-98.

[28] 方宗义. 气象卫星发展历程和启示[J]. 气象科技进展, 2014, 4(6): 27-34.

[29] 陈文新, 迟吉东, 李延明, 等. 风云三号气象卫星微波温度计(MWTS)[J]. 中国工程科学,

2013, 15(7): 88-91.

[30] 杨寅. 云和降水影响下 AMSU 资料一维变分反演的评估及改进[D]. 北京: 中国气象科学研究院, 2011.

[31] King J I F. The Radiative Heat Transfer of Planet Earth[M]. Ann Arbor: University of Michigan Press, 1956.

[32] Kaplan L D. Inference of atmospheric structure from remote radiation measurements[J]. Journal of the Optical Society of America, 1959, 49(10): 1004-1007.

[33] 王颖, 黄勇, 黄思源. 大气温湿廓线反演问题的研究[J]. 国土资源遥感, 2008, (1): 23-26.

[34] Chahine M T. Inverse problem in radiative transfer: Determination of atmospheric parameters[J]. Journal of the Atmospheric Sciences, 1970, 27(6): 960-967.

[35] Smith W L. Iterative solution of the radiative transfer equation for the temperature and absorbing gas profile of an atmosphere[J]. Applied Optics, 1970, 9(9): 1993-1999.

[36] Smith W L. Satellite techniques for observing the temperature structure of the atmosphere[J]. Bulletin of the American Meteorological Society, 1972, 53(11): 1074-1082.

[37] Rodgers C D. Retrieval of atmospheric temperature and composition from remote measurements of thermal radiation[J]. Reviews of Geophysics and Space Physics, 1976, 14(4): 609-624.

[38] Ledsham W H, Staelin D H. An extended Kalman-Bucy filter for atmospheric temperature profile retrieval with a passive microwave sounder[J]. Journal of Applied Meteorology, 1978, 17(7): 1023-1033.

[39] Schaerer G, Wilheit T T. A passive microwave technique for profiling of atmospheric water vapor[J]. Radio Science, 1979, 14(3): 371-375.

[40] Liu Q, Weng F. One-dimensional variational retrieval algorithm of temperature, water vapor, and cloud water profiles from advanced microwave sounding unit (AMSU)[J]. IEEE Transactions on Geoscience and Remote Sensing, 2005, 43(5): 1087-1095.

[41] 曾庆存. 大气红外遥测原理[M]. 北京: 科学出版社, 1974.

[42] 黄润恒. 微波空对地遥感水汽分布的可能性及反演方法[J]. 大气科学, 1981, 5(4): 349-358.

[43] 周秀骥. 大气微波辐射及遥感原理[M]. 北京: 科学出版社, 1982.

[44] 黎光清, 董超华. 调整方法反演大气温度廓线的比较研究[J]. 大气科学, 1986, 10(4): 66-72.

[45] 黎光清, 张文建, 董超华. 同步物理反演方法改进实验[J]. 中国空间科学技术, 1991, (6): 45-50.

[46] 王曦, 李万彪. 应用 FY-3A/MWHTS 资料反演太平洋海域晴空大气湿度廓线[J]. 热带气象学报, 2013, 29(1): 47-54.

[47] Smith W L, Woolf H M. The use of eigenvectors of statistical covariance matrices for interpreting satellite sounding radiometer observations[J]. Journal of the Atmospheric Sciences, 1976, 33(7): 1127-1140.

[48] Ali A D S, Rosenkranz P W, Staelin D H. Atmospheric sounding near 118 GHz[J]. Journal of Applied Meteorology, 1980, 19(10): 1234-1238.

[49] Rosenkranz P W, Komichak M J, Staelin D H. A method for estimation of atmospheric water vapor profiles by microwave radiometry[J]. Journal of Applied Meteorology, 1982, 21(9): 1364-1370.

[50] Churnside J H, Stermitz T A, Schroeder J A. Temperature profiling with neural network

inversion of microwave radiometer data[J]. Journal of Atmospheric and Oceanic Technology, 1994, 11(11): 105-109.

[51] Goldberg M D, Fleming H E. An algorithm to generate deep-layer temperatures from microwave satellite observations for the purpose of monitoring climate change[J]. Journal of Climate, 1995, 8(5): 993-1004.

[52] Mathur A K, Gangwar R K, Gohil B S, et al. Humidity profile retrieval from SAPHIR on-board the megha-tropiques[J]. Current Science, 2013, 104: 1650-1655.

[53] 王振会, Westwater E R. 利用微波辐射计和雷达联合反演大气温度分布[J]. 大气科学学报, 1986, 36(2): 291-298.

[54] 陈洪滨, 林龙福. 从 118.75 GHz 附近六通道亮温反演大气温度廓线的数值模拟研究[J]. 大气科学, 2003, 27(5): 894-900.

[55] Yao Z, Chen H, Lin L. Retrieving atmospheric temperature profiles from AMSU-A data with neural networks[J]. Advances in Atmospheric Sciences, 2005, 22(4): 606-616.

[56] 何杰颖, 张升伟. 地基和星载微波辐射计数据反演大气湿度[J]. 电波科学学报, 2011, 26(2): 362-368.

[57] 谭永强, 费建芳. 支持向量机方法反演温湿廓线[J]. 解放军理工大学学报(自然科学版), 2010, 11(6): 676-680.

[58] 陈昊, 金亚秋. 风云三号 MWTS/MWHS 大气温度与水汽廓线反演[J]. 遥感学报, 2011, 15(1): 137-147.

[59] Zhang L, Tie S, He Q, et al. Performance analysis of the temperature and humidity profiles retrieval for FY-3D/MWTHS in arctic regions[J]. Remote Sensing, 2022,14(22): 5858.

[60] Li J, Wolf W W, Menzel W P, et al. Global soundings of the atmosphere from ATOVS measurements: The algorithm and validation[J]. Journal of Applied Meteorology, 2000, 39(8): 1248-1268.

[61] Boukabara S A, Garrett K, Grassotti C, et al. A physical approach for a simultaneous retrieval of sounding, surface, hydrometeor, and cryospheric parameters from SNPP/ATMS[J]. Journal of Geophysical Research: Atmospheres, 2013, 118(22): 12600-12619.

[62] 魏应植, 许健民. AMSU 温度反演及其在台风研究中的应用[J]. 南京气象学院学报, 2005, 28(4): 522-529.

[63] 黄静, 邱崇践, 张艳武. 一种利用卫星红外遥感资料反演晴空大气参数的物理统计方法[J]. 红外与毫米波学报, 2007, 26(2): 102-106.

[64] Li J, Zhang S, Jiang J, et al. In-orbit performance of microwave humidity sounder (MWHTS) of the Chinese FY-3 meteorological satellite[C]. Proceedings of the IGARSS, 2010: 574-577.

[65] Zhang S, Li J, Wang Z, et al. Design of the second generation microwave humidity sounder (MWHS-II)for Chinese meteorological satellite FY-3[C]. Proceedings of the IGARSS, 2012: 4672-4675.

[66] 谷松岩, 郭杨, 游然, 等. 风云三号 C 星微波大气探测载荷性能分析[J]. 气象科技进展, 2016, 6(1): 76-82.

[67] 王祥, 任仪方, 李勋, 等. FY-3C 微波温度计资料的台风“威马逊”垂直结构研究[J]. 遥感学报, 2016, 20(6): 1328-1334.

第 2 章　微波探测仪遥感大气理论基础

2.1　引　　言

星载微波探测仪是通过测量大气成分的微波辐射，如吸收、发射和散射等，实现对地球大气温湿参数、云雨参数及地表参数等的探测。电磁辐射规律和微波在大气中的传输机制是微波遥感大气的理论基础。星载微波探测仪反演大气参数所面临的主要困难是遥感仪器观测量与反演参数之间的非线性、非高斯和病态的数学物理过程的求解，而基于最优估计理论求解这一数学物理过程是反演问题的关键所在。

本章 2.2 节描述了地球大气成分和热结构；2.3 节对微波在大气中的传输机制进行了理论分析；2.4 节描述了反演中常用的快速辐射传输模型；2.5 节重点介绍了星载微波探测仪探测大气温湿廓线的原理；2.6 节对微波探测仪反演大气温湿廓线的不同算法进行了分类描述；2.7 节是对本章内容的总结。

2.2　地球大气成分和热结构概述

2.2.1　地球大气分层

地球大气包括从地面向上超过 100 km 的高度范围，根据每一层的热现象和化学现象，可分成四层，即对流层，平流层，中间层和热层(电离层)。虽然地球大气各层之间没有明确的边界定义，但每层都会表现出独有的特征。对流层主要是指从地面到大约 12 km 的高度范围(在极区低至 7 km，而在赤道高至 17 km)，其特征是大气温度随高度的增加有稳定的下降趋势。对流层占将近 80%地球大气的总质量，且几乎所有的天气都发生在对流层，因此，对流层是大气科学研究的重点。平流层的典型特征是温度逐渐从随高度下降变成随高度升高，且在对流层和平流层之间有一个模糊的边界层。平流层是从对流层顶向上大约至 40 km 的高度范围，臭氧浓度相对较高，约占地球大气臭氧总量的 90%。臭氧对紫外线波段辐射的强吸收是导致平流层大气温度随高度而升高的主要原因。平流层底部虽然有时会形成高卷云，但通常情况下天气状况比较稳定。中间层的高度范围大约是 40～80 km，其温度随高度有明显的下降趋势，在中间层顶出现极低温度值(大约

–150℃)。太阳辐射导致高空大气粒子带正电，由于电离粒子的聚集而形成的一系列的层称为电离层[1]。电离层分布在大约 80 km 以上的高度范围，大气对太阳短波紫外辐射的吸收导致电离层具有更高的温度。1976 年美国标准大气温度廓线如图 2.1 所示，温度廓线表现出明显的大气分层结构及在各分层中的温度变化趋势[2]。

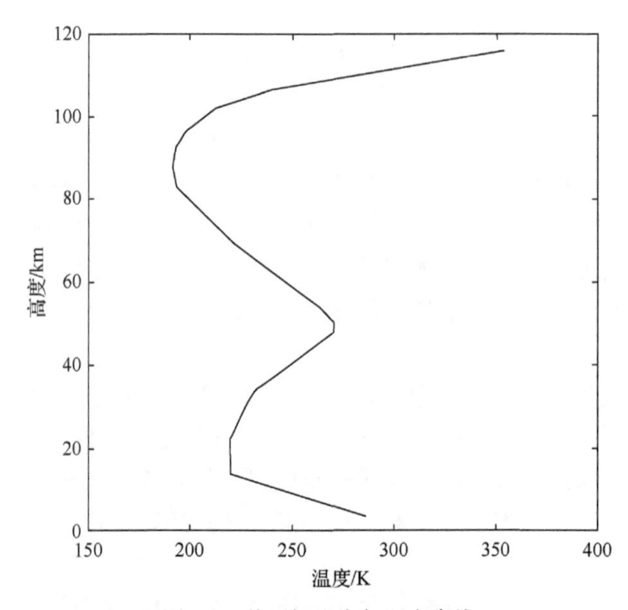

图 2.1　美国标准大气温度廓线

2.2.2　地球大气的化学成分

地球大气由多种气体成分组成，每种气体都会与特定频段的电磁辐射发生相互作用，而这些相互作用组成了大气遥感的物理基础。遥感仪器通过测量大气成分的发射、吸收和散射等辐射实现对大气参数的探测。

表 2.1 列出了各种大气成分的体积百分比[3]。从气体分子与电磁辐射相互作用的角度出发，氧气、二氧化碳、臭氧和水汽是相对重要的气体。在从地面到约 100 km 高度的地球大气中，二氧化碳和氧气的体积百分比基本恒定不变，这两类分子的吸收谱带附近的频率可用于探测大气温度。臭氧的体积百分比变化较大，其浓度随高度而变化，在约 25 km 处达到最大值，在 30 km 以上的高度范围可由氧气发生光化学反应而快速产生，其含量可保持在平衡状态[3]。从气象和气候研究的角度而言，由于在对流层中的时空变化特征显著及在能量传输过程中的巨大作用，水汽是大气中最具影响力的成分之一。

表 2.1　地球大气成分

大气成分	体积比/%	分布及含量的变化
N_2	78.08	在电离层以下均匀混合，在电离层高度光化电离
O_2	20.95	在 95 km 以下均匀混合，95 km 以上光化电离
H_2O	0～4	浓度变化很大，在 80 km 以上光分解
Ar	0.934	在 110 km 以下均匀混合，在 110 km 以上扩散分解
CO_2	3.45×10^{-2}	在 100 km 以下浓度变化不大，在 100 km 以上分解
CH_4	1.6×10^{-4}	在对流层均匀混合，在中间层分解
N_2O	3.5×10^{-5}	在地表含量变化较小，在平流层和中间层分解
CO	7×10^{-8}	光化学和燃烧的产物，浓度变化较大
O_3	$0\sim1\times10^{-6}$	来源于光化学反应，浓度变化较大
氯氟氮化物	$1\sim2\times10^{-8}$	分布在对流层，平流层分解

2.2.3　压强和密度的垂直分布

由于地球大气的压强和密度值在垂直方向上变化较大，需定义一个“标准”大气，而这个标准大气是高度的函数。在 100 km 高度以下的地球大气中，大气的压强和密度值基本在标准大气的±30%以内变化。

由于地球重力场的作用，大气密度随着高度的增加而下降。在静力平衡条件的假设下，大气压强和密度是高度的函数，可用微分方程表示为

$$\mathrm{d}P = -g\rho\mathrm{d}z \tag{2.1}$$

式中，z 表示距地面的垂直高度；P 和 ρ 分别表示在高度 z 处的大气压强和密度。若忽略重力随高度的变化，利用理想气体状态方程，可以把大气密度表示为

$$\rho = \frac{M_\mathrm{r}P}{RT} \tag{2.2}$$

式中，M_r 表示气体分子量；R 表示摩尔气体常数；T 表示大气温度，单位为 K。方程(2.1)可以表示为

$$\frac{\mathrm{d}P}{P} = -\frac{\mathrm{d}z}{H} \tag{2.3}$$

通过对方程(2.3)积分可得到高度 z 处的压强为

$$P = P_\mathrm{s}\exp\left\{-\int_0^z \frac{\mathrm{d}z}{H}\right\} \tag{2.4}$$

式中，P_s 表示表面压强；$H = RT / M_r g$ 为大气标高。大气标高表示随着高度的增加，气压减小到起始高度气压的$1/e$时的高度增量，其中e表示自然常数。在对流层，通常情况下 H 的取值范围是 6～8.5 km[4]。

2.2.4 地球大气的热结构

2.2.1 节从宏观意义上讨论了整个大气层的热结构，本节重点讨论对流层底部更小尺寸上的温度垂直分布特征。对流层底部 1～2 km 的大气，由于与地表的相互作用和日变化，表现出了最明显的热变化特征。在某些纬度带，底层大气 2～3 km 可能出现逆温层。在高于 3 km 的对流层，温度随高度的增加有稳定的减小趋势，即绝热温度递减率。假设大气处于流体静力学平衡状态，对于一个单位气团，利用热力学第一定律可得到以下关系：

$$\mathrm{d}q = c_{\mathrm{v}}\mathrm{d}T + P\mathrm{d}V \tag{2.5}$$

式中，c_{v} 是定容比热；V 是气体体积。假设该气团与外部没有热交换，那么 $\mathrm{d}q$ 为 0。把方程(2.5)带入理想气体状态方程可得[5]：

$$\frac{\mathrm{d}T}{\mathrm{d}z} = -\frac{g}{c_{\mathrm{p}}} = -\Gamma \tag{2.6}$$

式中，c_{p} 是定压比热，Γ 是直减率。方程(2.6)表示对于常数 c_{p} 和重力加速度 g，温度随高度的变化是一个常数。通常情况下，在对流层中 c_{p} 随高度的变化很小，干绝热直减率约为 10 K/km。如果考虑湿空气上升凝结释放的潜热，平均直减率约为 6.5 K/km。

2.2.5 云的微物理特征

云通过两个机制来影响大气的能量平衡，一个是水循环演变，包括降雨和水汽凝结释放潜热；另一个是辐射收支变化，包括对太阳光和地球辐射的散射、吸收和发射。

云的微物理特性依赖于水粒子的尺寸、形状和相态。通常情况下，水滴粒子是球形的，且小于 100 μm，其浓度分布(即粒子数尺度分布)可用解析函数进行近似[3]。表 2.2 列举了各种类型的云的粒子数尺度分布的平均值 N_0、平均粒子半径 r_m 和云液水密度 l [6]。在实际大气中，雨滴是非球形的，类似于扁球体，其长宽比例随着雨滴尺寸的增加而增加。通常情况下，解析函数 Marshall-Palmer 分布可把雨滴尺寸分布和降雨率相关联[7]。在自然界中，冰晶可以组成各种各样的尺寸和形状，除了简单的多面体外，也有很多不规则形状和简单形状的混合体。

表 2.2　代表性云类型及参数

云类型	粒子数尺度分布的平均值/cm^{-3}	平均离子半径/μm	云液水密度/(g/m^3)
层云(海洋)	50	10	0.1～0.5
层云(陆地)	300～400	6	0.1～0.5
晴空积云	300～500	4	0.3
海洋积云	50	15	0.5
积雨云	70	20	2.5
浓积云	60	24	2.0
高层云	200～400	5	0.6

2.3　大气辐射传输理论

2.3.1　Planck 黑体辐射定理

在自然界中，任何物体都存在热辐射，其辐射量的大小依赖于物体本身的温度、形状和介电特性等物理特性参数[1]。在大气遥感领域，微波辐射计可实现对地-气系统的微波辐射量的测量。微波辐射计是被动微波遥感仪器，只接收而不发射信号，本质上是一种高灵敏度的接收机。从接收信号功率大小的角度而言，与自身探测系统的噪声功率相比，微波辐射计所探测的微波辐射量要小很多。

为了实现微波辐射计对大气微波辐射的定量测量，需要引入一个参考标准——绝对黑体。绝对黑体是一个可完全吸收和发射所有频率、所有方向上的入射辐射，且没有反射的不透明物体，是自然界中不存在的理想物体，其辐射可作为实际物体辐射的参考标准[8]。如果物体仅对某一波长的辐射全部吸收，则该物体对这一波长而言为黑体。如果物体对所有辐射的吸收率小于 1 且为常数，则该物体称为灰体。如果物体的吸收率随波长而变化，那么该物体称为选择性辐射体。自然界中的绝大多数物体是选择性辐射体。然而，当选择性辐射体在某些波段的吸收率随波长的变化很小时，可近似为灰体，而当在某些波段的吸收率近似等于 1 时，可近似看作黑体。

任何物体辐射量的大小都可以用功率这一物理量来表示，即辐射功率。辐射亮度定义为在特定方向、特定频率、单位立体角、单位面积、单位频率间隔内的辐射功率。根据 Planck 定律，黑体的辐射亮度可以表示为[9]

$$B_f\left(T\right)=\frac{2hf^3}{c^2}\frac{1}{\mathrm{e}^{\frac{hf}{kT}}-1} \tag{2.7}$$

式中，$B_f(T)$表示黑体的辐射亮度，单位是 $W\cdot m^{-2}\cdot sr^{-1}\cdot Hz^{-1}$；$f$表示频率，单位为 Hz；$T$表示绝对温度，单位为 K；$h$表示 Planck 常数，值为 6.626×10^{-34}J；k表示 Boltzmann 常数，值为 1.38×10^{-23} J/K；c表示光速，值为 3×10^{8} m/s。

根据 Planck 定律计算黑体的辐射亮度随频率和温度的变化关系如图 2.2 所示。在特定频率，黑体的辐射亮度随着温度的增加而增加，随着温度的增加，黑体的辐射亮度的峰值所对应的频率变大。例如，温度为 100 K 的物体，其辐射亮度的最大值在红外波段，而温度为 109 K 的物体，其辐射亮度的最大值在伽马射线波段。

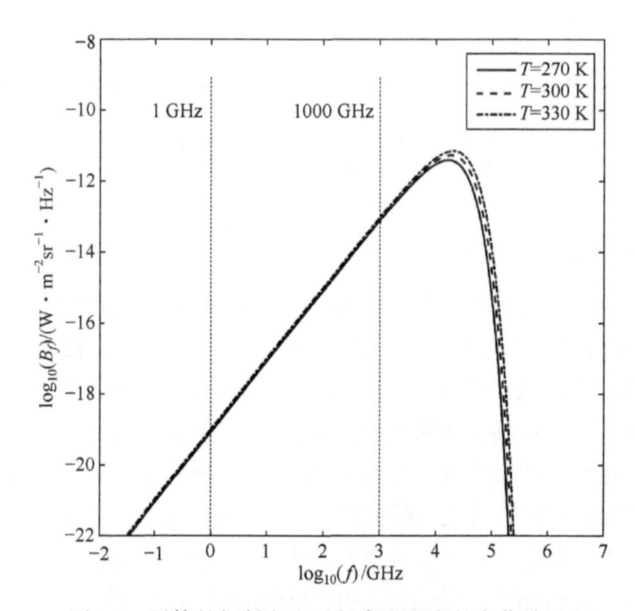

图 2.2　黑体的辐射亮度随频率和温度的变化关系

在图 2.2 中可以发现，在 1～1000 GHz 范围内，黑体的辐射亮度与频率之间有明显的线性关系。Rayleigh-Jeans 定律指出：在 1～300 GHz 频率范围内，Planck 定律中的项

$$\frac{hf}{kT}\ll 1 \tag{2.8}$$

那么，把泰勒级数展开的一阶近似应用到 Planck 定律中的指数项可得：

$$e^{\frac{hf}{kT}}-1\cong\frac{hf}{kT} \tag{2.9}$$

因此，黑体辐射的 Planck 定律可以近似为

$$B_f(T) = \frac{2f^2kT}{c^2} \tag{2.10}$$

定义等效亮温为

$$T_{\mathrm{b}} = \frac{c^2}{2f^2k} B_f(T) \tag{2.11}$$

那么，标量辐射强度可以使用单位为热力学温度 K 的亮温表示。

对于一个热力学温度为 300 K 的黑体，使用 Rayleigh-Jeans 近似计算其辐射亮度，在 1 GHz 频率的计算误差是 0.008%，而在 300 GHz 频率的计算误差是 2.4%。需要注意的是，热力学温度值有别于亮温值，把方程(2.11)中的 Planck 辐射亮度 $B_f(T)$ 按照 $\frac{hf}{kT}$ 展开可得：

$$T_{\mathrm{b}} = \frac{c^2}{2f^2k} B_f(T) = T - \frac{hf}{2k} + \frac{h^2f^2}{12k^2T} + \cdots \tag{2.12}$$

式中，右边第一项是传统的 Rayleigh-Jeans 近似项，第二项是对 Rayleigh-Jeans 近似项的一阶校正。对于 1～300 GHz 频段内的大气遥感应用而言，使用 Rayleigh-Jeans 近似项及其一阶校正项基本可以满足精度需求。

2.3.2　发射率和 Kirchhoff 定律

虽然 Planck 定律描述了黑体辐射的基本规律，但自然界中的实际物体并非理想黑体，需要引入单色发射率的概念来描述实际物体辐射与黑体辐射的偏离程度。一个物体的单色发射率在特定波长区间的积分称为宽带发射率。发射率可定义为物体的辐射量与该物体被假设为黑体时的辐射量的比值。对于陆地表面或者海洋表面在微波波段的发射率而言，发射率幅值取决于波长、方向、表面温度及表面材料的表面粗糙度、复折射指数等物理特性参数。

根据 Kirchhoff 定律，在热力学平衡的条件下，物体的单色发射率 $\varepsilon(\lambda)$ 等于它的单色吸收率 $\gamma(\lambda)$，即

$$\varepsilon(\lambda) = \gamma(\lambda) \tag{2.13}$$

该定律可以作为在某一波段内灰体吸收率和发射率的近似。对于黑体，$\varepsilon(\lambda) = \gamma(\lambda) = 1$；对于非黑体，$\varepsilon(\lambda) = \gamma(\lambda) < 1$；对于灰体，$\varepsilon = \gamma < 1$。Kirchhoff 定律适用于大部分的大气遥感应用，但需满足局部热力学平衡条件，即大气分子由于相互碰撞的能量交换速度快于辐射场的变化速度。因此，在高海拔地区，由于不满足热力学平衡状态，Kirchhoff 定律的应用受到了限制[10]。

2.3.3 大气微波辐射传输

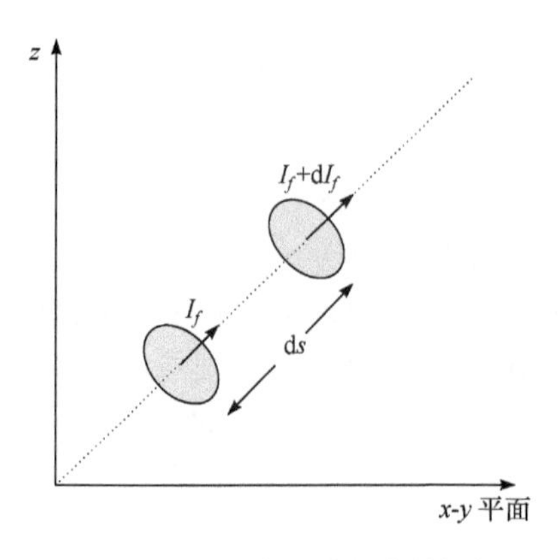

图 2.3　微波辐射亮度的传输损耗

辐射传输理论描述了电磁辐射在介质中的吸收、发射及散射传输特性。利用微波辐射亮度 I_f 描述一个辐射场，如图 2.3 所示。

当 I_f 沿着某一介质的某个方向传输时，在路径 ds 上的亮度损耗为

$$\mathrm{d}I_f = I_f \kappa_\mathrm{e} \mathrm{d}s \tag{2.14}$$

式中，κ_e 表示介质的消光系数，也称作功率衰减系数。消光系数 κ_e 是吸收系数 κ_a 和散射系数 κ_s 的和。在大气微波遥感中，散射辐射一般发生在云雨天气，其辐射强度依赖于波长、大气中粒子的形状和尺寸等参数，计算过程复杂且计算量大。在晴空大气条件下，通常可忽略散射效应，只需考虑微波辐射的吸收和发射机制。本章节在晴空大气条件下对辐射传输方程进行推导，只考虑传输路径上的吸收和发射辐射，即消光系数等于吸收系数，引入由于大气吸收导致的源项 J_a，可得辐射传输方程的微分形式：

$$\frac{\mathrm{d}I_f}{\mathrm{d}s} = -I_f \kappa_\mathrm{a} + J_\mathrm{a} \tag{2.15}$$

源项 J_a 表示为

$$J_\mathrm{a} = \kappa_\mathrm{a} B_f(T) \tag{2.16}$$

式中，$B_f(T)$ 是与温度和频率有关的黑体辐射亮度。因此方程(2.15)可表示为

$$\frac{\mathrm{d}I_f}{\mathrm{d}s} = -I_f \kappa_\mathrm{a} + \kappa_\mathrm{a} B_f \tag{2.17}$$

式中，$\kappa_\mathrm{a} B_f$ 表示由于发射产生的辐射亮度；$I_f \kappa_\mathrm{a}$ 表示由于吸收而损耗的辐射亮度；$\mathrm{d}I_f$ 表示在传输路径上辐射亮度的变化。

为了进一步简化辐射传输方程，引入光学厚度的概念，光学厚度的增量可表示为

$$\mathrm{d}\tau = \kappa_\mathrm{e} \mathrm{d}s \tag{2.18}$$

那么从点 s_1 到点 s_2 路径上的光学厚度 $\tau(s_1, s_2)$ 可表示为

$$\tau(s_1, s_2) = \int_{s_1}^{s_2} \kappa_\mathrm{a} \mathrm{d}s \tag{2.19}$$

把方程(2.18)代入到方程(2.17)可得：

$$\frac{\mathrm{d}I_f}{\mathrm{d}\tau}+I_f=B_f \tag{2.20}$$

当辐射传输路径设置为从边界点 0 到 s'，在方程(2.20)两边同时乘以 $\mathrm{e}^{\tau(0,s')}$ 可得：

$$\frac{\mathrm{d}I(s')}{\mathrm{d}\tau}\mathrm{e}^{\tau(0,s')}+I(s')\mathrm{e}^{\tau(0,s')}=B_f(s')\mathrm{e}^{\tau(0,s')} \tag{2.21}$$

式中，$\mathrm{e}^{\tau(0,s')}$ 表示从边界点 0 到 s' 处的光学厚度，方程(2.20)等式左边可表示为

$$\frac{\mathrm{d}I(s')}{\mathrm{d}\tau}\mathrm{e}^{\tau(0,s')}+I(s')\mathrm{e}^{\tau(0,s')}=\frac{\mathrm{d}}{\mathrm{d}\tau}\left[I(s')\mathrm{e}^{\tau(0,s')}\right] \tag{2.22}$$

将方程(2.22)代入方程(2.21)可得：

$$\frac{\mathrm{d}}{\mathrm{d}\tau}\left[I(s')\mathrm{e}^{\tau(0,s')}\right]=B_f(s')\mathrm{e}^{\tau(0,s')} \tag{2.23}$$

对方程(2.23)等式两边从 0 到 s 积分可得：

$$\int_0^{\tau(0,s)}\frac{\mathrm{d}}{\mathrm{d}\tau}\left[I(s')\mathrm{e}^{\tau(0,s')}\right]\mathrm{d}\tau=\int_0^{\tau(0,s)}B_f(s')\mathrm{e}^{\tau(0,s')}\mathrm{d}\tau \tag{2.24}$$

即

$$I(s')\mathrm{e}^{\tau(0,s')}\Big|_0^{\tau(0,s)}=\int_0^{\tau(0,s)}B_f(s')\mathrm{e}^{(0,s')}\mathrm{d}\tau \tag{2.25}$$

$$I(s)\mathrm{e}^{\tau(0,s)}-I(0)=\int_0^{\tau(0,s)}B_f(s')\mathrm{e}^{\tau(0,s')}\mathrm{d}\tau \tag{2.26}$$

对方程(2.26)等式两边同时除以 $\mathrm{e}^{\tau(0,s)}$，把方程(2.18)代入可得：

$$I(s)=I(0)\mathrm{e}^{-\tau(0,s)}+\int_0^s\kappa_\mathrm{a}(s)B_f(s')\mathrm{e}^{-\tau(s',s)}\mathrm{d}s' \tag{2.27}$$

方程(2.27)表示亮度 $I(s)$ 从边界点 0 传输到点 s' 的变化，可由两项进行描述：第一项 $I(0)\mathrm{e}^{-\tau(0,s)}$ 表示在传输路径上由于传输介质的吸收导致的亮度损耗，$I(0)$ 表示在边界处的辐射亮度；第二项 $\int_0^s\kappa_\mathrm{a}(s)B_f(s')\mathrm{e}^{-\tau(s',s)}\mathrm{d}s'$ 表示在传输路径上由于传输介质的发射导致的亮度增加。

在局部热力学平衡条件的假设下，根据 Kirchhoff 定律，利用 Planck 黑体辐射定律的 Rayleigh-Jeans 近似，即使用方程(2.11)中的亮温来表示辐射亮度，那么方程(2.27)可表示为

$$T_{\mathrm{b}}(s)=T_{\mathrm{b}}(0)\mathrm{e}^{-\tau(0,s)}+\int_0^s\kappa_{\mathrm{a}}(s)T(s')\mathrm{e}^{-\tau(s',s)}\mathrm{d}s' \tag{2.28}$$

式中，$T(s')$表示大气的物理温度。考虑到微波辐射计观测角的不同，以天顶角为0°作为参考基准，方程(2.28)可表示为

$$T_{\mathrm{b}}(\theta)=T_{\mathrm{b0}}(\theta)\mathrm{e}^{-\tau(0,s)\sec\theta}+\sec\theta\int_0^s\kappa_{\mathrm{a}}(s)T(s')\mathrm{e}^{-\tau(s',s)\sec\theta}\mathrm{d}s' \tag{2.29}$$

另外，可以利用大气透过率的概念来表示电磁辐射在传输路径s上的衰减。大气透过率定义为

$$\Upsilon_\theta(0,s)=\mathrm{e}^{-\tau(0,s)\sec\theta} \tag{2.30}$$

当利用辐射传输方程对微波辐射计进行建模时，由于观测模式不同，因此地基和星载微波辐射计观测量中的辐射来源不同。地基和星载观测模式下的微波辐射计的辐射传输建模示意图如图 2.4 所示。

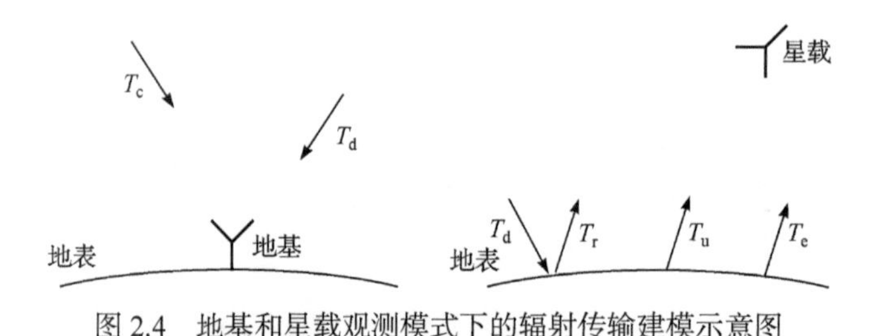

图 2.4　地基和星载观测模式下的辐射传输建模示意图

向上观测的地基微波辐射计测量的辐射包括两项：第一项是大气的下行辐射T_{d}；第二项是宇宙冷空背景辐射T_{c}。地基微波辐射计的辐射传输模型可表示为

$$T_{\mathrm{b}f}(\theta)=T_{\mathrm{c}}\mathrm{e}^{-\tau(0,\infty)\sec\theta}+\sec\theta\int_0^\infty\kappa_{\mathrm{a}}(z)T(z)\mathrm{e}^{-\tau(0,z)\sec\theta}\,\mathrm{d}z \tag{2.31}$$

式中，$T_{\mathrm{b}f}(\theta)$表示在频率f和观测角θ时的微波辐射计观测亮温；$\kappa_{\mathrm{a}}(z)$表示在高度z处的大气吸收系数。方程(2.31)等式右边第一项表示宇宙冷空背景辐射经过大气衰减后被微波辐射计接收到的亮温；等式右边第二项表示大气的下行辐射亮温。

需要注意的是，宇宙冷空背景辐射的强度对频率是有依赖的。通常情况下，在低频范围，冷空背景辐射可用T_{bc}=2.73 K 来表示，但是在高频范围，Rayleigh-Jeans 近似的误差较大。Janssen 发展了一个冷空背景辐射的计算方法，即

$$T_{\mathrm{c}}=\frac{hf}{k\left\{\exp(hf/kT_{\mathrm{bc}})-1\right\}}+\frac{hf}{2k} \tag{2.32}$$

该方法计算的冷空背景辐射亮温在 22.235 GHz 处与T_{bc}的偏差为–0.04 K，在

58.8 GHz 处的偏差是 0.24 K，而在 150 GHz 处的偏差大于 1 K。因此，在实际计算宇宙冷空背景辐射时，应考虑频率带来的影响[11]。

向下观测的星载微波辐射计测量的辐射包括三项：第一项是反射辐射 T_r，即下行辐射 T_d 经地表的反射辐射，其中下行辐射 T_d 包括大气的下行辐射和宇宙冷空背景辐射；第二项是大气的上行辐射 T_u；第三项是地表辐射 T_e。这三项辐射分别表示如下：

$$T_{df}(\theta)=T_c e^{-\tau(0,\infty)\sec\theta}+\sec\theta\int_0^{\infty}\kappa_a(z)T(z)e^{-\tau(0,z)\sec\theta}dz \tag{2.33}$$

$$T_{uf}(\theta)=\sec\theta\int_0^{\infty}\kappa_a(z)T(z)e^{-\tau(z,\infty)\sec\theta}dz \tag{2.34}$$

$$T_{ef}=\varepsilon_f(\theta)T_s \tag{2.35}$$

$$T_{rf}(\theta)=\left[1-\varepsilon_f(\theta)\right]T_{df}(\theta) \tag{2.36}$$

式中，ε 表示表面发射率，海洋表面的发射率是频率、温度、海表粗糙度、泡沫覆盖量和海水盐度的函数，陆地表面的发射率是频率、温度、湿度、土壤类型、植被和表面粗糙度的函数；T_s 表示地表温度。星载微波辐射计的大气辐射传输方程可表示为

$$T_{bf}(\theta)=T_{uf}(\theta)+T_{ef}(\theta)e^{-\tau(0,\infty)\sec\theta}+T_{rf}(\theta)e^{-\tau(0,\infty)\sec\theta} \tag{2.37}$$

式中，$T_{bf}(\theta)$ 表示在频率 f 和观测角 θ 处的微波辐射计的观测亮温。把方程(2.33)、方程(2.34)、方程(2.35)和方程(2.36)代入方程(2.37)可得：

$$\begin{aligned}T_{bf}(\theta)=&\sec\theta\int_0^{\infty}\kappa_a(z)T(z)e^{-\tau(z,\infty)\sec\theta}dz+e^{-\tau(0,\infty)\sec\theta}\Big\{\varepsilon_f(\theta)T_s\\&+\left[1-\varepsilon_f(\theta)\right]\left[T_s e^{-\tau(0,\infty)\sec\theta}+\sec\theta\int_0^{\infty}\kappa_a(z)T(z)e^{-\tau(0,z)\sec\theta}dz\right]\Big\}\end{aligned} \tag{2.38}$$

2.3.4　大气吸收和衰减模式

根据大气微波辐射传输方程可知，在微波波段，电磁辐射与大气成分的相互作用主要包括两部分：大气成分自身的辐射和大气介质对电磁辐射的衰减。这两部分相互作用均与大气吸收系数密切相关，因此，大气吸收系数的计算及建模在辐射传输方程的求解中占据核心地位。

1. 大气吸收系数的计算

从分子吸收机制的角度出发，单个分子的内部能量 E 由三种能量状态类型

组成：

$$E = E_{\mathrm{e}} + E_{\mathrm{v}} + E_{\mathrm{r}} \tag{2.39}$$

式中，E_{e} 表示电子运动所产生的电子能量；E_{v} 表示分子内原子在其平衡位置附近的振动所产生的振动能量；E_{r} 表示分子自身围绕其重心的转动所具有的转动能量。分子的微观运动都是量子化的，其三种能量状态类型跟能量的能级状态是相对应的，即分子具有不同的电子能级、振动能级和转动能级。当分子与外界没有光和热的相互作用时，其内部微粒的各种运动形式都处于一种稳定的状态，该能量状态称作稳定态。分子能量最低的稳定态称为基态，而其他能级状态称为激发态。对于地球大气而言，当大气分子与其他微粒碰撞或者受到外界能量刺激时，分子的能级状态会发生改变，从基态向激发态转化，即能级的跃迁。分子对应的电子能级、振动能级和转动能级均有可能发生变化，其能级的跃迁伴随着能量的发射或吸收。根据波尔理论的频率条件，吸收或发射的光子的频率为[12]

$$f = \frac{E_{\mathrm{h}} - E_{\mathrm{l}}}{h} \tag{2.40}$$

式中，E_{h} 和 E_{l} 分别表示能量的高能级和低能级状态；h 为 Planck 常数。由于一次能级的跃迁导致的吸收谱称作吸收谱线。通常情况下，大气分子振动能级的跃迁会导致中红外和近红外波段上的吸收谱，其转动能级的跃迁会导致远红外和微波波段的吸收谱。

在实际大气中，大气分子的吸收谱线并不是只在特定频率上具有吸收作用的直线，而是存在谱线展宽现象的多种线型。导致吸收谱线展宽的原因有三种：一是根据量子力学的测不准原理，频率的测定都存在不确定度，导致吸收谱线会有一定的宽度，但这个宽度非常小，是吸收谱线的自然展宽；二是分子不停地无规则运动会导致它们的发射具有多普勒频移效应，称之为多普勒展宽；三是由于分子之间相互碰撞导致的压力展宽。在微波波段，大气中间层的分子吸收谱线的多普勒展宽占主要作用，而在 30 km 以下的大气中，分子吸收谱线的压力展宽起主要作用。

通常情况下，任何气体在特定频率 f 的吸收系数可表示为

$$\alpha_f = \frac{4\pi f}{c} \sum_i S_i(f,T) F_i(f,f_0) \tag{2.41}$$

式中，c 表示光速；i 表示对特定气体在频率 f 处有贡献的谱线数目；$S(f,T)$ 表示谱线强度，是温度和频率的函数，在特定温度条件下可在实验室测量获得，并可转换为其他温度条件下的谱线强度；$F(f,f_0)$ 表示谱线线型，与频率有关。

在高空大气中，由于气体分子稀薄，可忽略谱线的压力展宽，由多普勒效应导致的谱线展宽的线型函数可表示为

$$F_{\mathrm{D}}(f,f_0)=\frac{1}{\gamma_{\mathrm{D}}\sqrt{\pi}}\exp\left[-\left(\frac{f-f_0}{\gamma_{\mathrm{D}}}\right)^2\right] \tag{2.42}$$

式中，f_0 为谱线的中心频率；γ_{D} 为谱线极大值一半时的谱线宽度，称作谱线半宽，可表示为

$$\gamma_{\mathrm{D}}=\frac{f_0}{c}\sqrt{\frac{2kT}{M}} \tag{2.43}$$

式中，c 为光速；k 为 Boltzmann 常数；T 表示温度；M 表示分子质量。

在底层大气中，由于气体分子的密度较大，与谱线的压力展宽相比，多普勒展宽可以忽略。由压力展宽导致的谱线展宽的线型函数可用洛伦茨函数进行描述：

$$F_{\mathrm{L}}(f,f_0)=\frac{\gamma_{\mathrm{L}}}{\pi}\frac{1}{(f-f_0)^2+\gamma_{\mathrm{L}}^2} \tag{2.44}$$

式中，γ_{L} 为洛伦茨谱线半宽，可表示为

$$\gamma_{\mathrm{L}}=\gamma_{\mathrm{air}}\left(\frac{296}{T}\right)^n P_{\mathrm{t}} \tag{2.45}$$

式中，γ_{air} 为空气增宽半宽参数；P_{t} 表示总气压；n 是与温度有关的系数，取值在 0～1 之间。在多普勒展宽和压力展宽作用相当的大气中，谱线的线型函数通常使用 Voigt 线型函数，即多普勒线型和洛伦茨线型的卷积。在远离谱线中心的翼区，为了更好地描述谱线线型，通常需要对洛伦茨函数进行修订[13]。然而，谱线翼区的线型描述的难度较大，谱线强度弱且随频率变化较慢，也称作连续吸收区。吸收系数可以表示成两部分之和：

$$\alpha(f)=\sum_i \alpha_{\mathrm{c}i}(f)+\sum_i \alpha_{\mathrm{l}i}(f) \tag{2.46}$$

式中，第一部分表示谱线在中心频率附近的吸收贡献，其中 $\alpha_{\mathrm{c}i}(f)$ 表示第 i 条谱线的吸收系数；第二部分表示谱线在远翼区的吸收贡献，是对第一部分的修订，需要根据经验和实验室测量获得，其中 $\alpha_{\mathrm{l}i}(f)$ 表示第 i 条谱线的吸收系数。通常情况下，如果各种气体吸收谱线互不相干，根据方程(2.41)逐一求解单个气体的吸收系数，再通过对多种气体的吸收系数求和来计算多种气体总的吸收系数的方法，称为逐线积分法。

2. 大气吸收系数计算模型

在大气微波遥感中，Hall 等根据大气分子的吸收特征将亚太赫兹波段(1～1000 GHz)进一步划分为：微波波段(3～30 GHz)、毫米波波段(30～300 GHz)和亚毫米波波段(300～1000 GHz)[14]。在微波波段，大气相对来说比较透明，对大气不

透明度有贡献的主要是 22.235 GHz 附近的水汽吸收和氧气分子的连续吸收，而二氧化硫、二氧化氮和臭氧等气体虽然具有较强的吸收作用，但是它们在大气中的含量非常稀少，与氧气和水汽对大气不透明度的贡献相比，可以忽略。在毫米波波段，氧气在 50～60 GHz 产生一簇转动谱线而形成了一个吸收谱带，同时在 118.75 GHz 有一个孤立的吸收峰；水汽在特定频率存在若干个转动谱线的吸收峰，如 183.31 GHz 和远红外波段处的几个频率，这些谱线的吸收峰对对流层大气的不透明度有较大贡献。另外，氮气由于分子碰撞导致的吸收也变得比较明显，而臭氧的吸收作用在平流层对大气的不透明度有较大贡献。在亚毫米波波段，晴空条件下的大气不透明度主要与水汽、氧气、臭氧和氮气有关。与毫米波波段相比，亚毫米波波段的强水汽吸收线更多，大气不透明度更大，同时，在云雨大气中由于水汽凝结物导致的散射随频率的增加而增强，散射效应不容忽视。

根据 Liebe 对大气光谱特性参数复折射率的描述，复折射率 N 可表示为[14]

$$N = N_0 + N_1(f) + \mathrm{i}N_2(f) \tag{2.47}$$

式中，非色散项 N_0 和色散项 $N_1(f)$ 与传播速度有关；虚部 $N_2(f)$ 与辐射能量的衰减有关。吸收系数与复折射率之间存在以下关系[14]：

$$\alpha = 1.820 fN_2 \tag{2.48}$$

在大气微波遥感的各种应用场景中，氧气、水汽、氮气、悬浮水汽和云雨等的辐射及衰减的计算是关键。目前，根据大气吸收谱线的线型和线强计算大气复折射率已有大量且广泛应用的模型[15~22]。氧气吸收谱线的吸收系数计算模型主要包括：Liebe 建立的 O_2-MPM 87 模型、O_2-MPM 89 模型和 O_2-MPM 93 模型，Rosenkranz 建立的 O_2-PWR 93 模型、O_2-PWR 98 模型和 O_2-PWR 04 模型，Cruz 建立的 O_2-CP 98 模型。水汽吸收谱线的吸收系数计算模型主要包括：Liebe 建立的 H_2O-MPM 87 模型、H_2O-MPM 89 模型和 H_2O-MPM 93 模型，Rosenkranz 建立的 H_2O-PWR 98 模型和 H_2O-PWR 04 模型，Cruz 建立的 H_2O-CP 98 模型。氮气吸收谱线的吸收系数计算模型主要包括：N_2-BF 86 模型、N_2-MPM 89 模型、N_2-MPM 93 模型和 N_2-PWR 98 模型。针对云和雾的吸收系数计算模型主要包括：MPM 89 模型和 MPM 93 模型；针对雨的吸收系数计算模型主要包括：MPM 89 模型和 MPM 93 模型。

1) 氧气吸收系数计算模型

在亚太赫兹波段，Liebe 建立的 O_2-MPM 模型和 Rosenkranz 建立的 O_2-PWR 模型是应用最为广泛的模型，他们根据谱线参数的不断修订发展了多种版本，并以年代区分为：O_2-MPM 87 模型、O_2-MPM 89 模型、O_2-MPM 93 模型、O_2-PWR 93 模型、O_2-PWR 98 模型和 O_2-PWR 04 模型。O_2-MPM 模型和 O_2-PWR 模型在 60 GHz 频率使用的谱线线强和线型是相同的。O_2-PWR 93 模型和 O_2-PWR 98 模型使用的压力展宽参数和 O_2-MPM 87 模型及 O_2-MPM 89 模型使用的基本相同，但是与 O_2-MPM 93 模型使用的压力展宽参数有 5%的差别。Liebe 在 1997 年首次对线耦合参数进行测量，在此基础上，Rosenkranz 于 1998 年开展了对线耦合参数的修订和完善工作，并把这些参数应用于 O_2-MPM 87 模型。1992 年 Liebe 等开展了实验室测量 54～66 GHz 频率范围的谱线参数的工作，并把测量值应用于 O_2-MPM 93 模型、O_2-PWR 93 模型和 O_2-PWR 98 模型。

分别使用 O_2-MPM 89 模型、O_2-MPM 93 模型、O_2-PWR 98 模型和 O_2-PWR 04 模型计算氧气吸收系数随频率的变化关系，如图 2.5 所示。其中压强、温度和水汽密度分别设置为 1000 hPa、296 K 和 1 g/m^3。四个模型在氧气吸收峰处的拟合度较高，但在窗区附近，O_2-MPM 模型和 O_2-PWR 模型对氧气吸收系数的计算值差别较大。目前，对于常用的探测大气温度的微波探测仪而言，例如，使用 50～60 GHz 氧气吸收带的 AMSU-A 和 ATMS，以及使用 118.75 GHz 氧气吸收线的 MWHTS，四个模型对氧气吸收系数的计算值差别不大，均可用来理论分析、建模和应用。然而，在 200～800 GHz 频率范围的高频区，由于四个模型所使用的谱线参数均是由实验室测量或者是机载数据拟合所获得，因此需要根据遥感仪器的通道设置、观测环境及数据特征等对四个模型进行针对性的对比分析，选择满足需求的最优模型。

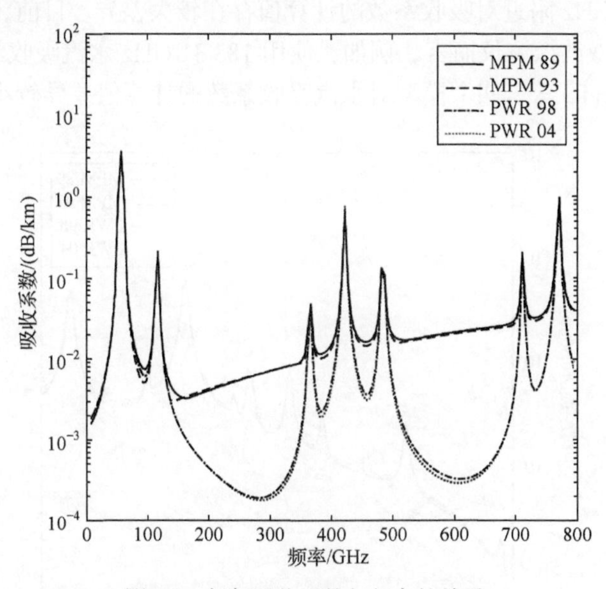

图 2.5　氧气吸收系数与频率的关系

2) 水汽吸收系数计算模型

在亚太赫兹波段的大气遥感中，H_2O-MPM 89 模型、H_2O-MPM 93 模型、

H_2O-PWR 98 模型和 H_2O-PWR 04 模型是常用的水汽吸收系数计算模型，被广泛应用于大量的微波和毫米波辐射计。Rosenkranz 在 1998 年建立的 H_2O-PWR 98 模型被认为是 H_2O-MPM 93 模型的后续版本。H_2O-MPM 模型和 H_2O-PWR 模型是在大量实验室测量数据和自由大气实验数据的基础上发展而来，这两类模型的共同特征是把总的水汽吸收系数分成两项，即共振线吸收项和校正项。共振线吸收项表示共振水汽谱线吸收，而校正项表示谱线在远翼区的吸收，也称作连续吸收。连续吸收对于大气水汽的总吸收而言不容忽视，尤其是在窗区频段。H_2O-MPM 模型和 H_2O-PWR 模型的最大区别在于它们所使用的水汽吸收谱线的线型是不同的，同时，它们的各个版本所使用的吸收谱线的数目及谱线的截断也是有差异的。另外，连续吸收的计算是根据实验室测量和经验校正获得的，H_2O-MPM 模型和 H_2O-PWR 模型的各个版本对校正项的计算方式也存在差异。

分别使用 H_2O-MPM 89 模型、H_2O-MPM 93 模型、H_2O-PWR 98 模型和 H_2O-PWR 04 模型计算水汽吸收系数随频率的变化关系，如图 2.6 所示。其中压强、温度和水汽密度分别设置为 1000 hPa、296 K 和 1 g/m^3。与氧气吸收系数模型相同的是，四个水汽吸收系数模型在水汽吸收峰处的拟合度较高，而在窗区频段有差异。与氧气吸收系数计算模型不同的是，四个水汽吸收系数计算模型在窗区频段计算的水汽吸收系数的差异相对较小。另外，H_2O-MPM 89 模型与其他三个模型在 700 GHz 附近对吸收系数的计算值存在较大差异。目前，对于常用的探测大气水汽的微波探测仪而言，例如，使用 183.31 GHz 水汽吸收线的 AMSU-B、ATMS 和 MWHTS 等，四个模型对水汽吸收系数的计算值差异较小，在理论分析

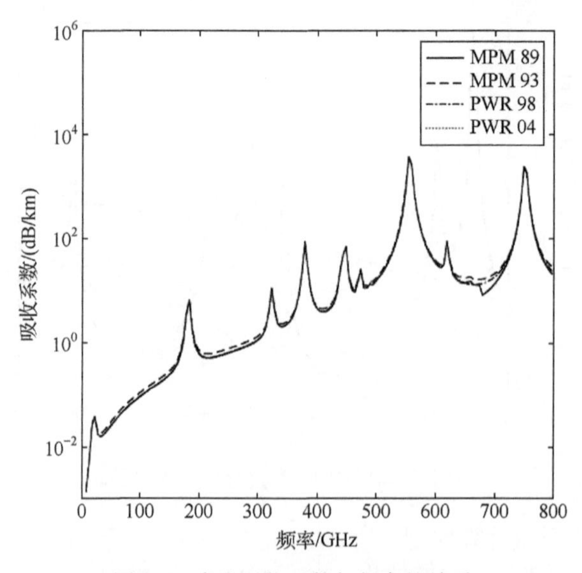

图 2.6 水汽吸收系数与频率的关系

和数据应用中该差异可忽略。然而，当使用窗区频段探测大气水汽时，H_2O-MPM 89 模型在 700 GHz 附近的计算误差较大，通常不被采用。

3) 氮气吸收系数计算模型

Borysow 和 Frommhold 以量子力学理论为基础建立了 N_2-BF 86 氮气吸收系数计算模型。在远红外频率范围内，N_2-BF 86 模型是描述氮气分子吸收机制最为详细的模型，与实验室测量数据的拟合度高，适用性强。然而，在微波范围内，在特定频率和温度条件下，Liebe 建立的 N_2-MPM 89 模型和 N_2-MPM 93 模型及 Rosenkranz 等建立的 N_2-PWR 98 模型得到了广泛的应用。N_2-MPM 89 模型和 N_2-MPM 93 模型以拟合 Stone 等的实验室测量数据为基础，表示为[23]

$$\alpha_{N_2}^{MPM89} = CP_d^2\Theta^{3.5}\nu^2\left(1.0-1.2\times10^{-5}\nu^{1.5}\right) \tag{2.49}$$

$$\alpha_{N_2}^{MPM93} = CP_d^2\Theta^{3.5}\nu^2\left(1.0+1.9\times10^{-5}\nu^{1.5}\right)^{-1} \tag{2.50}$$

式中，Θ=300 K/T；C=2.55×10^{-13} dB/(km · hPa^2 · GHz^2)；P_d 表示干空气分压。这两个吸收系数的比值表示为

$$\frac{\alpha_{N_2}^{MPM89}}{\alpha_{N_2}^{MPM93}} = 1+0.73\times10^{-5}\nu^{1.5}-2.316\times10^{-10}\nu^3 \tag{2.51}$$

当 ν 取值为 1 THz 时，此比值为 1+7.5×10^{-4}，由此可见，这两个模型在亚太赫兹波段的计算结果几乎是相等的。

N_2-PWR 98 模型以拟合 Dagg 等的实验室测量数据为基础，表示为[24]

$$\alpha_{N_2}^{PWR98} = P_{N_2}^2\Theta^3\nu^2\left(C_1\Theta^{0.55}+C_2P_{N_2}\Theta^{2.56}\right) \tag{2.52}$$

式中，C_1=(4.59±0.06)×10^{-13} dB/(km · hPa^2 · GHz^2)；C_2=(5.6±0.3)×10^{-19} dB/(km · hPa^2 · GHz^2)；P_{N_2} 表示氮气分压。分别使用 N_2-MPM 89 模型、N_2-MPM 93 模型和 N_2-PWR 98 模型计算氮气吸收系数随频率的变化关系，如图 2.7 所示，其中压强、温度和水汽密度分别设置为 1000 hPa、296 K 和 1 g/m^3。N_2-MPM 89 模型和 N_2-MPM 93 模型对氮气吸收系数的计算值在各频率处几乎相等，但是与 N_2-PWR 98 模型的计算结果存在较大差异。需要注意的是，与氧气和水汽吸收系数的值相比，氮气吸收系数较小，且其谱线在微波波段不存在明显的吸收峰。

4) 悬浮水滴的吸收

在微波波段，云中液态水、雾和霾等是大气辐射的有效吸收体。当粒子半径小于 50 μm 时，可使用米散射理论的瑞利近似来求解折射率 N_w[17]：

$$N_w''(f) = 4.50w/\varepsilon''\left(1+\eta^2\right) \tag{2.53}$$

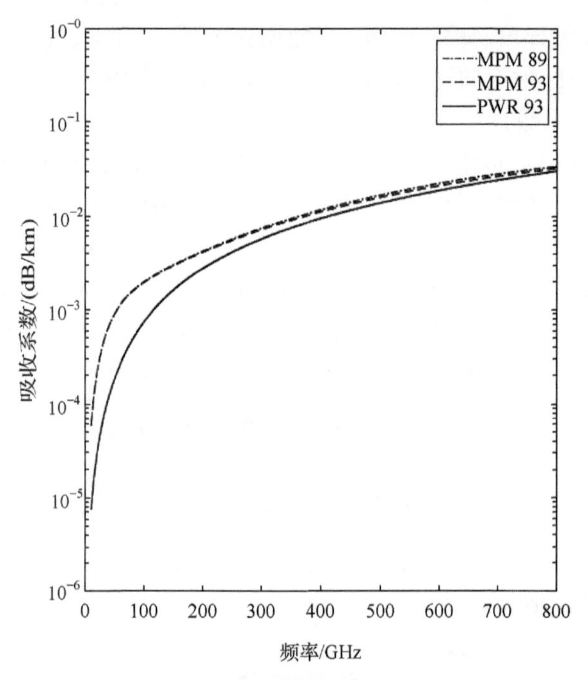

图 2.7 氮气吸收系数与频率的关系

和

$$N'_w(f) \cong 2.4\times10^{-3} w\varepsilon' \tag{2.54}$$

式中，$\eta=(2+\varepsilon')/\varepsilon''$；$\varepsilon'$ 和 ε'' 分别表示水的介电常数的实部和虚部；w 表示悬浮水滴的浓度。当波的频率大于 300 GHz 时，N''_w 可以近似地表示为[25]

$$N''_w(f) = 0.55wf^{-0.1}\theta^{-6} \tag{2.55}$$

式中，逆温变量 $\theta=300/(T+273.15)$。根据 Debye 模型，水的介电常数可表示为[26]

$$\varepsilon''=(185-113/\theta)f\tau/\left[1+(f\tau)^2\right] \tag{2.56}$$

和

$$\varepsilon'=4.9+(185-113/\theta)/\left[1+(f\tau)^2\right] \tag{2.57}$$

式中，$\tau=4.17\times10^{-5}\theta\exp(7.13\theta)$，该计算模型的有效频率范围为 $f\leqslant300$ GHz。

5) 降雨的吸收

雨的折射率 N_R 与其吸收和散射有关[27]。当波长与雨滴直径(0.1～0.5 mm)相当时，粒子间的相互作用不容忽视。由于米散射计算需要输入粒子形状、粒子尺寸分布及水的介电常数等参数，雨的折射率通常使用以下近似来计算：

$$N''_{\mathrm{R}} \approx c_{\mathrm{R}} R^{z} \tag{2.58}$$

和

$$N'_{\mathrm{R}} \approx R(0.12R - 3.7) y^{2.5} \Big/ \left[f_R \left(1 + y^{2.5}\right) \right] \tag{2.59}$$

式中，$y = f / f_{\mathrm{R}}$；$f_{\mathrm{R}} = 53 - R(0.37 - 0.0015R)$。与频率有关的系数$c_{\mathrm{R}}(f)$和指数$z_{\mathrm{R}}(f)$分别表示为

$$c_{\mathrm{R}}(f) = x_1 f^{y_1} \tag{2.60}$$

$$z(f) = x_2 f^{y_2} \tag{2.61}$$

在 1～1000 GHz 范围内，Olsen 等经过拟合推导，得到了x_1与y_1及x_2与y_2的分布关系，分别如表 2.3 和表 2.4 所示[28]。

表 2.3　x_1与y_1的分布关系

频率/GHz	x_1	y_1
1～2.9	3.5×10^{-4}	1.03
2.9～54	2.31×10^{-4}	1.42
54～180	0.225	−0.301
180～1000	18.6	−1.151

表 2.4　x_2与y_2的分布关系

频率/GHz	x_2	y_2
1～8.5	0.851	0.158
8.5～25	1.41	−0.0779
25～164	2.63	−0.272
164～1000	0.616	0.0126

2.3.5　云和雨的散射贡献

与红外和可见光相比，微波具有较强的穿透性，在满足一定条件下的云和降雨天气中，可以忽略大气中的水汽凝结物导致的散射辐射，把存在云和降雨的大气视为无散射介质[29]。然而，在极端天气条件下，大气中的云和降雨会引起微波辐射的显著衰减，在研究大气微波辐射传输时，除了要考虑云和降雨的吸收作用外，微波辐射与大气粒子的散射效应不容忽视。

当考虑云和降雨的散射作用时，在式(2.15)等式右边引入由于散射效应导致的源项J_{s}，即可得到辐射传输方程的微分形式：

$$\frac{\mathrm{d}I_f}{\mathrm{d}s} = -I_f k_{\mathrm{a}} + J_{\mathrm{a}} + J_{\mathrm{s}} \tag{2.62}$$

式中，J_{s}表示为

$$J_{\mathrm{s}}(s,\hat{s}) = \frac{1}{k_{\mathrm{s}}}\int_{4\pi}\psi(\hat{s},\hat{s}')I(s,\hat{s}')\mathrm{d}\Omega' \tag{2.63}$$

式中，$J_{\mathrm{s}}(s,\hat{s})$表示点$s$处来自方向$\hat{s}$的散射贡献；$I(s,\hat{s}')$表示点$s$处来自方向$\hat{s}'$的入射辐射；$\Omega'$表示立体角；$\psi(\hat{s},\hat{s}')$为归一化散射相函数，即

$$\frac{1}{4\pi}\iint_{4\pi}\psi(\hat{s},\hat{s}')\mathrm{d}\Omega' = 1 \tag{2.64}$$

表示来自方向$\hat{s}'$的入射辐射在方向$\hat{s}$上的分布，散射相函数与粒子的尺寸、形状、方向和空间分布等参数有关。$\psi(\hat{s},\hat{s}')$在球坐标系下可表示为

$$\frac{1}{4\pi}\int_0^{2\pi}\int_{-1}^{1}\psi(\mu,\phi;\mu',\phi')\mathrm{d}\mu'\mathrm{d}\phi' = 1 \tag{2.65}$$

式中，$\mu = \cos\theta$，θ表示高度角；ϕ表示方位角。当不考虑散射引起的极化特性时，利用 Henyey-Greenstein 函数可把$\psi(\mu,\phi;\mu',\phi')$近似为

$$\psi(\mu,\phi;\mu',\phi') = \frac{1-g^2}{\left(1+g^2-2g\cos\Theta\right)^{3/2}} \tag{2.66}$$

式中，Θ表示散射角，定义为

$$\cos\Theta = \pm\mu\mu' + \left(1-\mu^2\right)^{1/2}\left(1-\mu'^2\right)^{1/2}\cos(\phi-\phi') \tag{2.67}$$

g表示不对称因子，表示为

$$g = \frac{1}{2}\int_{-1}^{1}\psi(\cos\Theta)\cos\Theta\mathrm{d}\cos\Theta \tag{2.68}$$

$g\in[-1,1]$，是对粒子散射辐射角度分布的粗略度量。当前向散射辐射大于后向散射辐射时，$g>0$，否则$g<0$，而对于瑞利散射，$g=0$。

利用 Planck 黑体辐射定律的 Rayleigh-Jeans 近似来表示J_{s}可得：

$$T_{\mathrm{vs}}(s,\hat{s}) = \frac{1}{k_{\mathrm{s}}}\iint_{4\pi}\psi(\hat{s},\hat{s}')T_{\mathrm{b}}(s,\hat{s}')\mathrm{d}\Omega' \tag{2.69}$$

定义单次散射反照率a为

$$a = \frac{\kappa_{\mathrm{s}}}{\kappa_{\mathrm{e}}} \tag{2.70}$$

那么，在无散射项的方程(2.29)中加入散射源项，可以得到包含散射贡献的辐射传

输方程：

$$T_{\mathrm{b}}(\theta)=T_{\mathrm{b}0}(\theta)\mathrm{e}^{-\tau(0,s)\sec\theta}+\sec\theta\int_0^s\left[(1-a)T(s')+aT_{\mathrm{vs}}(\theta,s')\right]\mathrm{e}^{-\tau(s',s)\sec\theta}\kappa_{\mathrm{e}}\mathrm{d}s' \quad (2.71)$$

通常情况下，为了计算云和降雨导致的散射贡献，需要先计算单个粒子的散射效应。假设云雨中的水粒子或者冰晶是随机分布的，且粒子的形状满足球形(这个假设在大多数天气条件下是满足的)，那么可以使用米散射计算单个粒子的散射贡献。目前，针对非球形雨滴的散射计算理论虽然取得了重要发展，但是其计算结果与米散射的计算结果的差别远小于由于其他参数带来的影响，如粒子尺度分布[30]。

1. 米氏散射

功率密度为 S_{i} 的电磁辐射入射到几何截面为 A 的悬浮粒子上，除了被吸收的一部分功率 P_{a} 外，其他功率会向所有方向上散射。定义吸收截面 C_{a} 为

$$C_{\mathrm{a}}=\frac{P_{\mathrm{a}}}{S_{\mathrm{i}}} \quad (2.72)$$

吸收截面 C_{a} 与几何截面 A 的比值定义为吸收效率因子 Q_{a}，对于半径为 r 的球形粒子，$A=\pi r^2$，因此吸收效率因子可表示为

$$Q_{\mathrm{a}}=\frac{C_{\mathrm{a}}}{\pi r^2} \quad (2.73)$$

类比吸收截面和吸收效率因子，分别定义散射截面 C_{s} 和散射效率因子 Q_{s} 为

$$C_{\mathrm{s}}=\frac{P_{\mathrm{s}}}{S_{\mathrm{i}}} \quad (2.74)$$

$$Q_{\mathrm{s}}=\frac{C_{\mathrm{s}}}{\pi r^2} \quad (2.75)$$

式中，P_{s} 表示距离粒子 s 处在方向 $\hat{s}$ 上的散射功率，表示为

$$P_{\mathrm{s}}=\iint_{4\pi}S_{\mathrm{s}}s^2\mathrm{d}\Omega \quad (2.76)$$

式中，S_{s} 表示在方向 $\hat{s}$ 上的散射功率密度。由于吸收和散射引起的总的辐射功率的衰减为 $P_{\mathrm{a}}+P_{\mathrm{s}}$，因此消光截面和消光效率因子表示为

$$C_{\mathrm{e}}=C_{\mathrm{a}}+C_{\mathrm{s}} \quad (2.77)$$

$$Q_{\mathrm{e}}=Q_{\mathrm{a}}+Q_{\mathrm{s}} \quad (2.78)$$

在自由空间中，根据米散射理论，电磁辐射被半径为 r 的球形介质所散射的散射效率因子和消光效率因子可分别表示为

$$Q_{\mathrm{s}}(n,\chi)=\frac{2}{\chi^2}\sum_{m=1}^{\infty}(2m+1)\left(|a_m|^2+|b_m|^2\right) \tag{2.79}$$

$$Q_{\mathrm{e}}(n,\chi)=\frac{2}{\chi^2}\sum_{m=1}^{\infty}(2m+1)\mathrm{Re}\{a_m+b_m\} \tag{2.80}$$

式中，$n=\sqrt{\varepsilon}$ 表示粒子的复折射指数；$\chi=2\pi r/\lambda$ 表示粒子尺度参数；a_m 和 b_m 是第 m 次洛伦茨-米系数，可由 Riccati-Bessel 函数及其递推关系计算得到[31]：

$$a_m=-\frac{j_m(n\chi)\left[\chi j_m(\chi)\right]'-j_m(\chi)\left[n\chi j_m(n\chi)\right]'}{j_m(n\chi)\left[\chi h_m(\chi)\right]'-h_m(\chi)\left[n\chi j_m(n\chi)\right]'} \tag{2.81}$$

$$b_m=-\frac{j_m(\chi)\left[n\chi j_m(n\chi)\right]'-n^2 j_m(n\chi)\left[\chi j_m(\chi)\right]'}{h_m(n\chi)\left[n\chi j_m(n\chi)\right]'-n^2 j_m(n\chi)\left[\chi h_m(n\chi)\right]'} \tag{2.82}$$

式中，$j_m(\cdot)$ 和 $h_m(\cdot)$ 表示第一类 Bessel 和 Hankel 函数；$(\cdot)'$ 表示复共轭。

2. 瑞利近似

当粒子尺寸远小于入射波波长时，可利用瑞利近似对米散射的计算结果进行近似：

$$Q_{\mathrm{s}}=\frac{8}{3}\chi^4|K|^2 \tag{2.83}$$

$$Q_{\mathrm{e}}=4\chi\mathrm{Im}\{-K\}+\frac{8}{3}\chi^4|K|^2 \tag{2.84}$$

$$Q_{\mathrm{a}}=4\chi\mathrm{Im}\{-K\} \tag{2.85}$$

其中，K 表示为

$$K=\frac{n^2-1}{n^2+2} \tag{2.86}$$

在瑞利近似的表达式中，对于给定的粒子尺寸和不依赖频率的折射指数，散射效率因子 Q_{s} 与频率的四次方成正比，而吸收效率因子 Q_{a} 与频率呈线性关系。对于水来说，其折射指数具有频率依赖性，其吸收效率因子与频率的平方成正比。

3. 云和雨的消光系数

通常认为云和雨中的粒子是随机分布，且足够分散，粒子个体间相互独立，粒子散射的电磁波是非相干的，因此可以使用非相干散射理论计算体散射特性。

给定一个包含很多粒子的体积,其散射截面等于其中所有粒子的散射截面的总和。体消光系数定义为单位体积内总的散射截面，可表示为

$$\kappa_{\mathrm{s}}=\int_{r_1}^{r_2} p(r) C_{\mathrm{s}} \mathrm{d} r \tag{2.87}$$

其中，r_1 和 r_2 分别表示云和雨中粒子半径的下限和上限；$p(r)$ 为粒子数尺度分布，表示在单位体积内，单位半径增量 dr 内的粒子数 dN，可表示为

$$p(r)=\frac{\mathrm{d} N}{\mathrm{d} r} \tag{2.88}$$

利用散射效率因子表示体消光系数可得：

$$\kappa_{\mathrm{s}}=\frac{\lambda^3}{8 \pi^2} \int_0^{\infty} \chi^2 p(\chi) Q_s(\chi) \mathrm{d} \chi \tag{2.89}$$

2.4　快速辐射传输模型

基于辐射传输方程开发的大气辐射传输模型在机载、星载和地基辐射计的通道设置、观测数据评估、大气参数反演算法的开发及反演参数的验证和应用中发挥了重要作用。对于星载微波探测仪的模拟，国外已开发了多种大气辐射传输模型，主要包括 Buehler 等开发的 ARTS，Clough 等开发的 LBLRTM，Berk 等开发的 MODTRAN，Cornette 等开发的 MOSART，Saunders 等开发的 RTTOV，Weng 等开发的 CRTM 等。这些模型在模拟计算中均考虑了大气成分的吸收和散射贡献，关于它们的适用场景、优势及精度对比等，详见文献[32]。在这些模型中，ARTS 和 LBLRTM 在计算大气成分的吸收系数时采用了逐线积分的计算方式，即在特定频率逐个计算所有谱线的吸收贡献。然而，星载观测数据应用于反演或同化系统时，每一次的迭代计算均需计算微波探测仪的模拟亮温及亮温梯度，采用逐线积分计算方式的计算量大且耗时久，不能满足业务化反演对时效性的要求。针对星载观测数据的业务化应用需求，ECMWF 发展了快速辐射传输模型 RTTOV，美国卫星资料同化联合中心(Joint Center for Satellite Data Assimilation，JCSDA)发展了快速辐射传输模型 CRTM。这两个快速辐射传输模型计算大气透过率时采用了线性回归方式，即使用参数化的预报因子和透过率系数将分子辐射吸收和辐射传输机制用线性关系表示，其中，透过率系数综合考虑了仪器通道的光谱响应函数、不同大气成分的吸收和辐射传输等，极大提高了辐射传输计算的效率。目前，RTTOV 和 CRTM 在业务化反演及同化系统中应用广泛，同时在微波遥感领域的各种理论研究和应用中发挥了重要作用。然而，使用 RTTOV 或 CRTM

模拟星载微波探测仪时，需要获取针对星载微波探测仪的系数文件才能开展模拟计算，而系数文件依赖于 RTTOV 或 CRTM 的官方发布。考虑到国内卫星载荷系数文件的可用性和灵活性，在研究中选择 RTTOV 计算星载微波探测仪的模拟亮温及相关参数。

RTTOV 是 ECMWF 于 20 世纪 90 年代初期为了模拟 TOVS 所开发的快速辐射传输模型。在欧洲气象卫星开发组织的支持下，经过多年的改进与完善，已发展成为业务化运行的快速辐射传输模型，并成功应用于 ECMWF 数值天气预报的数据同化系统[33]。作为目前最常用的大气辐射传输模型之一，RTTOV 模拟的红外波长和微波频段分别为 3～20μm 和 10～200 GHz，能够模拟将近 50 个卫星平台上的 90 多个卫星载荷，而且经过修改后可模拟各种地基辐射计。在局部热力学平衡的平面平行大气条件假设下，在 RTTOV 中，卫星载荷接收到的大气层顶的辐射可表示为

$$I(f,\theta)=\left(1-N_{\text{cloud}}\right)I^{\text{clear}}(f,\theta)+N_{\text{cloud}}I^{\text{cloud}}(f,\theta) \tag{2.90}$$

式中，N_{cloud} 表示视场中的云量；I^{clear} 表示晴空条件下大气层顶向上的辐射；I^{cloud} 表示有云条件下大气层顶向上的辐射。其中，I^{clear} 包括表面辐射和大气辐射两部分：

$$\begin{aligned}I^{\text{clear}}(f,\theta)=&\Upsilon_{\text{s}}(f,\theta)\varepsilon_{\text{s}}(f,\theta)B(f,T_{\text{s}})+\int_{\tau_{\text{s}}}^{1}B(f,T)\,\mathrm{d}\tau\\&+\left[1-\varepsilon_{\text{s}}(f,\theta)\right]\Upsilon_{\text{s}}^{2}(f,\theta)\int_{\tau_{\text{s}}}^{1}\frac{B(f,T)}{\tau^{2}}\mathrm{d}\tau\end{aligned} \tag{2.91}$$

式中，Υ_{s} 表示从地面到大气层顶的透过率；ε_{s} 表示表面发射率；T_{s} 表示表面温度；T 表示大气分层的平均温度；$B(f,T)$ 表示考虑通道谱宽度的订正平均 Planck 函数，在 RTTOV 中表示为

$$B_{f}(T)=\frac{c_{1,i}}{\exp\left(\dfrac{c_{2,i}}{a_{i}+b_{i}T}-1\right)} \tag{2.92}$$

式中，$c_{1,i}=c_{1}f_{i}$，$c_{2,i}=c_{2}f_{i}$，c_{1} 和 c_{2} 为 Planck 函数常量；f_{i} 表示通道的中心频率；a_{i} 和 b_{i} 为带宽修正系数，根据传感器的光谱响应函数预计算获得。$I^{\text{cloud}}(f,\theta)$ 表示为

$$I^{\text{cloud}}(f,\theta)=\Upsilon_{\text{cloud}}(f,\theta)B(f,T_{\text{cloud}})+\int_{\tau_{\text{cloud}}}^{1}B(f,T)\,\mathrm{d}\tau \tag{2.93}$$

式中，Υ_{cloud} 为云顶到大气层顶的大气透过率；T_{cloud} 为云顶温度。

对于给定的大气状态(温度、水汽和臭氧)和表面参数(表面气压、表面温度、表面裸露温度和表面发射率)，RTTOV 采用线性统计回归的方法对光学厚度进行快速计算，定义第 j 层大气分层到大气层顶的光学厚度为 $\tau_{f,j}$ ，表示为

$$\tau_{f,j}=\tau_{f,j-1}+\sum_{k=1}^{M}a_{f,j,k}X_{j,k} \tag{2.94}$$

式中，M 表示预报因子个数；$a_{f,j,k}$ 表示光学厚度计算系数，利用最小二乘线性回归计算得到，RTTOV 中有专门的系数文件存储这些计算系数；$X_{j,k}$ 表示廓线预报因子。RTTOV 把 ECMWF 生成系数的专用廓线集输入到逐线积分模型计算不同大气分层上的单色光学厚度 $\hat{\tau}_{f,j}$ ，进而获取单色透过率 $\hat{\Upsilon}_{f,j}$ ，其中，红外波段和微波波段的光学厚度的逐线积分计算分别使用 LBLRTM 模型和 Liebe 89/92 模型。通道透过率通过单色透过率与传感器探测通道的光谱响应函数卷积得到：

$$\Upsilon_{f,j}=\frac{\int\hat{\Upsilon}_{f,j}F_f\mathrm{d}f}{\int F_v\mathrm{d}f} \tag{2.95}$$

在 RTTOV 中，星载微波探测仪在晴空条件下和云雨条件下的模拟分别使用晴空辐射模拟模块 RTTOV_DIRECT 和微波散射模拟模块 RTTOV_SCATT，其中 RTTOV 对大气中水汽凝结物的散射计算使用的是米散射理论。为了提高计算效率，RTTOV 对特定频率、温度和水汽凝结物含量的散射辐射进行了预计算，并形成米散射查找表。米散射查找表包括：1.4～109.3 GHz 范围内的 25 个频率；雨、雪、霰等 6 种水汽凝结物类型；234～303 K 范围内的 70 个温度；0.001～10 g/m^3 范围内的 401 个云水或云冰含量[34]。在模拟星载微波探测仪时，RTTOV_DIRECT 模块的输入参数包括：温度廓线、湿度廓线、臭氧廓线，表面温度，表面湿度，表面压强，10 米风速，地表裸露温度。RTTOV_SCATT 模块除了以上输入参数外，还需提供云水含量廓线、云冰水含量廓线、云量廓线、雨和雪等参数。另外，RTTOV_DIRECT 和 RTTOV_SCATT 模块对表面发射率的获取方式有两种：使用表面发射率模型 FASTEM 进行计算和用户自定义输入发射率集[35-39]。

大气辐射传输的快速计算是以损失模拟亮温的精度为代价的，为了评估 RTTOV 所计算的模拟亮温的精度损失，分别利用逐线积分模型 MPM 89 和 RTTOV 模型计算 FY-3C/MWTS-II 和 FY-3C/MWHTS 的模拟亮温，其中，表面发射率和卫星扫描角分别设置为 1 和 0°，输入参数是 ECMWF 训练数据集 diverse_83 profiles_54L。这两个模型计算的 MWTS-II 和 MWHTS 模拟亮温差异分别如图 2.8 和图 2.9 所示。MWTS-II 的两类模拟亮温的标准差保持在 0.015 K 以内，MWHTS 的两类模拟亮温的标准差保持在 0.06 K 以内，可见 RTTOV 的快速计算方式与 MPM 89 的逐线积分方式所计算的亮温精度相当，精度损失较小。

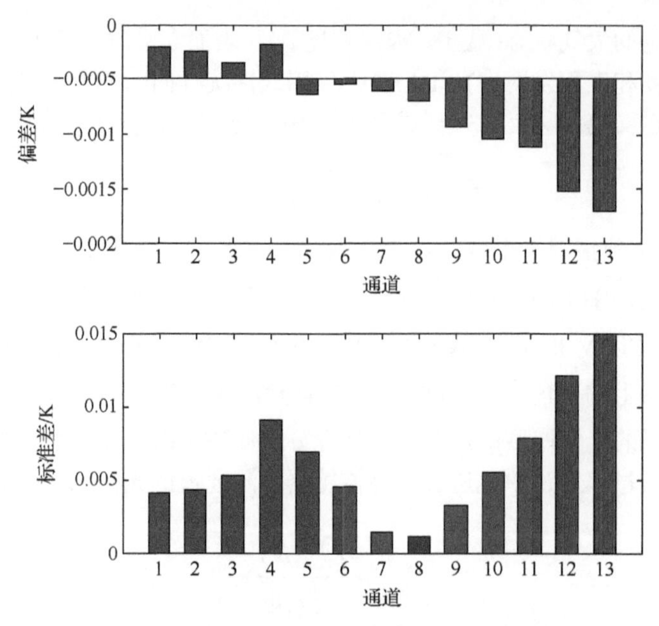

图 2.8　MPM 89 模型与 RTTOV 模型计算的 MWTS-II 模拟亮温差异

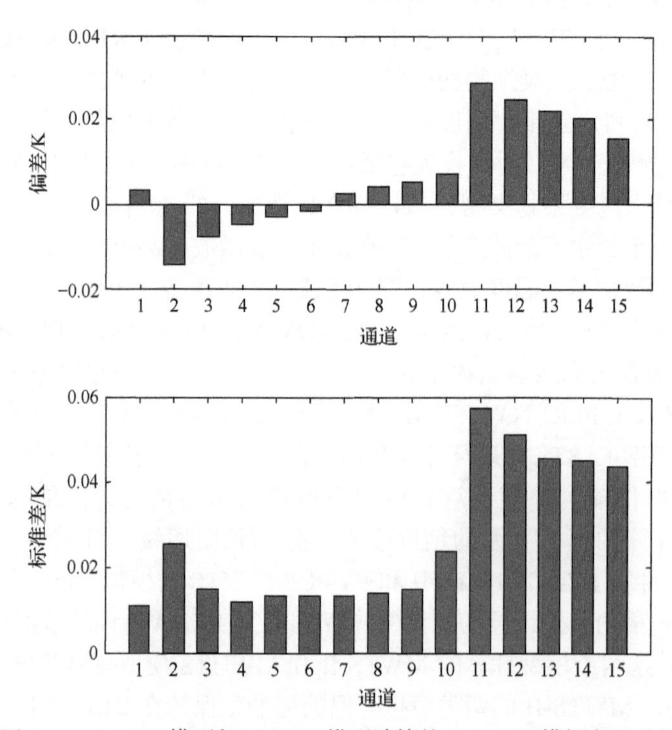

图 2.9　MPM 89 模型与 RTTOV 模型计算的 MWHTS 模拟亮温差异

2.5　星载微波遥感大气温湿廓线原理

微波与大气分子的相互作用是微波遥感大气参数的物理基础。微波探测仪使用 22.235 GHz 和 183.31 GHz 水汽共振吸收带可以实现大气水汽廓线的探测，使用 50～60 GHz 氧气共振吸收带和 118.75 GHz 氧气吸收线可以实现大气温度廓线廓线的探测。当然，其他频段的大气分子吸收谱线同样可以用来反演温度廓线(424.76 GHz)、水汽廓线(325.15 GHz 和 380.20 GHz)、水汽凝结物特征参数、降雨强度和类型等信息[40]。星载微波探测仪以其空间覆盖面广、时间采样频率和水平分辨率高、资料一致性好等优点，在气象学、海洋学、地质学和生态学等领域得到了广泛应用。微波探测仪服务于气候变化研究最早可追溯到 1979 年 MSU 的业务化运行。1998 年 AMSU 的业务化运行同样为天气预报和气候变化研究提供了重要的观测资料。目前，搭载于联合极轨卫星系统(joint polar satellite system，JPSS)、NOAA-20 卫星和 NOAA-21 卫星等的 ATMS，搭载于风云三号系列卫星的 MWTS-II 和 MWHTS 等星载微波探测仪，是气候变化研究、数值天气预报、极端天气监测等大气科学领域的各种应用和理论研究的重要微波遥感数据源。

2.5.1　星载微波探测仪遥感大气温度廓线

由星载微波辐射计的大气辐射传输方程(2.37)可知，星载微波探测仪观测亮温包括多种辐射贡献。然而，从大气探测的角度而言，当通过通道中心频率的选择使大气透过率满足 $\Upsilon_{\theta}(0,s)=0$ 时，微波探测仪观测亮温中最重要的辐射是大气上行辐射亮温 $T_{\mathrm{uf}}(\theta)$。根据卫星观测亮温求解大气温度廓线时，权重函数(weight function，WF) W_T 的概念被引入，定义为

$$W_T(f,\theta,z)=\kappa_{\mathrm{a}}(z)\mathrm{e}^{-\tau(z,\infty)\sec\theta} \tag{2.96}$$

把权重函数 W_T 代入到式(2.34)中可得权重函数 W_T 和大气温度廓线 $T(z)$ 的卷积形式所表示的大气上行辐射亮温：

$$T_{\mathrm{uf}}(\theta)=\int_0^{\infty}W_T(\theta,z)T(z)\mathrm{d}z \tag{2.97}$$

假设 W_T 与 $T(z)$ 相互独立，那么 T_{uf} 与 $T(z)$ 是线性关系。在实际观测中，T_{uf} 是在一些离散的频率点 f_i 对大气的测量。对于探测大气温度廓线而言，需要找到函数 $T(z)$，使 $T_{\mathrm{uf}}(f_i)$ 与星载微波探测仪的观测值近似相等。

把大气透过率的表达式代入式(2.96)可得温度权重函数关于高度的表达式：

$$W_T(\theta,z)=\frac{\partial\Upsilon_\theta(z,\infty)}{\partial z} \tag{2.98}$$

式中，$\Upsilon_\theta(z,\infty)$表示从高度$z$到大气层顶的透过率。另外，根据理想气体状态方程，温度权重函数还可以表示为压强的函数：

$$W_T(\theta,z)=\frac{-\partial\Upsilon_\theta(P,0)}{\partial(\ln P)} \tag{2.99}$$

式中，$\Upsilon_\theta(P,0)$表示从压强P到压强0处的大气透过率。

通常情况下，星载微波探测仪接收到的微波辐射，除了大气上行和下行辐射外，地球表面的辐射不容忽略。式(2.35)可表示为大气辐射贡献项和地表辐射贡献项的和：

$$\begin{aligned}T_{bf}(\theta)=&\Big[\sec\theta\int_0^\infty\kappa_a(z)T(z)e^{-\tau(z,\infty)\sec\theta}dz\\&+\big[1-\varepsilon_f(\theta)\big]\sec\theta e^{-\tau(0,\infty)\sec\theta}\int_0^\infty\kappa_a(z)T(z)e^{-\tau(0,z)\sec\theta}dz\Big]\\&+\varepsilon_f(\theta)T_s e^{-\tau(0,\infty)\sec\theta}\end{aligned} \tag{2.100}$$

因为

$$e^{-\tau(0,z)\sec\theta}=e^{-\tau(0,\infty)\sec\theta}\cdot e^{-\tau(z,\infty)\sec\theta}=\frac{\Upsilon_\theta(0,\infty)}{\Upsilon_\theta(z,\infty)} \tag{2.101}$$

同时，令

$$T_{BGD}(\theta)=\varepsilon_f(\theta)T_s e^{-\tau(0,\infty)\sec\theta}=\varepsilon_f(\theta)T_s\Upsilon_\theta(0,\infty) \tag{2.102}$$

那么，式(2.100)可以简化为

$$T_{bf}(\theta)=T_{BGD}(\theta)+\int_0^\infty W_T(\theta,z)T_z dz \tag{2.103}$$

式中

$$W_T(\theta,z)=\left[1+1-\varepsilon_f(\theta)\left(\frac{\Upsilon_\theta(0,\infty)}{\Upsilon_\theta(z,\infty)}\right)^2\right]\frac{\partial\Upsilon_\theta(z,\infty)}{\partial z} \tag{2.104}$$

当用积分变量$\ln P$替换z时，$T_{bf}(\theta)$可表示为

$$T_{bf}(\theta)=T_{BGD}(\theta)+\int_{-\infty}^{\ln P_s}W_T(\theta,P)T(P)d(\ln P) \tag{2.105}$$

式中，$W_T(\theta,P)$可表示为

$$W_T(\theta,P)=\left[1+1-\varepsilon_f(\theta)\left(\frac{\Upsilon_\theta(P_s,0)}{\Upsilon_\theta(P,0)}\right)^2\right]\frac{\partial\Upsilon_\theta(P,0)}{\partial(\ln P)} \tag{2.106}$$

通道权重函数是微波探测仪各通道对不同大气分层的敏感性的衡量。通道权重函数峰值的高度分布表示通道对该高度的大气分层最敏感，换言之，该通道测量的辐射绝大部分来自该大气分层。以 AMSU-A 为例，使用美国 1976 年标准大气作为 MPM 93 模型的输入，根据式(2.106)计算 AMSU-A 所有通道的温度权重函数，如图 2.10 所示，其中，地表发射率设置为 0.5，入射角设置为 0°。除了通道 1、通道 2 和通道 15 外，AMSU-A 的通道权重函数的峰值高度分布在从地面到高空的整个大气层，这表明 AMSU-A 可探测整个大气层的温度分布，而权重函数峰值高度接近地表的通道 1、通道 2 和通道 5 可以实现对大气底层温度及地表参数的探测。

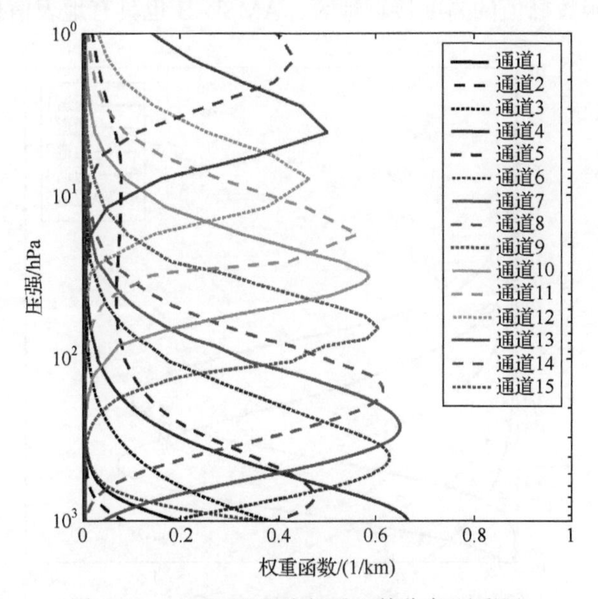

图 2.10　AMSU-A 温度权重函数分布(见彩图)

2.5.2　星载微波探测仪遥感大气水汽廓线

与温度廓线的探测原理相同，微波探测仪的通道设置在 183.31 GHz 水汽吸收线附近可实现大气水汽廓线的探测。然而，从大气参数在大气中的分布特征而言，温度廓线有相对稳定的结构，在相对长的一段时期内，温度廓线与平均温度廓线的差异较小，而大气水汽密度随空间和时间的变化相对剧烈。在一个固定地点，大气水汽积分含量值在一年内的变化可达 30 倍以上[41]。因此，与星载微波探测仪探测温度廓线相比，探测水汽廓线的难度更大，更具挑战性。

为简单起见，针对卫星天底点观测，即θ为0°，水汽权重函数$W_\rho(z)$定义为

$$T_{uf}=\int_0^\infty W_\rho(z)\rho(z)\mathrm{d}z \tag{2.107}$$

式中，T_{uf}表示沿星下点方向星载微波探测仪接收到的大气上行辐射亮温；$\rho(z)$表示水汽密度廓线。根据式(2.34)和式(2.107)可得：

$$W_\rho(z)=\kappa_a(z)\frac{T(z)}{\rho(z)}e^{-\tau(z,\infty)} \tag{2.108}$$

以AMSU-B为例，使用美国1976年标准大气作为MPM 93模型的输入，根据式(2.108)计算AMSU-B所有通道的水汽权重函数，如图2.11所示，其中，地表发射率设置为0.5，入射角设置为0°。AMSU-B通道权重函数的峰值高度主要分布在对流层，AMSU-B可实现对对流层水汽廓线的探测。同时，由于通道1和通道2的权重函数峰值的高度接近地表，AMSU-B也具有地表信息的探测能力。

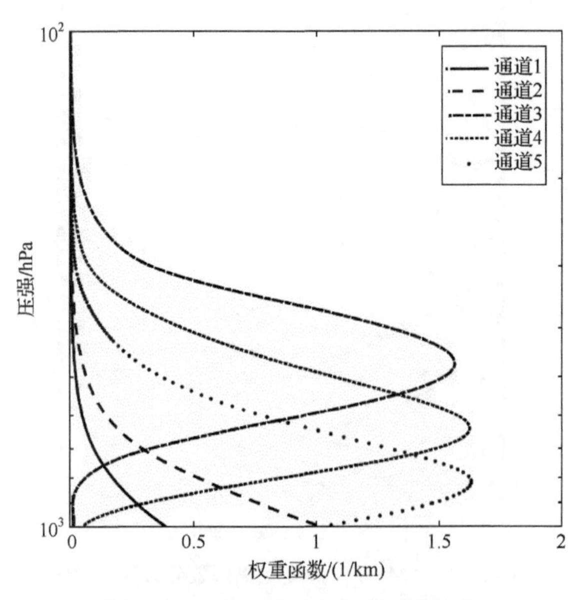

图2.11　AMSU-B水汽权重函数分布

2.6　星载微波探测仪反演温湿廓线方法

在微波遥感领域，可把处理的问题分成两类，一类是前向模拟问题，另一类是反演问题，如图2.12所示。所谓前向模拟就是使用辐射传输模型模拟微波遥感观测数据。辐射传输模型的输入是可描述大气状态的相关参数和边界条件，输出

是可表示为地基或者星载微波辐射计的模拟亮温 $T_{\mathrm{B}}(f,\theta)$，其中，f 表示频率，θ 表示传感器高度角。辐射传输模型输入的主要大气参数变量包括压强廓线、温度廓线、水汽廓线及云和雨等微物理参数，边界条件对于星载微波探测仪而言主要是宇宙背景辐射，而对于地基辐射计而言主要是地表向上的微波辐射。辐射传输模型描述了微波辐射计天线观测路径上大气成分的吸收、发射和散射机制，建立了大气参数与微波辐射计观测量之间的联系。辐射传输模型的模拟精度依赖于输入大气参数的精度、边界条件和模型本身对物理机制的描述。有关辐射传输模型在 2.3 节和 2.4 节已进行了详细的描述。所谓反演问题就是使用反演算法把微波辐射计观测量 $T_{\mathrm{B}}(f,\theta)$ 转换为大气参数变量。本节重点对反演问题进行阐述。

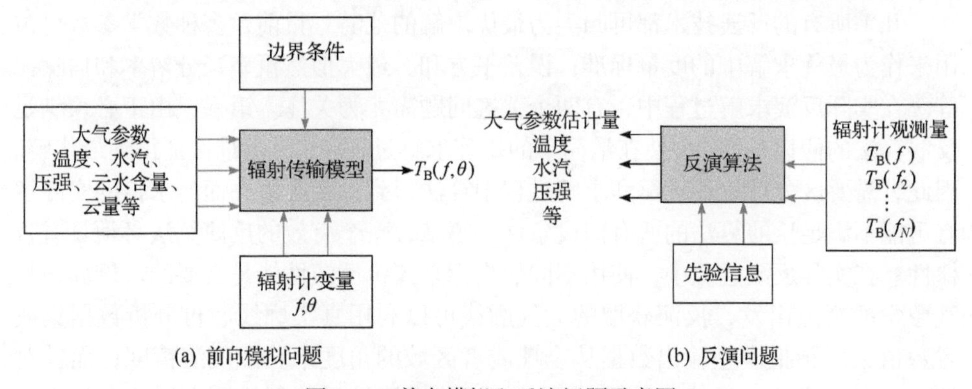

图 2.12　前向模拟和反演问题示意图

实现对大气参数变量的微波遥感探测，本质上是对辐射传输方程求逆的数学计算。在最简单的情况下，辐射传输方程可通过离散化相关参数转换成矩阵形式，并忽略其中的非线性项。然而，即使在这样的情况下，离散化后的辐射传输方程可能是超定的，没有解，或者是欠定的，有无数个解。这些类型的问题通常可以归类为不适定问题，若要寻求最优解，需要引入附加的假设或者限制，例如，在利用最小二乘技术时假设真实解在欧几里得空间接近先验值[42]，或者在使用最小化代价函数求最优解时引入附加项来保证解的平滑性[43,44]。大气遥感中的反演求解很少是线性、高斯或者适定的情况，因此求解方法都比较复杂。在星载微波探测仪反演大气温湿廓线的三类方法中，物理反演方法的本质是把大气参数的初始值输入辐射传输模型，通过迭代过程调节初始值，使辐射传输模型的模拟值和星载微波探测仪的观测值拟合，进而获取大气参数的最优估计值；统计反演方法的本质是建立大气参数和星载微波探测仪观测值之间的统计模型进而反演大气参数；物理统计方法综合应用了物理模型和统计模型来实现大气参数的最优估计，如统计反演的输出结果作为物理反演的初始值，或者是使用辐射传输模型的模拟亮温与大气参数来建立统计反演模型等。

2.6.1 反演的数学描述

在接下来的描述中，假设微波探测仪的有噪声观测向量为 $\tilde{\boldsymbol{R}}$ ，与其相关的大气状态向量为 $\boldsymbol{S}$ ，二者用正演模型 $f(\cdot)$ 建立联系：

$$\tilde{\boldsymbol{R}} = f(\boldsymbol{S}) + \boldsymbol{\Psi} = \boldsymbol{R} + \boldsymbol{\Psi} \tag{2.109}$$

式中，$\boldsymbol{\Psi}$ 表示随机噪声向量；$\boldsymbol{R}$ 表示无噪声观测向量。反演就是利用给定的观测向量 $\tilde{\boldsymbol{R}}$ 来求解大气状态向量 $\boldsymbol{S}$ 的估计量 $\hat{\boldsymbol{S}}(\tilde{\boldsymbol{R}})$。

2.6.2 最优化

几乎所有的反演技术都可归类为最优求解的范畴。目前，多种数学参数可被用来作为最优求解中的度量标准：误差平方和、最大似然概率、分辨率和信噪比等。在实际反演求解过程中，有两个关键问题需尤为关注。第一，由于必须满足反演算法的假设条件，即使在最简单的矩阵求解过程中，也很难保证得到最优解。因此，需要区分理论最优解和求解过程中算法得到的实际解，而所求得的实际解有可能不满足反演算法的所有假设条件。第二，一个有效的反演算法必须具有鲁棒性。在实际反演过程中，使用不同的指标来评价反演性能是必要的。例如，从气象学的观点出发，反演获取的大气廓线可以利用真实廓线、再分析数据集或者数值天气预报模型输出数据从全球或者区域的角度来验证反演精度；而针对特定的天气现象，反演个例的验证对于评价反演结果能否描述大气状态的变化是关键的。

2.6.3 统计方法

1. 贝叶斯方法

贝叶斯方法对大气参数的估计所涉及的先验信息主要是观测向量 $\tilde{\boldsymbol{R}}$ 和与其相关的大气状态向量 $\boldsymbol{S}$ 的信息。在数学上，这些先验信息可用五个有关的概率密度函数来描述：

$\mathrm{P}(\boldsymbol{S})$：大气状态向量 $\boldsymbol{S}$ 的先验概率密度函数(先于观测向量)；

$\mathrm{P}(\tilde{\boldsymbol{R}})$：观测向量 $\tilde{\boldsymbol{R}}$ 的先验概率密度函数；

$\mathrm{P}(\tilde{\boldsymbol{R}},\boldsymbol{S})$：观测向量 $\tilde{\boldsymbol{R}}$ 和大气状态向量 $\boldsymbol{S}$ 的联合概率密度函数；

$\mathrm{P}(\tilde{\boldsymbol{R}}|\boldsymbol{S})$：给定大气状态向量 $\boldsymbol{S}$ 的条件下，观测向量 $\tilde{\boldsymbol{R}}$ 的条件概率密度函数；

$\mathrm{P}(\boldsymbol{S}|\tilde{\boldsymbol{R}})$：给定观测向量 $\tilde{\boldsymbol{R}}$ 的条件下，大气状态向量 $\boldsymbol{S}$ 的条件概率密度函数。

根据贝叶斯定理，存在如下关系：

$$\mathrm{P}(\boldsymbol{S} \mid \tilde{\boldsymbol{R}})=\frac{\mathrm{P}(\tilde{\boldsymbol{R}} \mid \boldsymbol{S}) \mathrm{P}(\boldsymbol{S})}{\mathrm{P}(\tilde{\boldsymbol{R}})} \tag{2.110}$$

因此，通过贝叶斯方法，在给定观测向量 $\tilde{\boldsymbol{R}}$ 和大气状态向量 $\boldsymbol{S}$ 的联合概率密度函数和条件概率密度函数的条件下，可以得到大气状态向量的估计量 $\hat{\boldsymbol{S}}(\tilde{\boldsymbol{R}})$，即大气状态向量 $\boldsymbol{S}$ 的条件概率密度函数 $\mathrm{P}(\boldsymbol{S} \mid \tilde{\boldsymbol{R}})$ 取最大值时的大气状态向量。

1) 贝叶斯最小二乘估计

利用估计函数 $g(\cdot)$ 实现对代价函数 C 的最小化：

$$\hat{\boldsymbol{S}}(\cdot)=\arg \min C(\boldsymbol{S}, g(\tilde{\boldsymbol{R}})) \tag{2.111}$$

通常选择误差平方和来描述代价函数：

$$C=\mathrm{E}\left[(\boldsymbol{S}-\hat{\boldsymbol{S}})^{\mathrm{T}}(\boldsymbol{S}-\hat{\boldsymbol{S}})\right] \tag{2.112}$$

那么贝叶斯最小二乘(Bayes' least-squares，BLS)估计可表示为

$$\hat{\boldsymbol{S}}(\tilde{\boldsymbol{R}})=\mathrm{E}[\boldsymbol{S} \mid \tilde{\boldsymbol{R}}] \tag{2.113}$$

2) 贝叶斯线性最小二乘估计

贝叶斯最小二乘估计有两个缺点：它通常是观测向量 $\tilde{\boldsymbol{R}}$ 的非线性函数；它需要观测向量 $\tilde{\boldsymbol{R}}$ 和大气状态向量 $\boldsymbol{S}$ 之间统计关系的完整描述，而这在实际反演中通常是不可用的。如果在式(2.111)中限制 $g(\cdot)$ 为线性，那么估计函数只依赖于 $\tilde{\boldsymbol{R}}$ 和 $\boldsymbol{S}$ 之间统计关系的二阶特征。这个估计函数称为贝叶斯线性最小二乘(linear least-squares，LLS)估计，表示为

$$\hat{\boldsymbol{S}}(\tilde{\boldsymbol{R}})=\boldsymbol{C}_{\boldsymbol{S}\tilde{\boldsymbol{R}}} \boldsymbol{C}_{\tilde{\boldsymbol{R}}\tilde{\boldsymbol{R}}}^{-1} \tilde{\boldsymbol{R}}=\boldsymbol{L}_{\boldsymbol{S}\tilde{\boldsymbol{R}}} \tilde{\boldsymbol{R}} \tag{2.114}$$

误差协方差表示为

$$\boldsymbol{C}_{\varepsilon\varepsilon}=\boldsymbol{C}_{\boldsymbol{S}\boldsymbol{S}}-\boldsymbol{C}_{\boldsymbol{S}\tilde{\boldsymbol{R}}} \boldsymbol{C}_{\tilde{\boldsymbol{R}}\tilde{\boldsymbol{R}}}^{-1} \boldsymbol{C}_{\boldsymbol{S}\boldsymbol{R}}^{\mathrm{T}} \tag{2.115}$$

不失一般性，需满足 $\tilde{\boldsymbol{R}}$ 和 $\boldsymbol{S}$ 的均值为 0；$\boldsymbol{C}_{\boldsymbol{XY}}$ 表示向量 $\boldsymbol{X}$ 和向量 $\boldsymbol{Y}$ 的互协方差。

2. 线性和非线性回归方法

通常情况下，在实际反演中使用 BLS 和 LLS 反演大气参数是不适用的，因为BLS和LLS所需的期望值及协方差矩阵都依赖于 $\tilde{\boldsymbol{R}}$ 和 $\boldsymbol{S}$ 的联合概率密度函数，而直接计算这些概率密度函数的难度很大。一个更加实用的方法是首先使用可用的样本数据估计所需的统计参数，其中样本数据通常是时间和空间匹配的观测数据和大气状态参数的匹配对；然后从这些样本数据的统计特征中推导估计函数。

根据观测向量 $\tilde{\boldsymbol{R}}$ 和大气状态向量 $\boldsymbol{S}$ 之间的统计关系，可分为线性回归方法和非线性回归方法。线性回归运算可使用样本数据的协方差直接进行计算。非线性回归运算可以描述 $\tilde{\boldsymbol{R}}$ 和 $\boldsymbol{S}$ 之间更加复杂的数学关系，通常使用参数化的非线性函数来拟合样本数据。

1) 线性回归方法

$P\times N$ 的矩阵 $\boldsymbol{X}$ 可表示为包含 P 个参数的 N 个向量。$\boldsymbol{M_X}$ 为列向量，由矩阵 $\boldsymbol{X}$ 每行的平均值组成。样本协方差 $\hat{\boldsymbol{C}}_{\boldsymbol{XX}}$ 表示为

$$\hat{\boldsymbol{C}}_{\boldsymbol{XX}}=\frac{\bar{\boldsymbol{X}}^{\mathrm{T}}\bar{\boldsymbol{X}}}{N-1} \tag{2.116}$$

式中，$\bar{\boldsymbol{X}}$ 表示 $\boldsymbol{X}$ 与 $\boldsymbol{M_X}$ 的相减。对于有噪声观测矩阵 $\tilde{\boldsymbol{R}}$，每一列对应一组观测向量，每一行对应观测通道。对于大气状态观测矩阵 $\boldsymbol{S}$，每一列对应一组观测向量，每一行对应大气的垂直分层。线性回归估计可表示为

$$\hat{\boldsymbol{S}}\left(\tilde{\boldsymbol{R}}\right)=\boldsymbol{M_S}+\hat{\boldsymbol{C}}_{\boldsymbol{S}\tilde{\boldsymbol{R}}}\hat{\boldsymbol{C}}_{\tilde{\boldsymbol{R}}\tilde{\boldsymbol{R}}}^{-1}\left(\tilde{\boldsymbol{R}}-\boldsymbol{M}_{\tilde{\boldsymbol{R}}}\right) \tag{2.117}$$

式中，$\hat{\boldsymbol{C}}_{\boldsymbol{S}\tilde{\boldsymbol{R}}}$ 表示大气状态观测矩阵 $\boldsymbol{S}$ 和有噪声观测矩阵 $\tilde{\boldsymbol{R}}$ 的互协方差矩阵；$\hat{\boldsymbol{C}}_{\tilde{\boldsymbol{R}}\tilde{\boldsymbol{R}}}$ 表示有噪声观测矩阵 $\tilde{\boldsymbol{R}}$ 的自协方差矩阵。如果式(2.109)中的附加噪声项 $\boldsymbol{\Psi}$ 均值为 0，且与观测向量 $\tilde{\boldsymbol{R}}$ 和大气状态向量 $\boldsymbol{S}$ 不相关的话，那么式(2.117)可以表示为

$$\hat{\boldsymbol{S}}\left(\tilde{\boldsymbol{R}}\right)=\boldsymbol{M_S}+\hat{\boldsymbol{C}}_{\boldsymbol{SR}}\left(\hat{\boldsymbol{C}}_{\boldsymbol{RR}}+\boldsymbol{C}_{\boldsymbol{\Psi\Psi}}\right)\left(\tilde{\boldsymbol{R}}-\boldsymbol{M_R}\right) \tag{2.118}$$

式中，$\boldsymbol{C}_{\boldsymbol{\Psi\Psi}}$ 表示噪声协方差矩阵。

2) 非线性参数化回归方法

线性回归方法由于简单方便，在实际反演中应用广泛。然而，当观测向量 $\tilde{\boldsymbol{R}}$ 和大气状态观测向量 $\boldsymbol{S}$ 之间是非线性时，线性回归方法的反演精度有限。为了更好地描述观测向量 $\tilde{\boldsymbol{R}}$ 和大气状态观测向量 $\boldsymbol{S}$ 之间的非线性关系，可通过加入 $\tilde{\boldsymbol{R}}$ 的非线性函数作为输入，对线性回归方法进行扩展。例如，建立简单的多项式项，利用线性回归方法优化多项式的系数。多项式回归方法只是参数化回归方法的一种，当然也可以建立其他的参数化非线性函数，利用数字最优化技术求解相关参数。

3) 非线性非参数化回归方法

与参数化模型不同，非参数化模型的结构不是事先确定的，而是在训练过程中根据样本数据特征而建立的。非参数化不是意味着模型完全没有参数，而是模型参数的数目和特征是灵活的。人工神经网络是非线性非参数化回归方法的典型代表，是受生物神经元启发所发展的计算结构，其每一个神经元都具有计算能力。与生物神经元具有的外部环境学习能力相似，人工神经网络可以根据训练数据进

行学习，通过学习过程来调节网络的权重和偏差，实现对训练数据的拟合，从而建立满足应用需求的神经网络。神经网络具有强大的学习能力和非线性映射能力，可以很好地描述输入样本和输出样本之间的复杂关系，被广泛地应用于模式识别、分类和函数近似等方面。相比大气遥感中物理求逆过程的复杂性，尤其是输入和输出关系的非线性、非高斯性及两者之间的物理模型的建模难度，人工神经网络因其强大的非线性映射能力已成功应用于微波遥感大气领域。

4) 岭回归方法

通常，在协方差矩阵接近奇异的情况下，可使用修改后的代价函数：

$$C=\mathrm{E}\left[\left(\boldsymbol{S}-\hat{\boldsymbol{S}}\right)^{\mathrm{T}}\left(\boldsymbol{S}-\hat{\boldsymbol{S}}\right)\right]+\gamma\operatorname{trace}\left\{\boldsymbol{L}^{\mathrm{T}}\boldsymbol{L}\right\} \tag{2.119}$$

来限制式(2.114)中系数 $\boldsymbol{L}_{\boldsymbol{S}\tilde{\boldsymbol{R}}}$ 的幅值，从而得到稳定的解：

$$\hat{\boldsymbol{S}}\left(\tilde{\boldsymbol{R}}\right)=\boldsymbol{C}_{\boldsymbol{S}\tilde{\boldsymbol{R}}}\left(\boldsymbol{C}_{\tilde{\boldsymbol{R}}\tilde{\boldsymbol{R}}}+\gamma\boldsymbol{I}\right)^{-1}\tilde{\boldsymbol{R}} \tag{2.120}$$

对线性回归运算修改后的形式称为岭回归运算[45]。

2.6.4 物理方法

统计反演方法完全以大气状态向量 $\boldsymbol{S}$ 和观测向量 $\tilde{\boldsymbol{R}}$ 之间的统计关系为基础，而物理反演方法除了使用数据的统计特征外，充分利用了波在大气中传输的物理机制。针对方程(2.109)，假设观测误差和先验大气状态参数的误差服从高斯分布，那么式(2.110)中的分子项正比于

$$\mathrm{P}(\tilde{\boldsymbol{R}}\,|\,\boldsymbol{S})\sim\exp\left\{-\frac{1}{2}\left(\tilde{\boldsymbol{R}}-\boldsymbol{R}\right)^{\mathrm{T}}\boldsymbol{C}_{\boldsymbol{\Psi}\boldsymbol{\Psi}}^{-1}\left(\tilde{\boldsymbol{R}}-\boldsymbol{R}\right)\right\} \tag{2.121}$$

$$\mathrm{P}\left(\boldsymbol{S}\right)\sim\exp\left\{-\frac{1}{2}\left(\boldsymbol{S}-\boldsymbol{S}_{\mathrm{a}}\right)^{\mathrm{T}}\boldsymbol{C}_{\boldsymbol{SS}}^{-1}\left(\boldsymbol{S}-\boldsymbol{S}_{\mathrm{a}}\right)\right\} \tag{2.122}$$

式中，$\boldsymbol{S}_{\mathrm{a}}$ 表示先验大气状态向量。在实际反演中，式(2.110)中的分母项 $\mathrm{P}\left(\tilde{\boldsymbol{R}}\right)$ 通常为归一化因子，可以不用考虑[46]。最大化 $\mathrm{P}(\tilde{\boldsymbol{R}}\,|\,\boldsymbol{S})$ 就是最大化式(2.121)和式(2.122)的乘积，也可以表示为最大化这两个公式的自然对数的乘积。$\mathrm{P}(\tilde{\boldsymbol{R}}\,|\,\boldsymbol{S})$ 的最大化可以等价为最小化形式：

$$\xi_{\min}=\left(\tilde{\boldsymbol{R}}-\boldsymbol{R}\right)^{\mathrm{T}}\boldsymbol{C}_{\boldsymbol{\Psi}\boldsymbol{\Psi}}^{-1}\left(\tilde{\boldsymbol{R}}-\boldsymbol{R}\right)+\left(\boldsymbol{S}-\boldsymbol{S}_{\mathrm{a}}\right)^{\mathrm{T}}\boldsymbol{C}_{\boldsymbol{SS}}^{-1}\left(\boldsymbol{S}-\boldsymbol{S}_{\mathrm{a}}\right) \tag{2.123}$$

几乎所有的物理反演方法都是通过最小化与式(2.123)相似形式的代价函数来实现的，例如，一维变分算法使用的代价函数就是式(2.123)的相似形式。因此，物理反演方法中的最小化代价函数可表示为

$$\hat{\boldsymbol{S}}(\cdot) = \arg\min \xi_{\min} \tag{2.124}$$

在实际反演中,虽然代价函数的不同变化形式也会被采用,但是最小化式(2.123)中两项的权重和可能是更有利的[46]。另外，也有一些物理反演方法采用了最小化完全不同形式的代价函数，如反演廓线的垂直分辨率。关于物理反演方法中不同代价函数的推导和应用方法，Rodger 和 Twome 进行了详细的描述[47,48]。

1. 线性情况

物理反演方法想要获得解析解，除了满足观测误差和大气状态参数的误差服从高斯分布的假设外，大气状态向量 $\boldsymbol{S}$ 和观测向量 $\tilde{\boldsymbol{R}}$ 之间必须满足线性关系：

$$\tilde{\boldsymbol{R}} = \boldsymbol{W}\boldsymbol{S} + \boldsymbol{\Psi} \tag{2.125}$$

式中，$\boldsymbol{W}$ 称作权重函数矩阵。$\boldsymbol{S}$ 的解可以表示为两个等价形式：

$$\hat{\boldsymbol{S}}_m\left(\tilde{\boldsymbol{R}}\right) = \boldsymbol{S}_{\mathrm{a}} + \left(\boldsymbol{W}^{\mathrm{T}}\boldsymbol{C}_{\boldsymbol{\Psi\Psi}}^{-1}\boldsymbol{W} + \boldsymbol{C}_{\boldsymbol{SS}}^{-1}\right)^{-1}\boldsymbol{W}^{\mathrm{T}}\boldsymbol{C}_{\boldsymbol{\Psi\Psi}}^{-1}\left(\tilde{\boldsymbol{R}} - \boldsymbol{W}\boldsymbol{S}_{\mathrm{a}}\right) \tag{2.126}$$

$$\hat{\boldsymbol{S}}_n\left(\tilde{\boldsymbol{R}}\right) = \boldsymbol{S}_{\mathrm{a}} + \boldsymbol{C}_{\boldsymbol{SS}}\boldsymbol{W}^{\mathrm{T}}\left(\boldsymbol{W}\boldsymbol{C}_{\boldsymbol{SS}}\boldsymbol{W}^{\mathrm{T}} + \boldsymbol{C}_{\boldsymbol{\Psi\Psi}}\right)^{-1}\left(\tilde{\boldsymbol{R}} - \boldsymbol{W}\boldsymbol{S}_{\mathrm{a}}\right) \tag{2.127}$$

式中，根据矩阵求逆的阶数，分别命名为 m 形式和 n 形式。求解 $\boldsymbol{S}$ 的详细推导过程见文献[46]。

2. 非线性情况

在非线性情况下，通常需要利用数字化方法最小化式(2.124)。当使代价函数(式(2.123))的导数为 0 时，即

$$h(\boldsymbol{S}) = -\left[\nabla_{\boldsymbol{S}} f(\boldsymbol{S})\right]^{\mathrm{T}}\boldsymbol{C}_{\boldsymbol{\Psi\Psi}}^{-1}\left[\tilde{\boldsymbol{R}} - f(\boldsymbol{S})\right] + \boldsymbol{C}_{\boldsymbol{SS}}^{-1}\left(\boldsymbol{S} - \boldsymbol{S}_{\mathrm{a}}\right) = 0 \tag{2.128}$$

利用牛顿迭代方法：

$$\boldsymbol{S}_{i+1} = \boldsymbol{S}_i - \left[\nabla_{\boldsymbol{S}} h(\boldsymbol{S}_i)\right]^{-1} h(\boldsymbol{S}_i) \tag{2.129}$$

可得：

$$\begin{aligned}\boldsymbol{S}_{i+1} = \boldsymbol{S}_i + &\left\{\boldsymbol{C}_{\boldsymbol{SS}}^{-1} + \boldsymbol{K}_i^{\mathrm{T}}\boldsymbol{C}_{\boldsymbol{\Psi\Psi}}^{-1}\boldsymbol{K}_i - \left[\nabla_{\boldsymbol{S}}\boldsymbol{K}_i\right]^{\mathrm{T}}\boldsymbol{C}_{\boldsymbol{\Psi\Psi}}^{-1}\left[\tilde{\boldsymbol{R}} - f(\boldsymbol{S})\right]\right\}^{-1} \\ &\times\left\{\boldsymbol{K}_i^{\mathrm{T}}\boldsymbol{C}_{\boldsymbol{\Psi\Psi}}^{-1}\left[\tilde{\boldsymbol{R}} - f(\boldsymbol{S}_i)\right] - \boldsymbol{C}_{\boldsymbol{SS}}^{-1}\left(\boldsymbol{S}_i - \boldsymbol{S}_{\mathrm{a}}\right)\right.\end{aligned} \tag{2.130}$$

式中，$\boldsymbol{K}_i = \nabla_{\boldsymbol{S}} f(\boldsymbol{S})$，表示辐射传输模型所计算的模拟亮温对大气状态向量 $\boldsymbol{S}$ 的导数。在实际反演中，由于 Hessian 矩阵 $\nabla_{\boldsymbol{S}}\boldsymbol{K}_i$ 的计算量很大，该方法的实现较为困难。通常情况下，在中度非线性问题中，Hessian 项是可以忽略的，那么式(2.130)可以简化为[46]

$$\boldsymbol{S}_{i+1}=\boldsymbol{S}_i+\left\{\boldsymbol{C}_{SS}^{-1}+\boldsymbol{K}_i^{\mathrm{T}}\boldsymbol{C}_{\boldsymbol{\Psi\Psi}}^{-1}\boldsymbol{K}_i\right\}^{-1}\times\left\{\boldsymbol{K}_i^{\mathrm{T}}\boldsymbol{C}_{\boldsymbol{\Psi\Psi}}^{-1}\left[\tilde{\boldsymbol{R}}-f\left(\boldsymbol{S}_i\right)\right]-\boldsymbol{C}_{SS}^{-1}\left(\boldsymbol{S}_i-\boldsymbol{S}_{\mathrm{a}}\right)\right\} \tag{2.131}$$

等价形式为

$$\boldsymbol{S}_{i+1}=\boldsymbol{S}_{\mathrm{a}}+\boldsymbol{C}_{SS}\boldsymbol{K}_i^{\mathrm{T}}\left(\boldsymbol{K}_i\boldsymbol{C}_{SS}\boldsymbol{K}_i^{\mathrm{T}}+\boldsymbol{C}_{\boldsymbol{\Psi\Psi}}\right)^{-1}\times\left\{\tilde{\boldsymbol{R}}-f\left(\boldsymbol{S}_i\right)+\boldsymbol{K}_i\left(\boldsymbol{S}_i-\boldsymbol{S}_{\mathrm{a}}\right)\right\} \tag{2.132}$$

2.6.5 物理统计方法

根据上述可知，统计反演方法和物理反演方法的实现分别使用的是观测向量和大气状态向量之间的统计模型和物理模型。精确描述观测向量和大气状态向量之间的关系对于反演大气参数至关重要。然而，在实际反演中同时使用观测向量和大气状态向量之间的物理关系和统计关系有可能会进一步改进反演精度或者反演效率。

1. 提高反演精度

当微波探测仪的探测路径中存在云或降水时，物理反演方法对输入数据所要求的线性和高斯性的假设可能得不到满足，对于一些大气状态参数的反演面临着巨大挑战。虽然已有被动微波遥感降水的研究成果表明了微物理降雨模型的可行性，但模型的复杂性和高度非线性直接限制了反演算法的反演精度。利用物理模型产生的模拟亮温和大气状态参数组成训练集，使用神经网络方法反演大气状态参数是提高反演精度的有效途径。另外，在物理反演中，把统计反演的输出结果作为物理反演的初始廓线也是改善反演精度的常用方法。

2. 提高反演效率

相比于统计反演方法，物理反演方法的劣势之一就是计算效率低。许多物理反演模型，尤其是在复杂的天气条件下，其计算速度满足不了业务化反演对时效性的要求。一个有效的解决办法就是使用辐射传输模型离线计算模拟亮温所需的相关参数，实现对微波观测量的快速计算，进而提高反演效率。另外，微波探测仪亮温和大气状态参数之间的统计关系也可实现离线描述，提高统计反演的计算速度，满足业务化反演需求。

2.7 本章小结

大气辐射传输理论是微波遥感大气的理论基础，微波探测仪反演大气廓线的精度很大程度上取决于辐射传输模型对微波探测仪的模拟精度。换言之，辐射传输模型对模拟亮温的计算精度与微波探测仪对大气廓线的反演精度直接相关。本章对微波在大气中传输的物理机制进行了详细的描述，主要包括大气吸收引起的衰减、大气自身的微波辐射及大气中水汽凝结物导致的散射辐射，同时，对目前国际上广泛应用的大气吸收系数计算模型进行了总结、对比和分析。针对大气参数的业务化反演需求，本章对快速辐射传输模型 RTTOV 进行了介绍，并与逐线积分模型的计算精度进行了对比，分析了 RTTOV 在反演应用中的实用性。

本章详细描述了被动微波遥感大气温湿廓线的原理，对微波探测仪通道权重函数这一重要概念进行了推导和分析，明确了通道权重函数的分布特征对于微波探测仪反演大气参数的重要意义。另外，本章对不同反演算法的反演机制进行了详细的数学描述，为后续章节微波探测仪根据反演目的选择适用的反演方法提供了理论基础。

参考文献

[1] 廖国男, 周诗健, 阮忠永, 等. 大气辐射导论[M]. 北京: 气象出版社, 1985.

[2] Anderson G P, Clough S A, Kneizys F X, et al. AFGL atmospheric constituent profiles (0-120 km)[R]. Air Force Geophysics Laboratory, 1986.

[3] Stephens G L. Remote Sensing of the Lower Atmosphere[M]. New York: Oxford University Press, 1994.

[4] Houghton J. The Physics of Atmospheres[M]. Cambridge: Cambridge University Press, 2002.

[5] 盛裴轩, 毛节泰, 李建国, 等. 大气物理学[M]. 北京: 北京大学出版社, 2003.

[6] Mason B J. Physics of Clouds[M]. Oxford: Clarendon Press, 2010.

[7] Marshall J S, Palmer W M K. The distribution of raindrops with size[J]. Journal of Meteorology, 1984, 5(4): 165-166.

[8] 李万彪. 大气遥感[M]. 北京: 北京大学出版社, 2014.

[9] Ulaby F T, Moore R K, Fung A K. Microwave Remote Sensing: Active and Passive[M]. MA: Addison Wesley, 1981.

[10] Wendisch M, Yang P. Theory of Atmospheric Radiative Transfer[M]. Hoboken: John Wiley and Sons, 2012.

[11] Janssen M A. Atmospheric Remote Sensing by Microwave Radiometry[M]. Hoboken: John Wiley and Sons, 1993.

[12] Blackwell W J, Chen F W. Neural Networks in Atmospheric Remote Sensing[M]. Norwood: Artech House, 2009.

[13] Kleinböhl A. Airborne Submillimeter Measurements of Arctic Middle Atmospheric Trace Gases: Evidence for Denitrification in the Arctic Polar Stratosphere[D]. Berlin: Berlin University, 2004.

[14] Hall M P M, Barclay L W, Hewitt M T. Propagation of Radiowaves[M]. London: The Institution of Engineering and Technology, 1996.

[15] Liebe H J. MPM-an atmospheric millimeter-wave propagation model[J]. International Journal of Infrared and Millimeter Waves, 1989, 10(6): 631-650.

[16] Liebe H J, Layton D H. Millimeter-wave properties of the atmosphere: Laboratory studies and propagation modeling[R]. National Telecommunications and Information Administration, 1987.
[17] Liebe H J. An updated model for millimeter wave propagation in moisture air[J]. Radio Science, 1985, 20(5): 1069-1089.
[18] Rosenkranz P. Absorption of Microwaves by Atmospheric Gases[M]. Hoboken: John Wiley and Sons, 1993.
[19] Liebe H J, Hufford G A, Cotton M G. Propagation modeling of moist air and suspended water/ice particles at frequencies below 1000 GHz[C]. AGARD Conference Proceedings, 1993, 3: 1-10.
[20] Pol S L C, Ruf C S, Keihm S J. Improved 20 to 30 GHz atmospheric absorption model[J]. Radio Science, 1998, 33(5): 1319-1333.
[21] Rosenkranz P W. Water vapor microwave continuum absorption: A comparison of measurements and models[J]. Radio Science, 1998, 33(4): 919-928.
[22] Borysow A, Frommhold L. Collision-induced rototranslational absorption spectra of N_2-N_2 pairs for temperatures from 50 to 300 K[J]. The Astrophysical Journal, 1986, 311: 1043-1057.
[23] Stone N W B, Read L A A, Anderson A, et al. Temperature dependent collision-induced absorption in nitrogen[J]. Canadian Journal of Physics, 1984, 62(4): 338-347.
[24] Dagg I R, Reesor G E, Wong M. A microwave cavity measurement of collision-induced absorption in N_2 and CO_2 at 4.6 cm^{-1}[J]. Canadian Journal of Physics, 1978, 56(8): 1037-1045.
[25] Simpson O A, Bean B L, Perkowitz S. Far infrared optical constants of liquid water measured with an optically pumped laser[J]. Journal of the Optical Society of America, 1979, 69(12): 1723-1726.
[26] Chang A T C, Wilheit T T. Remote sensing of atmospheric water vapor, liquid water, and wind speed at the ocean surface by passive microwave techniques from the Nimbus 5 satellite[J]. Radio Science, 1979, 14(5): 793-802.
[27] Oguchi T. Electromagnetic wave propagation and scattering in rain and other hydrometeors[C]. Proceedings of the IEEE, 1983, 71(9): 1029-1078.
[28] Olsen R L, Rogers D V, Hulays R A, et al. Interference due to hydrometeor scatter on satellite communication links[C]. Proceedings of the IEEE, 1993, 81(6): 914-922.
[29] 林海，魏重，吕达仁. 雨滴的微波辐射特征[J]. 大气科学, 1981, 5(2): 188-197.
[30] Oguchi T. Attenuation and phase rotation of radio waves due to rain: Calculations at 19.3 and 34.8 GHz[J]. Radio Science, 1973, 8(1): 31-38.
[31] Bohren C F, Huffman D R. Absorption and scattering by a spher[J]. Absorption and Scattering of Light by Small Particles, 1983: 82-129.
[32] 鲍靖华. FY-3C 卫星微波湿温探测仪原理及在轨性能初步分析[D]. 北京：中国科学院大学, 2014.
[33] Hocking J, Rayer P, Rundle D et al. RTTOV v11 users guide[R]. European Organisation for the Exploitation of Meteorological Satellites, 2015.
[34] Bauer P. Microwave radiative transfer modeling in clouds and precipitation-part I: Model description[R]. European Centre for Medium-Range Weather Forecasts, 2002.

[35] English S J, Hewison T J. A fast generic microwave emissivity model[C]. Proceedings of SPIE, 1998, 3503: 288-300.

[36] Liu Q, Weng F, English S J. An improved fast microwave water emissivity model[J]. IEEE Transactions on Geoscience and Remote Sensing, 2011, 49(4): 1238-1250.

[37] Bormann N, Geer A, English S. Evaluation of the microwave ocean surface emisivity model FASTEM-5 in the IFS[R]. European Centre for Medium-Range Weather Forecasts, 2012.

[38] Karbou F, Gérard É, Rabier F. Microwave land emissivity and skin temperature for AMSU-A and AMSU-B assimilation over land[J]. Quarterly Journal of the Royal Meteorological Society, 2006, 132(620): 2333-2355.

[39] Aires F, Prigent C, Bernardo F, et al. A tool to estimate land-surface emissivities at microwave frequencies (TELSEM) for use in numerical weather prediction[J]. Quarterly Journal of the Royal Meteorological Society, 2011, 137(656): 690-699.

[40] Gasiewski A J. Numerical sensitivity analysis of passive EHF and SMMW channels to tropospheric water vapor, clouds, and precipitation[J]. IEEE Transactions on Geoscience and Remote Sensing, 1992, 30(5): 859-870.

[41] 何杰颖, 张升伟. 地基和星载微波辐射计数据反演大气湿度[J]. 电波科学学报, 2011, 26(2): 362-368.

[42] Strang G. Linear Algebra and Its Applications[M]. Salt Lake City: Academic Press, 1980.

[43] Tikhonov A. Solution of incorrectly formulated problems and the regularization method[J]. Soviet Math Dokl, 1963, 5: 1035-1038.

[44] Tikhonov A N, Goncharsky A V, Stepanov V V, et al. Numerical Methods for the Solution of Ill-Posed Problems[M]. Berlin: Springer Science and Business Media, 2013.

[45] Hoerl A E. Application of ridge analysis to regression problems[J]. Chemical Engineering Progress, 1962, 58(3): 54-59.

[46] Rodgers, C D. Inverse Methods for Atmospheric Sounding[M]. New York: World Scientific, 2000.

[47] Backus G, Gilbert F. Uniqueness in the inversion of inaccurate gross earth data[J]. Philosophical Transactions of the Royal Society of London A, 1970, 266(1173): 123-192.

[48] Twomey S. Introduction to the Mathematics of Inversion in Remote Sensing and Indirect Measurements[M]. New York: Elsevier Scientific Publishing Company, 2013.

第3章　MWHTS物理反演大气温湿廓线研究

3.1　引　　言

搭载于FY-3C卫星的MWHTS是国际上首台集湿度计和温度计于一体的微波探测仪，可实现大气温湿廓线的同时探测。MWHTS 的温度探测通道设置在118.75 GHz氧气吸收线附近，是国际上首次业务化运行的探测通道，受到了广泛关注[1-4]。目前，MWHTS已积累了大量的全球性遥感数据，可全天时、全天候的提供温湿廓线、云雨参数及地表参数等空间气象资料，在气象和气候变化研究领域发挥了重要作用。关于MWHTS的硬件设计及数据定标验证详见文献[5]和[6]。从反演的角度出发，评价MWHTS的应用能力是有必要的。本章在晴空条件下基于一维变分算法建立了MWHTS物理反演系统，对温湿廓线进行反演研究，进而评估MWHTS对温湿廓线的反演能力。

本章3.2节介绍了一维变分算法的原理，并讨论了算法参数的确定方法及对反演精度的影响；3.3节根据数据和模型产生一维变分算法参数，建立MWHTS物理反演系统；3.4节开展了MWHTS对温湿廓线的物理反演实验，并对反演结果进行验证和分析，评价MWHTS对温湿廓线的探测能力；3.5节是对本章内容的总结。

3.2　一维变分算法

3.2.1　算法原理

一维变分算法是物理反演方法的典型代表，通过最小化代价函数和辐射传输模型对辐射传输方程求逆，进而实现对大气参数的反演[7,8]。假设先验信息和微波探测仪观测量的误差是无偏和不相关的，且服从高斯分布，那么大气参数$\boldsymbol{S}$的最优估计可以对代价函数[9]：

$$\xi=\frac{1}{2}\left(\boldsymbol{S}-\boldsymbol{S}_{\mathrm{a}}\right)^{\mathrm{T}}\boldsymbol{C}_{\boldsymbol{SS}}^{-1}\left(\boldsymbol{S}-\boldsymbol{S}_{\mathrm{a}}\right)+\frac{1}{2}\left[f(\boldsymbol{S})-\tilde{\boldsymbol{R}}\right]^{\mathrm{T}}\boldsymbol{C}_{\boldsymbol{\psi\psi}}^{-1}\left[f(\boldsymbol{S})-\tilde{\boldsymbol{R}}\right] \tag{3.1}$$

进行最小化来求解。式中，$\tilde{\boldsymbol{R}}$是微波探测仪观测亮温；$\boldsymbol{C}_{\boldsymbol{\psi\psi}}$是测量误差协方差矩阵；$\boldsymbol{S}_{\mathrm{a}}$是背景廓线；$\boldsymbol{C}_{\boldsymbol{SS}}$是背景协方差矩阵；$f(\boldsymbol{S})$表示把大气参数$\boldsymbol{S}$输入辐射传输模型计算模拟亮温；T表示矩阵的转置。对代价函数ξ求导可得：

$$\nabla_{\boldsymbol{S}}\xi = \boldsymbol{C}_{\boldsymbol{SS}}^{-1}\left(\boldsymbol{S}-\boldsymbol{S}_{\mathrm{a}}\right)+\boldsymbol{K}^{\mathrm{T}}\boldsymbol{C}_{\boldsymbol{\Psi\Psi}}^{-1}\left[f\left(\boldsymbol{S}\right)-\tilde{\boldsymbol{R}}\right] \tag{3.2}$$

式中，$\boldsymbol{K}=\nabla_{\boldsymbol{S}}f\left(\boldsymbol{S}\right)$，为模拟亮温的梯度，表示模拟亮温对大气参数变化的灵敏度。通过让$\nabla_{\boldsymbol{S}}\xi$为 0，使用牛顿迭代的方法可获取式(3.2)的最优解：

$$\boldsymbol{S}_{n+1}=\boldsymbol{S}_{\mathrm{a}}+\boldsymbol{C}_{\boldsymbol{SS}}\boldsymbol{K}_{n}^{\mathrm{T}}\left[\boldsymbol{K}_{n}\boldsymbol{C}_{\boldsymbol{SS}}\boldsymbol{K}_{n}^{\mathrm{T}}+\boldsymbol{C}_{\boldsymbol{\Psi\Psi}}\right]^{-1}\left[\tilde{\boldsymbol{R}}-f\left(\boldsymbol{S}\right)-\boldsymbol{K}_{n}\left(\boldsymbol{S}_{\mathrm{a}}-\boldsymbol{S}_{n}\right)\right] \tag{3.3}$$

或

$$\boldsymbol{S}_{n+1}=\boldsymbol{S}_{\mathrm{a}}+\left[\boldsymbol{K}_{n}\boldsymbol{C}_{\boldsymbol{\Psi\Psi}}^{-1}\boldsymbol{K}_{n}^{\mathrm{T}}+\boldsymbol{C}_{\boldsymbol{SS}}^{-1}\right]^{-1}\times\boldsymbol{K}_{n}^{\mathrm{T}}\boldsymbol{C}_{\boldsymbol{SS}}^{-1}\left[\tilde{\boldsymbol{R}}-f\left(\boldsymbol{S}\right)-\boldsymbol{K}_{n}\left(\boldsymbol{S}_{\mathrm{a}}-\boldsymbol{S}_{n}\right)\right] \tag{3.4}$$

式中，n表示迭代次数；$\boldsymbol{S}_{n+1}$表示式(3.2)的最优估计值，即反演参数；当n取值为 1 时，$\boldsymbol{S}_1$表示初始大气参数。

通常情况下，一维变分算法对辐射传输方程的求逆属于不适定非线性方程的求解。当遥感仪器通道数目小于反演廓线的大气分层数目时，反演是对欠定非线性方程的求解，选择式(3.3)；当遥感仪器通道数目大于反演廓线的大气分层数目时，反演是对超定非线性方程的求解，选择式(3.4)。根据 MWHTS 通道数目和温湿廓线分层特征，本章选择式(3.3)对大气参数的最优估计值进行迭代求解。

3.2.2 影响反演精度因素讨论

对星载微波探测仪反演温湿廓线而言，在一维变分算法中，背景协方差矩阵$\boldsymbol{C}_{\boldsymbol{SS}}$、背景温湿廓线$\boldsymbol{S}_{\mathrm{a}}$、初始温湿廓线$\boldsymbol{S}_1$、观测误差协方差矩阵$\boldsymbol{C}_{\boldsymbol{\Psi\Psi}}$及模拟亮温和观测亮温之间的偏差$f\left(\boldsymbol{S}\right)-\tilde{\boldsymbol{R}}$均会影响最小化代价函数的求解，因此，这些参数的取值均会对温湿廓线的反演产生影响。

1. 先验信息

在求解欠定非线性方程时，先验信息的作用至关重要，可对求解过程中产生的无数个解进行限制进而获取合理的最优解，直接决定了解的存在性和精度[10,11]。一维变分算法中的先验信息包括背景协方差矩阵、背景廓线和初始廓线。

背景协方差矩阵描述了大气状态在特定空间和时间范围内的统计变化特征，使用大气的历史探测数据计算产生，如 RAOB、同化系统的分析或再分析数据、数值天气预报模型的预报数据等。背景协方差矩阵中的元素及元素之间的相关性是大气状态特征的直接体现，计算背景协方差矩阵时综合考虑历史探测资料的时间、地理区域和气候特征等因素将会使其更具代表性[10]。另外，用于产生背景协方差矩阵的大气探测数据的数据量也对背景协方差矩阵的质量有直接影响。大数据量的大气探测数据产生的背景协方差矩阵统计特征较明显，但不利于特定天气条件下温湿廓线的个例反演研究。使用微波探测仪观测数据前后短期内大气探测数据产生的背景协方差矩阵更容易满足温湿廓线的个例反演研究需求，但不利于全球性或者区域性的温湿参数的反演研究。因此根据温湿廓线反演应用场景来产生满足需求的背景协方差矩阵是成功反演的关键。背景协方差矩阵 $\boldsymbol{C_{SS}}$ 产生的具体公式为[12]

$$\sigma_{ij}^2 = \frac{1}{N}\sum_{i=1}^{N}\sum_{j=1}^{N}\left(\boldsymbol{S}_i - \overline{\boldsymbol{S}}_i\right)\times\left(\boldsymbol{S}_j - \overline{\boldsymbol{S}}_j\right) \tag{3.5}$$

式中，σ_{ij}^2 表示 $\boldsymbol{C_{SS}}$ 中第 i 行第 j 列的元素；$\overline{\boldsymbol{S}}$ 表示温湿廓线 $\boldsymbol{S}$ 的均值；N 表示所使用温湿廓线的样本数目。

背景廓线常用的数据源主要包括气候学数据集的平均廓线、统计反演廓线和数值天气预报模型的预报廓线等[13-15]。在地球大气中，温湿参数的垂直分布特征随空间和时间呈现出很大的变化性，尤其是湿度。由于背景廓线的可用数据源较多，而采用不同的数据源对一维变分算法的反演结果往往会产生不同的影响。把气候学数据集的平均廓线作为背景廓线是最简单的方法，但平均廓线与真实大气状态偏差较大，影响反演精度。在物理反演前先进行统计反演，把统计反演结果作为一维变分算法的背景廓线往往可以获得较高的反演精度，但明显增加了反演过程中的计算量。来自数值天气预报模型的预报数据和分析数据均具有较高精度，是背景廓线较为常用的数据源，但是其时间分辨率较高，在探测强对流天气时存在局限性。因此，在实际反演中，需要根据具体的反演需求设置合理的背景廓线。

初始廓线为物理迭代的开始提供了初始值。在理论上，如果代价函数只有一个最小值，那么初始廓线与真实廓线越接近，迭代过程的收敛速度越快，但不影响最终的反演精度。换言之，初始廓线只影响一维变分算法的反演速度而不影响其反演精度[12]。这需要从概念上与背景廓线相区分，从代价函数的表达式(3.1)可以看出，背景廓线对大气参数最优估计值的求解有直接影响。需要注意的是，在实际反演中背景廓线的可用数据源均可为初始廓线所用[10]。

2. 模拟亮温和观测亮温之间的偏差

模拟亮温和观测亮温之间的偏差(即观测偏差)指的是系统偏差，而不是随机偏差。在统计意义上，偏差是最优估计技术的特性，是在平均意义上对真实值过高或者过低估计的结果[16,17]。例如，某个辐射传输模型在特定大气条件下所计算的模拟亮温总是偏高，那么这个辐射传输模型是存在偏差的。由于一维变分算法的假设前提是观测误差和先验信息误差必须满足无偏和高斯特性，因此模拟亮温与观测亮温之间的偏差必须进行量化和移除[18]。观测偏差可分为两类：与辐射传输模型有关的偏差和与遥感仪器有关的偏差。辐射传输模型的误差源主要包括：大气参数的测量误差、复杂大气物理过程建模简化或不精确导致的误差、辐射传输模型的基础光谱数据误差等。遥感仪器误差主要指的是定标和环境效应的不利影响导致的误差。同时，传感器响应特性随时间的变化也会造成辐射测量的系统偏差。另外，对于微波探测仪这类交轨扫描传感器，其观测量中也会存在扫描偏差。需要注意的是，观测偏差通常是多种误差源混合的结果，从物理角度逐一确定误差源后量化和移除的难度很大。目前，在数据同化系统和反演系统中，使用统计方法校正观测偏差是较为常用的方法。

3. 测量误差协方差矩阵

测量误差协方差矩阵 $\boldsymbol{C}_{\psi\psi}$ 由观测误差和观测偏差计算产生。观测误差指的是传感器辐射测量的噪声，即仪器灵敏度；观测偏差通常使用的是观测偏差校正后的残差。通常认为测量误差在不同通道中是相互独立的，那么测量误差协方差矩阵可以表示为对角矩阵，其计算公式为[19,20]

$$r^2 = e^2 + b^2 \tag{3.6}$$

式中，r 为矩阵 $\boldsymbol{C}_{\psi\psi}$ 对角元素的平方根；e 为观测误差；b 为观测偏差。

3.3 MWHTS 物理反演系统

根据 3.2 节对一维变分算法的描述，本节针对晴空条件下 MWHTS 在海洋上空的观测亮温，通过分析和设置一维变分算法的参数，建立了 MWHTS 物理反演系统，开展了海洋上空温湿廓线的反演实验。温湿廓线反演结果分别以 ECMWF ERA-Interim 再分析数据和 RAOB 为参考数据进行了验证分析，进而评价 MWHTS 对温湿廓线的探测能力。

3.3.1 数据与模型

本章开展 MWHTS 反演温湿廓线研究所使用的数据包括：MWHTS 观测亮温、ECMWF ERA-Interim 再分析数据、NCEP GFS 6 小时预报数据和 RAOB。其中，MWHTS 观测亮温来自国家卫星气象中心网站 L1 级数据产品，ECMWF ERA-Interim 再分析数据来自 ECMWF 官方网站，NCEP GFS 6 小时预报数据来自 NCEP 官方网站，RAOB 来自 NOAA 官方网站。根据 ECMWF ERA-Interim 再分析数据建立包括廓线数据和地表参数的 ECMWF 大气数据集，其中，廓线数据包括温度廓线、湿度廓线和云量廓线，从地面到高空共分为 37 个压强分层；地表参数包括 2 m 温度、2 m 湿度、表面压强、表面裸露温度、10 m 风速。根据 NCEP GFS 6 小时预报数据建立 NCEP 预报数据集，所包含的大气参数与 ECMWF 大气数据集相同，其廓线数据的压强分层须内插为 37 层，与 ECMWF 廓线压强分层保持一致。RAOB 需进行质量控制：温湿廓线的压强分层数目大于 20 且最小压强值大于 200 hPa 为有效值，同时廓线的压强分层也须内插为 37 层。本章随机选择海洋区域上空的 MWHTS 观测亮温开展温湿廓线反演研究。MWHTS 观测亮温的地理范围为(30°N～15°N，125°E～165°E)，时间范围为 2014 年 2 月～2015 年 2 月。另外，一维变分算法中选择的辐射传输模型为 RTTOV。

3.3.2　先验信息

在本章建立的一维变分算法中，背景廓线和初始廓线均使用与 MWHTS 观测亮温在时间和空间上匹配的 NCEP 预报数据，而背景协方差矩阵使用再分析数据计算产生。再分析数据是由同化系统产生的覆盖全球的网格数据，基于全球观测网络系统的大气探测数据对历史天气状况进行分析，进而实现全球气候监测的目的。全球观测网络系统主要由卫星平台、地面天气基站、船舶和浮标等组成，可在全球范围内实现对大气和地表参数的测量。目前，RAOB 在沙漠、海洋和深山等人迹罕至的区域是匮乏的，通常可把再分析数据当作“真实”数据[21,22]。在实际大气中，温度和湿度是存在相关性的，同时，微波探测仪温度探测通道的观测亮温有来自水汽的辐射贡献，同样微波探测仪湿度探测通道的观测亮温也有来自氧气的辐射贡献[12]。因此，背景协方差矩阵的计算需考虑温度廓线和湿度廓线之间的相关性。

根据式(3.5)，使用 2005～2014 年的 ECMWF 再分析数据中的晴空温湿廓线计算背景协方差矩阵，其中，晴空廓线根据 ECMWF 再分析数据中的云量廓线为 0 来进行选择。图 3.1 是使用相关系数矩阵对背景协方差矩阵的直观表示，其中 1～

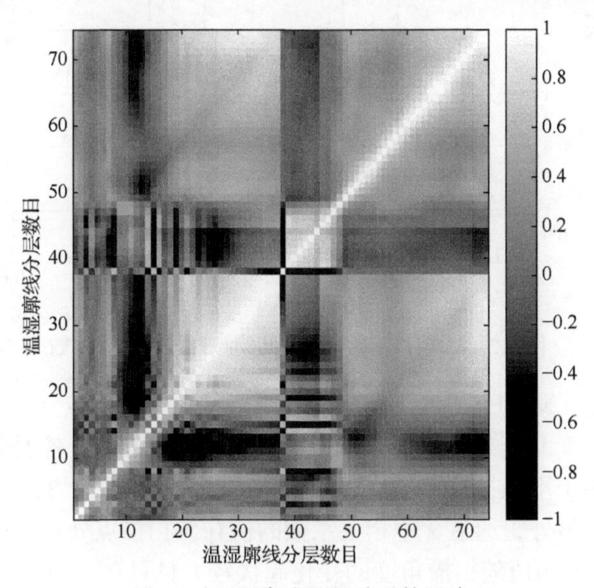

图 3.1　温湿廓线的相关系数矩阵

37 表示温度廓线从地面到高空的压强分层数目，38～74 表示湿度廓线从地面到高空的压强分层数目。从温湿廓线的相关系数矩阵可以发现，温度廓线和湿度廓线之间存在很强的相关性，在反演中应充分利用这一相关性，采取温湿廓线同时反演的策略。

3.3.3 观测亮温的偏差校正

观测偏差对一维变分算法的反演精度有直接影响，在反演前必须对观测偏差进行校正。本章建立的一维变分算法中采用线性回归方法进行观测偏差的校正。使用 2014 年 2 月～2015 年 1 月晴空条件下的 MWHTS 观测亮温与 ECMWF 再分析数据进行时间和空间上的匹配，匹配规则为两类数据的时间误差小于 0.5 小时，且经纬度误差分别小于 0.05°，获取了超过 38000 个数据匹配对，同时在 MWHTS 每个扫描点处的数据匹配对数目均大于 350。分别计算在 98 个扫描点处 MWHTS 每个通道的模拟亮温和观测亮温的相关系数，如图 3.2 所示。

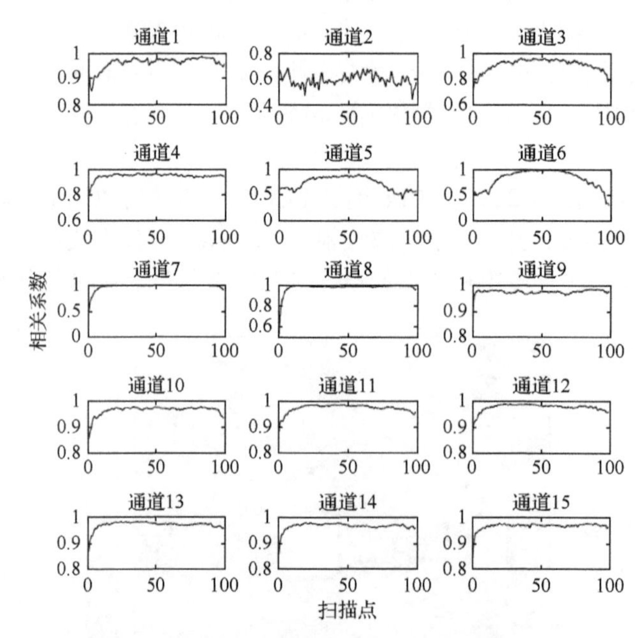

图 3.2　MWHTS 观测亮温与模拟亮温的相关系数

从图中看出，MWHTS 各通道中相关系数的值在扫描点 1～5 范围内相对较低，随着扫描角度的变小而增大；在扫描点 6～80 范围内，各通道中相关系数的值逐渐增大并趋于平稳；在扫描点 80～98 范围内，通道 2、3、5、7 中相关系数的值逐渐减小。另外，通道 2 中相关系数的值在各扫描点处均保持在 0.65 以下，通道 7 中相关系数的值随扫描角度的变化起伏较大且只在扫描点 40～70 范围内达到 0.90。总的来说，在扫描点 20～70 范围内，温度探测通道除了通道 2、5 和 7 的部分扫描点外，相关系数均保持在 0.90 以上，而在湿度探测通道中相关系数的值均保持在 0.97 以上。

MWHTS 观测亮温与模拟亮温的相关系数分布特征一方面体现了辐射传输模型对 MWHTS 的模拟精度，另一方面也呈现出观测亮温随扫描角度的变化特性。MWHTS 观测亮温对扫描角度的依赖性，即临边特性，主要与星上载荷的扫描方式有关[23,24]。显然，MWHTS 观测亮温对扫描角度的依赖性是与观测偏差直接相关的。基于数据匹配对计算模拟亮温和观测亮温之间的平均偏差，其随扫描角度的变化如图 3.3 所示。

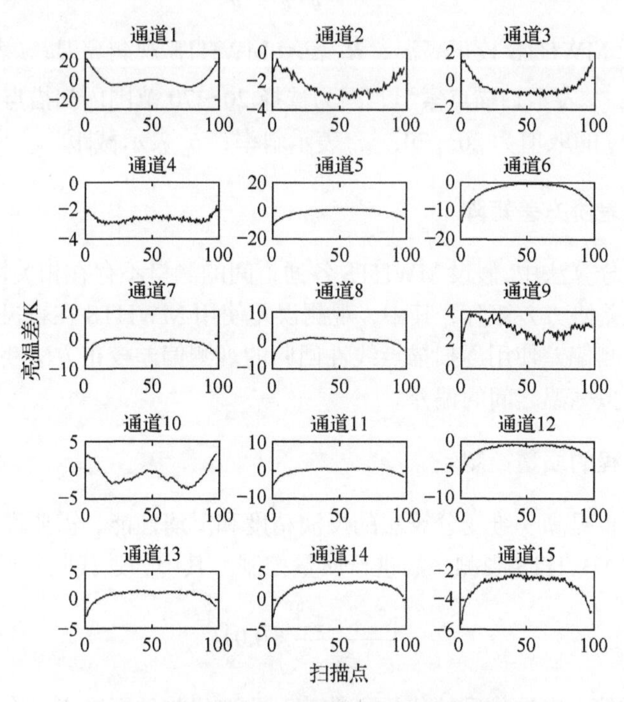

图 3.3 MWHTS 通道亮温的角度依赖性

从图中看出，MWHTS 观测偏差具有明显的角度依赖性，尤其是在观测角度较大时临边效应更加显著。另外，除了通道 3 和 5 外，其余通道中观测偏差随扫描角度并未呈现对称现象。观测偏差的角度依赖性主要是由大气程辐射、天馈系统的匹配和天线指向误差等原因引起的，仪器扫描角度的增加会增大像元尺寸，同时也可能会导致大气辐射的增加。同样，观测偏差角度依赖性的移除如果从物理角度确定误差源，进而对其量化和移除的难度很大。

根据 MWHTS 各通道亮温数据的角度依赖性分析和观测偏差的统计特征分布，本章研究中提出逐扫描点线性回归的观测偏差校正方法。根据图 3.2 中

MWHTS 观测亮温与模拟亮温的相关系数分析结果，因通道 2 中相关系数较低而不进行观测偏差校正，其余通道中舍弃扫描边缘处相关系数低的数据，选择扫描点 20～70 范围内的数据进行观测偏差校正和反演。为了移除角度依赖性，针对每个通道的每个扫描点分别进行线性回归建模，获取每个扫描点相应的观测偏差校正系数，从而降低角度依赖性对观测偏差的不利影响。在一维变分算法中，既可以通过校正观测亮温又可以校正模拟亮温来使 MWHTS 观测偏差减小。为了避免每次迭代求解过程中均须校正模拟亮温，在反演中选择对观测亮温进行校正。逐扫描点线性回归的观测偏差校正方法的表达式为

$$\tilde{\boldsymbol{R}}_{ij}^{*} = a_{ij}\tilde{\boldsymbol{R}}_{ij} + b_{ij} \tag{3.7}$$

式中，$\tilde{\boldsymbol{R}}_{ij}^{*}$ 表示 MWHTS 校正亮温；$\tilde{\boldsymbol{R}}_{ij}$ 表示 MWHTS 观测亮温；i 表示通道索引，取值为 1～15；j 表示扫描点索引，因为选择 20～70 范围内扫描点的观测偏差进行校正，所以 j 的取值为 20～70；a_{ij} 表示斜率；b_{ij} 表示截距。

3.3.4 测量误差协方差矩阵

在一维变分算法中，假设 MWHTS 各通道间的测量不存在相关性，根据式(3.6)可计算测量误差协方差矩阵，其中，观测误差使用 MWHTS 在轨灵敏度，详见第 1 章表 1.1；观测偏差使用逐扫描点线性回归的观测偏差校正方法获得的 MWHTS 校正亮温与模拟亮温之间的偏差。

3.3.5 反演过程的质量控制

为了进一步提高一维变分算法的反演精度和反演性能，需要设置迭代求解的收敛标准和对 MWHTS 观测亮温进行质量控制。其中，迭代收敛标准为

$$\frac{\left|\xi_{n+1} - \xi_n\right|}{\xi_n} < 0.01 \tag{3.8}$$

式中，ξ_n 表示第 n 次迭代后的代价函数值。此迭代收敛标准表示在两次迭代过程中代价函数值的相对变化范围在 0.01 内时停止迭代。在一维变分算法中设置最大迭代次数为 10，达到最大迭代次数时迭代立即停止，此时的初始廓线即为反演廓线。另外，对于 MWHTS 的每组观测亮温，任一通道的观测亮温与初始廓线所对应大气参数产生的模拟亮温的差值大于 20 K 时，该组观测亮温舍弃。

3.3.6 MWHTS 物理反演系统的反演步骤

根据以上一维变分算法中各参数的确定方法、迭代收敛标准的设置及 MWHTS 观测亮温的质量控制，可建立 MWHTS 物理反演系统，进而反演晴空条

件下海面上空的温湿廓线。MWHTS 物理反演系统的反演操作如下。

(1) 使用 2014 年 2 月～2015 年 1 月的 MWHTS 观测亮温和模拟亮温建立逐扫描点线性回归的观测偏差校正算法，校正 2015 年 2 月的 MWHTS 观测偏差，获取校正亮温。

(2) 把校正亮温分别与 ECMWF 大气数据集和 RAOB 进行匹配，其中，与 ECMWF 大气数据集的匹配规则是：时间误差小于 0.5 小时，且经纬度误差分别小于 0.05°；与 RAOB 的匹配规则是：时间误差小于 0.5 小时，且经纬度误差分别小于 1.5°。

(3) 以 ECMWF 大气数据集中的云量廓线为 0 作为标准，对匹配的校正亮温进行晴空数据选择，获取晴空校正亮温。

(4) 晴空校正亮温与 NCEP 预报数据集进行匹配，获取 MWHTS 物理反演系统的初始廓线和背景廓线，其中，匹配规则是：时间误差小于 0.5 小时，且经纬度误差分别小于 0.25°。

(5) 计算产生 MWHTS 物理反演系统的背景协方差矩阵和测量误差协方差矩阵。

(6) 把晴空校正亮温输入 MWHTS 物理反演系统进行温湿廓线的同时反演，输出为反演温湿廓线，以 ECMWF 再分析数据和 RAOB 数据分别为参考数据对反演结果进行精度验证和分析。

3.4　反演结果及分析

3.4.1　观测亮温的偏差校正结果

本章开展的MWHTS物理反演温湿廓线实验的地理区域为随机选择的海洋区域(30°N～15°N，125°E～165°E)，根据 MWHTS 物理反演系统的反演操作，可获取 2015 年 2 月的晴空亮温数据和 ECMWF 大气数据集的匹配数据 1907 组。使用逐扫描点线性回归的观测偏差校正方法对匹配数据中的观测亮温进行观测偏差校正，校正结果和角度依赖性移除结果如图 3.4 所示。除了通道 2 未进行观测偏差校正外，通道 1，3，4，6，12，14，15 中的观测偏差明显减小，且随扫描点的变化趋势比较平稳，因此，这些通道中的观测偏差校正效果及角度依赖性移除效果较好。然而，在通道 5，7，8，9，10，11 中，观测偏差均有一定程度的减小，但角度依赖性的移除效果欠佳，其中，通道 5 和 7 中的观测偏差只在扫描点 20～40 范围内有校正效果，在扫描点 40～70 范围内基本保持不变。在通道 13 中，观测偏差的角度依赖性有一定程度的减弱，但是偏差值并未明显减小。总的来说，与温度探测通道相比，湿度探测通道中的观测偏差校正效果更好，其主要原因可能与湿度探测通道中观测亮温与模拟亮温的相关系数更高有关。

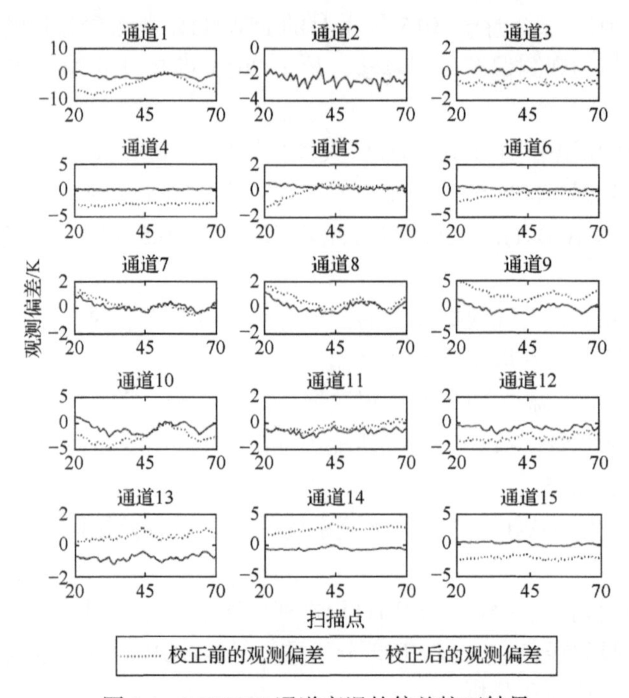

图 3.4 MWHTS 通道亮温的偏差校正结果

3.4.2 反演结果的验证与分析

根据 MWHTS 通道权重函数的分布，温度探测通道对大气顶层不敏感，而湿度探测通道对 300 hPa 以上的大气分层不敏感，因此，在对 MWHTS 反演的温湿廓线进行精度验证时，温度反演廓线的验证范围选择为 10～1000 hPa，而湿度反演廓线的验证范围选择为 250～1000 hPa。另外，选择平均偏差(mean error，ME)和均方根误差(root mean square error，RMSE)作为统计验证 MWHTS 物理反演系统反演结果的定量标准，其中，平均偏差和均方根误差的定义分别为[25]

$$\mathrm{ME}=\frac{1}{N}\sum_{i=1}^{N}\left(X_{\mathrm{REF}}-X_{\mathrm{MWHTS}}\right) \tag{3.9}$$

$$\mathrm{RMSE}=\sqrt{\frac{1}{N}\sum_{i=1}^{N}\left(X_{\mathrm{REF}}-X_{\mathrm{MWHTS}}\right)^2} \tag{3.10}$$

式中，X_{REF} 表示参考廓线；X_{MWHTS} 表示 MWHTS 反演的廓线；N 表示反演廓线的样本数。本章使用 ECMWF 大气数据集作为参数数据对 MWHTS 物理反演系统的反演结果进行验证分析，而受限于 RAOB 的数据量，只利用其进行个例反演结果的验证分析。

1. 以 ECMWF 再分析数据为参考数据的验证

把 2015 年 2 月晴空条件下匹配数据中的 1907 组校正亮温输入 MWHTS 物理反演系统反演温湿廓线，其中，6 组校正亮温与相应的模拟亮温的差值超过 20 K 而舍弃，共得到 1901 组反演温湿廓线，且每组反演结果的迭代次数均小于 5。把地理坐标点(16.4674°N，159.0938°E)的 2015 年 2 月 2 日 00:00 UTC 5 分钟之内的个例反演结果和与其匹配的 ECMWF 温湿廓线进行对比，并计算反演温湿廓线和背景温湿廓线分别与 ECMWF 温湿廓线之间的反演偏差和背景偏差，如图 3.5 所示。

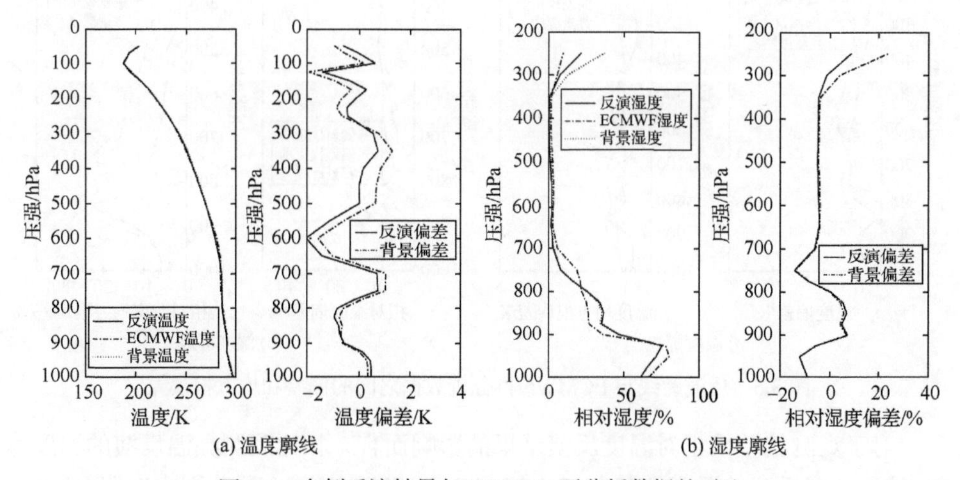

图 3.5　个例反演结果与 ECMWF 再分析数据的对比

对于温度廓线的反演结果而言，反演温度廓线、背景温度廓线与 ECMWF 温度廓线在廓线结构上的一致性较高。温度反演偏差除了在 600 hPa 附近出现最大值 1.83 K 外，在其他大气分层处均保持在 1.0 K 以内。需要注意的是，温度背景偏差的最大值 1.45 K 同样出现在 600 hPa 附近，这可能是导致出现温度反演偏差最大值的主要原因。从温度反演偏差和背景偏差的对比可以发现，在 10～70 hPa、120～150 hPa、200～500 hPa 和 650～775 hPa 范围内反演偏差均小于背景偏差，此现象说明在该地点的反演温度廓线在这些压强范围内对提高背景廓线(即预报廓线)的精度有贡献。

对于相对湿度廓线的反演结果而言，反演相对湿度廓线、背景相对湿度廓线与 ECMWF 相对湿度廓线在结构上总体趋势一致。反演相对湿度廓线和背景相对湿度廓线均在 750～900 hPa 范围内出现最大偏差，约为 18%。与温度反演偏差相似，相对湿度背景偏差可能是导致相对湿度反演偏差的主要因素。对比相对湿度反演偏差和背景偏差可以发现，反演偏差在 250～350 hPa、500～600 hPa、800～

900 hPa 范围内明显小于背景偏差,这同样可以说明在该地点的反演湿度廓线在这些压强范围内对提高背景廓线(即预报廓线)的精度有贡献。

为了进一步验证MWHTS物理反演系统的性能及MWHTS对温湿廓线的探测能力，需要以 ECMWF 再分析数据为参考数据对 1901 组反演温湿廓线进行统计特性分析。计算观测亮温反演的温湿廓线、校正亮温反演的温湿廓线及背景廓线分别与 ECMWF 温湿廓线之间的平均偏差和均方根误差，如图 3.6 所示。

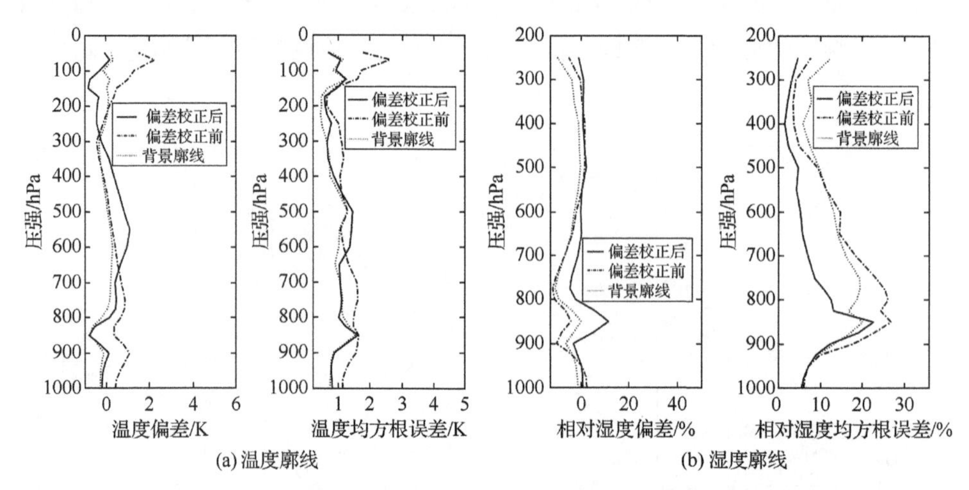

图 3.6　反演廓线与 ECMWF 再分析数据之间的偏差和均方根误差

对于观测偏差校正对温度反演结果的影响而言，相比观测亮温反演的温度偏差,校正亮温反演的温度偏差在 10～250 hPa 和 700～1000 hPa 范围内有明显减小,且在 10～1000 hPa 范围内均保持在 1.1 K 以内,但在 300～650 hPa 范围内大于观测亮温反演的温度偏差。相比观测亮温反演的温度均方根误差，除了在 450～600 hPa 范围，校正亮温反演的温度均方根误差明显减小，反演精度最大可改善 1.56 K，且反演精度均保持在 1.48 K 以内。对于校正亮温的反演精度在 450～600 hPa 范围内变差的这一现象，根据 MWHTS 通道权重函数分布可知，对 450～600 hPa 范围内的温度反演起主要贡献的是通道 5、6 和 7，而通道 5 和 7 的偏差校正效果较差可能是导致校正亮温的反演精度变差的主要原因。对比校正亮温反演的温度廓线和背景廓线可以发现，校正亮温反演的温度均方根误差在通道 2、3 和 4 起主要反演贡献的 10～70 hPa 范围，通道 6 起主要反演贡献的 300～350 hPa 及通道 7 起主要反演贡献 700～850 hPa 范围均小于背景廓线的温度均方根误差，这一现象说明 MWHTS 反演的温度廓线在以上三个压强范围可提高预报廓线的精度。

对于观测偏差校正对湿度反演结果的影响而言，相比观测亮温反演的湿度偏差，校正亮温反演的湿度偏差除了 825～875 hPa 范围，在其余压强范围内均更小，且保持在 5.4%以内。相比观测亮温反演的湿度均方根误差，校正亮温反演的湿度均方根误差在 250～1000 hPa 范围内更小，均保持在 22.7%以内。相比观测亮温，校正亮温最大可改善湿度廓线的反演精度约为 15%。校正亮温反演的湿度廓线和背景廓线相比可以发现，MWHTS 反演的湿度廓线在 250～800 hPa 范围内可提高预报廓线的精度，最大可提高 10.78%。另外，校正亮温对湿度廓线的反演精度在 825～875 hPa 范围内最差，且低于背景廓线的精度。这除了与背景廓线精度在这一压强范围较低有关外，可能还与通道 7 和 10 的偏差校正效果较差有一定关系。

2. *以 RAOB 为参考数据的验证*

在反演实验所选择的海域内有 5 个 RAOB 基站，2015 年 2 月共计获得满足要求的探空数据 123 组。根据 MWHTS 物理反演系统反演操作中晴空亮温数据的选择及数据匹配规则，使用地理坐标点(24.30°N, 153.97°E)的南鸟岛探空基站 2015 年 2 月 5 日 12:00 UTC 的 RAOB 验证，对地理坐标点(23.013°N, 155.38°E)的 2015 年 2 月 5 日 12:00 UTC 5 分钟内的 MWHTS 校正亮温反演的温湿廓线进行个例反演验证，如图 3.7 所示。

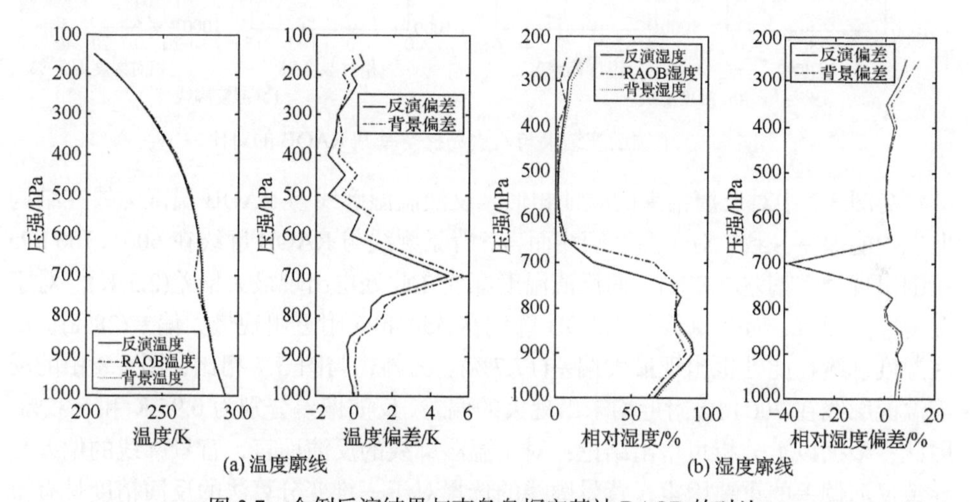

图 3.7　个例反演结果与南鸟岛探空基站 RAOB 的对比

反演温湿廓线与 RAOB 温湿廓线在结构上均能保持一致，反演温度廓线的偏差在 700 hPa 附近最大，为 4.7 K，在其他大气分层处均保持在 1.46 K 以内；反演湿度廓线的偏差同样在 700 hPa 附近最大，为 39%，在其他大气分层处均保持在 18%以内。需要注意的是反演温湿廓线在 700 hPa 附近均出现最大偏差。根据 MWHTS 通道权重函数分布，对 700 hPa 附近温湿廓线的反演起主要贡献的是通道 4、5 和 15，而这三个通道的偏差校正结果均较好，因此可排除观测偏差校正是导致反演偏差在 700 hPa 附近出现最大值的原因。通过对比温度偏差和背景偏差的分布可以发现，RAOB 与背景廓线在 700 hPa 附近的温度偏差和湿度偏差均较大，分别为 5.9 K 和 39%，这可能是导致反演偏差在此处较大的重要原因。

为了进一步寻找图 3.7 中反演偏差较大的原因，又以地理坐标点(33.12°N，139.78°E)的八丈岛 2015 年 2 月 14 日 12:00 UTC 的探空数据为参考数据验证地理坐标点(33.91°N，141.13°E)的 2015 年 2 月 14 日 12:00 UTC 20 分钟之内的反演温湿廓线，如图 3.8 所示。

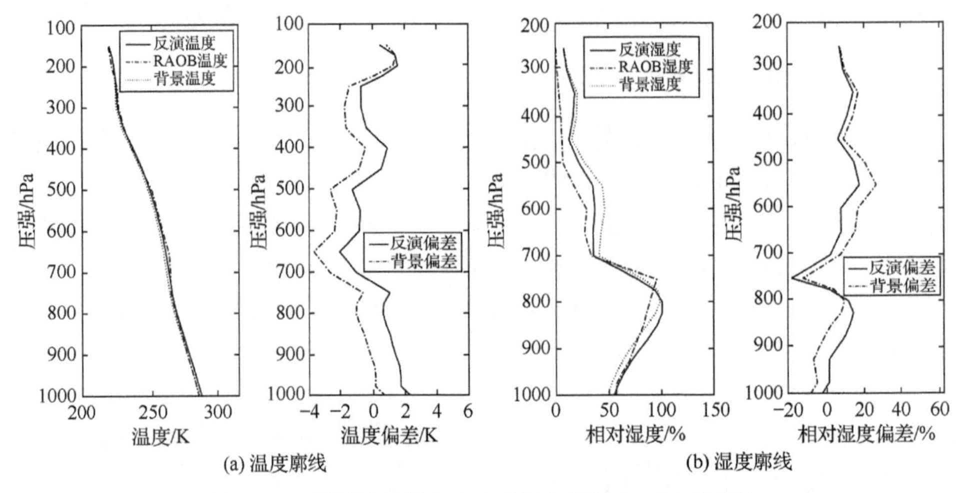

(a) 温度廓线　　(b) 湿度廓线

图 3.8　个例反演结果与八丈岛探空基站 RAOB 的对比

与图 3.7 中对反演结果的验证相似，反演温湿廓线与 RAOB 温湿廓线在结构上也均能保持一致。对于温度廓线而言，背景廓线与 RAOB 廓线在 600～700 hPa 范围出现最大偏差(3.8 K)，而反演温度廓线在此处也出现最大偏差(2.3 K)。对于湿度廓线而言，背景廓线与 RAOB 廓线在 550 hPa 附近出现最大偏差(28%)，反演湿度廓线在此处也出现最大偏差(17.7%)。另外，与图 3.7 相比，图 3.8 中的反演温湿廓线在 700 hPa 附近均未出现大的偏差，反演偏差分别为 0.95 K 和 6.32%。因此，根据以上分析可得出结论：对于温湿廓线的反演而言，背景廓线的偏差是导致反演偏差的重要因素，背景廓线的选择对于一维变分算法的反演精度具有重要影响。

因为海洋区域部署的 RAOB 基站较少，且与 2015 年 2 月 MWHTS 晴空观测亮温相匹配的 RAOB 有限，所以反演实验中并未以 RAOB 为参考数据对温湿廓线的反演进行统计验证。根据个例反演的验证结果可以发现，分别以 ECMWF 再分析数据和 RAOB 为参考数据对反演湿度廓线的验证精度是相当的，而 ECMWF 再分析数据对反演温度廓线的验证精度优于以 RAOB 对反演温度廓线的验证精度。其原因一方面是因为 MWHTS 观测亮温与 RAOB 存在更大的匹配误差；另一方面在于 MWHTS 物理反演系统的算法参数，如背景协方差矩阵、测量误差协方差矩阵及观测偏差校正系数等，都是使用 ECMWF 再分析数据计算产生的。

3.5　本章小结

本章详细阐述了一维变分算法的原理，通过计算背景协方差矩阵和测量误差协方差矩阵、选择背景廓线和初始廓线、校正观测偏差、设置迭代收敛标准及数据质量控制，建立了 MWHTS 物理反演系统，并开展了晴空条件下海洋上空的温湿廓线反演实验。以 ECMWF 再分析数据为参考数据对 MWHTS 物理反演系统的反演结果的验证分析表明：反演温度廓线的最大偏差和最大均方根误差分别是 1.1 K 和 1.48 K，反演湿度廓线的最大偏差和最大均方根误差分别是 5.4%和 22.69%，与未校正亮温的反演结果相比，温度廓线和湿度廓线的反演精度分别提高了 1.56 K 和 14.71%。反演温度廓线的精度在 10～70 hPa、300～350 hPa 及 700～850 hPa 范围内均高于预报廓线的精度，除了 825～875 hPa 范围，反演湿度廓线的精度均高于预报廓线的精度。这对于提高预报廓线的精度具有重要意义，同时也表明了 MWHTS 对温湿廓线较强的探测能力。另外，在利用 ECMWF 再分析数据和 RAOB 对反演结果进行验证时均发现，背景廓线与真实廓线之间较大的偏差会给一维变分算法的反演精度带来不利影响，进而验证了背景廓线的选择对一维变分算法的重要性。

需要注意的是，本章所建立的 MWHTS 物理反演系统仅适用于 MWHTS 在晴空条件下对海洋上空的温湿廓线反演，在全天候条件下或者陆地上空的温湿廓线反演精度会大大降低。其主要原因在于辐射传输模型在全天候条件下或者陆地表面上空对微波探测仪的模拟精度较低，进而使观测偏差增大，影响一维变分算法的反演精度。另外，MWHTS 物理反演系统使用预报廓线作为背景廓线和初始廓线，亮温数据和预报廓线的数据匹配会降低 MWHTS 数据的利用率。因此，如何在多种反演场景下进一步提高 MWHTS 数据利用率和 MWHTS 对温湿廓线的反演精度有待进一步研究。

参考文献

[1] Lawrence H, Bormann N, Lu Q, et al. An evaluation of FY-3C MWHTS-2 at ECMWF[R]. European Center for Medium-Range Weather Forecasts, 2015.

[2] Carminati F, Migliorini S. All-sky data assimilation of MWTS-2 and MWHS-2 in the met office global NWP system[J]. Advances in Atmospheric Sciences, 2021, 38(10): 1682-1694.

[3] Kan W, Han Y, Weng F, et al. Multisource assessments of the fengyun-3D microwave humidity

sounder (MWHS) on-orbit performance[J]. IEEE Transactions on Geoscience and Remote Sensing, 2020, 58(10): 7258-7268.

[4] He Q, Wang Z, He J. A comparison of the retrieval of atmospheric temperature profiles using observations of the 60GHz and 118.75GHz absorption lines[J]. Journal of Tropical Meteorology, 2018, 24(2): 151-162.

[5] 郭杨, 卢乃锰, 漆成, 等. 风云三号 C 星微波湿温探测仪的定标和验证[J]. 地球物理学报, 2015, 58(1): 20-31.

[6] 郭杨, 卢乃锰, 谷松岩. FY-3C 微波湿温探测仪 118GHz 和 183GHz 通道辐射特性仿真分析[J]. 红外与毫米波学报, 2014, 33(5): 481-491.

[7] Liu Q, Weng F. One-dimensional variational retrieval algorithm of temperature, water vapor, and cloud water profiles from advanced microwave sounding unit (AMSU)[J]. IEEE Transactions on Geoscience and Remote Sensing, 2005, 43(5): 1087-1095.

[8] Smith W L. Iterative solution of the radiative transfer equation for the temperature and absorbing gas profile of an atmosphere[J]. Applied Optics, 1970, 9(9): 1993-1999.

[9] Rodgers C D. Retrieval of atmospheric temperature and composition from remote measurements of thermal radiation[J]. Reviews of Geophysics and Space Physics, 1976, 14(4): 609-624.

[10] Sahoo S, Bosch-Lluis X, Reising S C, et al. Optimization of background information and layer thickness for improved accuracy of water-vapor profile retrieval from ground-based microwave radiometer measurements at K-band[J]. IEEE Journal of Selected Topics in Applied Earth Observations and Remote Sensing, 2015, 8(9): 4284-4295.

[11] Cimini D, Westwater Ed R, Gasiewski AI. Temperature and humidity profiling in the arctic using ground-based millimeter-wave radiometry and 1DVAR[J]. IEEE Transactions on Geoscience and Remote Sensing, 2010, 48(3): 1381-1388.

[12] Boukabara S A, Garrett K, Chen W, et al. MIRS: An all-weather 1DVAR satellite data assimilation and retrieval system[J]. IEEE Transactions on Geoscience and Remote Sensing, 2011, 49(9): 3249-3272.

[13] 贺秋瑞, 王振占, 何杰颖. 基于 FY-3C/MWHTS 资料的海洋晴空大气温湿廓线反演方法研究[J]. 电波科学学报, 2016, 31(4): 772-778.

[14] Deblonde G, English S. One-dimensional variational retrievals from SSMIS-simulated observations[J]. Journal of Applied Meteorology Climatology, 2003, 42(10): 1406-1420.

[15] Deblonde G. Variational retrievals using SSM/I and SSM/T-2 brightness temperatures in clear and cloudy situations[J]. Journal of Atmospheric and Oceanic Technology, 2001, 18(4): 559-576.

[16] Harris B A, Kelly G. A satellite radiance-bias correction scheme for data assimilation[J]. Quarterly Journal of Royal Meteorological Society, 2001, 127(574): 1453-1468.

[17] Dee D P. Variational bias correction of radiance data in the ECMWF system[C]. Proceedings of the Workshop on Assimilation of High Spectral Resolution Sounders in NWP, Reading, 2004, 28: 97-112.

[18] Dee D P. Bias and data assimilation[J]. Quarterly Journal of the Royal Meteorological Society, 2005, 131(613): 3323-3343.

[19] Löhnert U, Crewell S, Simmer C. An integrated approach toward retrieving physically consistent profiles of temperature, humidity, and cloud liquid water[J]. Journal of Applied Meteorology, 2004, 43(9): 1295-1307.

[20] 贺秋瑞, 王振占, 何杰颖. 用 FY-3C/MWHTS 资料反演陆地晴空大气温湿廓线[J]. 遥感学报, 2017, 21(1): 27-39

[21] 黄静, 邱崇践, 张艳武. 一种利用卫星红外遥感资料反演晴空大气参数的物理统计方法[J]. 2007, 26(2): 102-106.

[22] 王曦, 李万彪. 应用 FY-3A/MWHTS 资料反演太平洋海域晴空大气湿度廓线[J]. 热带气象学报, 2013, 29(1): 47-54.

[23] Weng F, Zou X, Sun N, et al. Calibration of suomi national polar-orbiting partnership advanced technology microwave sounder[J]. Journal of Geophysical Research: Atmospheres, 2013, 118(19): 11187-11200.

[24] Weng F, Zou X, Wang X, et al. Introduction to suomi national polar-orbiting partnership advanced technology microwave sounder for numerical weather prediction and tropical cyclone applications[J]. Journal of Geophysical Research: Atmospheres, 2012, 117(19): 19112-19126.

[25] He Q, Wang Z, He J. Effects of a cloud filtering method for fengyun-3C microwave humidity and temperature sounder measurements over ocean on retrievals of temperature and humidity[J]. Journal of Tropical Meteorology, 2018, 24(1): 29-41.

第 4 章　MWHTS 物理反演系统的改进

4.1　引　　言

第 3 章建立的 MWHTS 物理反演系统验证了 MWHTS 具有较强的温湿廓线探测能力，但受晴空条件的限制，MWHTS 观测数据的应用并不充分。与红外和可见光波段相比，微波因其更强的穿透能力，可在多种大气场景下实现对大气的三维探测，因此，建立星载微波探测仪在全天候条件下的反演系统对于充分发挥微波在大气探测中的应用能力具有重要意义[1,2]。与微波在晴空条件下的传输过程相比，云、雨和雪等水汽凝结物的发射和散射效应会使全天候条件下微波辐射传输方程的非线性度和复杂性增加，进而加大了微波探测仪对大气参数的反演难度[3,4]。根据第 3 章对一维变分算法的影响因素讨论和 MWHTS 对温湿廓线的反演结果分析，MWHTS 观测偏差校正方法是影响反演精度的关键因素，另外，背景廓线的选择对一维变分算法的反演精度和 MWHTS 观测数据的利用率均有重要影响。针对全天候条件下 MWHTS 反演温湿廓线，本章从背景廓线的选择和 MWHTS 观测偏差校正方法的优化这两个方面对第 3 章所建立的 MWHTS 物理反演系统进行改进。

本章 4.2 节对研究中所使用的数据和模型进行了描述；4.3 节分别阐述了线性回归方法和神经网络方法的反演原理及背景廓线的选择；4.4 节建立了基于神经网络的观测偏差校正方法，并提出四种观测偏差校正方案；4.5 节建立了全天候条件下的 MWHTS 物理反演系统，并对反演结果进行了验证分析，同时讨论了背景廓线和观测偏差校正方法对反演精度的影响；4.6 节是对本章内容的总结。

4.2　数据与模型

本章研究使用的数据包括：MWHTS 亮温数据、ECMWF ERA Interim 再分析数据和 NCEP GFS 6 小时预报数据，其中，涉及的地表参数和廓线参数与第 3 章所使用的 ECMWF 再分析数据相同，预报廓线的处理也与第 3 章中预报廓线的处理方式相同。本章同样使用 RTTOV 计算 MWHTS 模拟亮温和亮温梯度，其中，使用模型 FASTEM-5 计算陆地和海洋的表面发射率[5-8]。由于 RTTOV 并不能很好地描述冰和雪表面的发射率，为了避免冰或雪表面上空对模拟亮温计算的不确定性，MWHTS 反演温湿廓线会受到地理区域的限制[9]。本章选择 MWHTS 亮温数据的地理区域为(180°W～180°E，60°S～60°N)，时间范围为 2014 年 2～6 月。

为了建立观测偏差校正模型和统计反演模型及对反演结果进行验证，MWHTS、ECMWF 再分析数据及 NCEP 预报数据需进行匹配，匹配规则是：经纬度误差均小于 0.1°，且时间误差小于 0.5 小时。按照这一匹配规则，时间范围为 2014 年 2 月 1 日～2014 年 5 月 31 日的匹配数据组成分析数据集，其中，陆地上空和海洋上空的匹配数据样本分别为 254612 组和 1393744 组；时间范围为 2014 年 6 月 1～30 日的匹配数据组成验证数据集，其中，陆地上空和海洋上空的匹配数据样本分别为 67652 组和 345039 组。

在使用 RTTOV 计算微波探测仪的模拟亮温时有两种模式可供选择，分别是同时考虑吸收辐射和散射辐射的散射模式和只考虑吸收辐射的吸收模式[10,11]。为了对比散射模式和吸收模式对模拟亮温的计算精度，分别使用这两个模式计算 MWHTS 模拟亮温。与吸收模式相比，散射模式的输入参数增加了云量廓线、云冰水含量廓线、雨水含量廓线和雪水含量廓线，而 ECMWF 再分析数据中并未提供与雨和雪相关的参数信息，因此在计算过程中以上参数设置为 0。使用分析数据集中随机选择海洋区域(135°E～165°E，0°N～30°N)的 105823 组匹配数据输入 RTTOV 计算模拟亮温，并分别在晴空条件下和全天候条件下对 RTTOV 吸收模式和散射模型的计算精度进行对比，模拟亮温与观测亮温之间的均方根误差如图 4.1 所示。

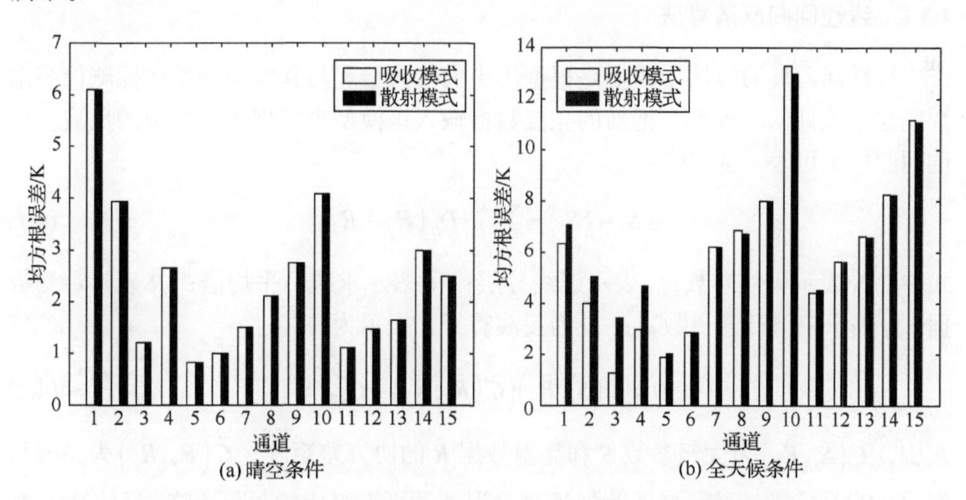

图 4.1　RTTOV 吸收模式和散射模式对模拟亮温的计算精度对比

在晴空条件下，吸收模式和散射模式计算的模拟亮温精度相等，在窗区通道 1 和 10 中的均方根误差较大，除了通道 2 外，在温度探测通道和湿度探测通道中的均方根误差均保持在 3 K 以内。在全天候条件下，在通道 7、8、10 和 15 中，使用散射模式计算的模拟亮温精度稍高于吸收模式的计算精度，但在其余通道中采用吸收模式计算的模拟亮温精度均较高。其原因一方面在于 RTTOV 使用散射模式计算模拟亮温时与雨和雪相关的输入参数设置为 0，而雨和雪是引起散射的主要原因；另一方面是由于 RTTOV 散射模式需要输入更多的大气参数，而大气参数的误差会导致其模拟精度的下降，尤其是云量廓线和云水含量廓线的误差对散射模式的计算精度有重要影响[12-14]。另外，对比晴空和全天候条件下 MWHTS 模拟亮温的精度可以发现，由于通道 2、3 和 4 主要探测 100 hPa 以上的高空大气，受云雨的影响较小，MWHTS 模拟亮温的精度在全天候和晴空条件下相当，而在其余通道中，全天候条件下 MWHTS 模拟亮温的精度明显降低，这与复杂天气条件下辐射传输模型的建模难度及大气参数的精度有关。

4.3　背景廓线的产生

在一维变分算法中，选择统计反演结果作为背景廓线不仅能提高反演精度，还可以减小对第三方数据源的依赖性，同时也可提高 MWHTS 亮温数据的利用率。本章为了实现 MWHTS 对温湿廓线的统计反演，分别选择可以描述观测亮温和大气参数之间线性关系的线性回归反演算法和可以描述观测亮温和大气参数之间非线性关系的神经网络反演算法。

4.3.1　线性回归反演算法

线性回归反演算法本质上是根据历史大气参数和与其匹配的微波探测仪亮温数据建立统计回归模型，把新的亮温数据输入该模型来实现大气参数的反演。线性回归模型可表示为[15]

$$\boldsymbol{S}_i - \langle \boldsymbol{S}_i \rangle = \sum_{j=1}^{M} \boldsymbol{D}_{ij} \left(\tilde{\boldsymbol{R}}_j - \tilde{\boldsymbol{R}}_j \right) \tag{4.1}$$

式中，$\boldsymbol{S}$ 表示大气参数；i 表示廓线分层；$\langle\cdot\rangle$ 表示求统计平均值；$\tilde{\boldsymbol{R}}$ 表示观测数据；j 表示辐射计通道数目；$\boldsymbol{D}$ 为反演算子，表示为

$$\boldsymbol{D} = \boldsymbol{C}\left(\boldsymbol{S}_i, \tilde{\boldsymbol{R}}_j\right)\left(\boldsymbol{C}\left(\tilde{\boldsymbol{R}}_j, \tilde{\boldsymbol{R}}_j\right) + \boldsymbol{C}_{\boldsymbol{\psi\psi}}\right)^{-1} \tag{4.2}$$

式中，$\boldsymbol{C}\left(\boldsymbol{S}_i, \tilde{\boldsymbol{R}}_j\right)$ 为大气参数 $\boldsymbol{S}$ 和亮温数据 $\tilde{\boldsymbol{R}}$ 的协方差矩阵；$\boldsymbol{C}\left(\tilde{\boldsymbol{R}}_j, \tilde{\boldsymbol{R}}_j\right)$ 为亮温数据 $\tilde{\boldsymbol{R}}$ 的自协方差矩阵；$\boldsymbol{C}_{\boldsymbol{\psi\psi}}$ 为通道测量误差的平方组成的对角矩阵。反演算子 $\boldsymbol{D}$ 使用历史大气参数和微波探测仪亮温数据求解。当对新的亮温数据 $\boldsymbol{A}$ 进行反演时，反演大气参数 $\boldsymbol{B}$ 可表示为

$$\boldsymbol{B}-\langle\boldsymbol{B}\rangle=\boldsymbol{D}(\boldsymbol{A}-\langle\boldsymbol{A}\rangle) \tag{4.3}$$

针对本章开展的 MWHTS 线性回归反演温湿廓线，使用分析数据集中的温湿廓线组成向量 $\boldsymbol{S}_i$，其中 i=1～37 和 i=38～74 分别表示温度廓线和湿度廓线从高空到地面的大气分层；MWHTS 观测亮温组成向量 $\tilde{\boldsymbol{R}}_j$，其中 j=1,2,⋯,15，表示 MWHTS 的 15 个通道；使用向量 $\boldsymbol{S}_i$ 和向量 $\tilde{\boldsymbol{R}}_j$ 求解反演算子 $\boldsymbol{D}$，其中，$\boldsymbol{C}_{\boldsymbol{\psi\psi}}$ 使用第 1 章表 1.1 中 MWHTS 的在轨灵敏度进行计算。验证数据集中的观测亮温代表新的亮温数据 $\boldsymbol{A}$，反演大气参数的统计平均值 $\boldsymbol{B}$ 由分析数据集中大气参数的统计平均值 $\boldsymbol{S}_i$ 代替，那么根据式(5.3)可实现 MWHTS 线性回归反演温湿廓线。

4.3.2　神经网络反演算法

神经网络反演算法本质上也是一种统计回归模型，与线性回归反演算法相比，它不仅可以描述输入样本和输出样本之间的线性关系，而且在理论上可以描述任何非线性关系。目前，神经网络反演算法已广泛应用于多种观测平台及多种频段的大气探测领域。以 Rumelhart 等提出的误差反向传播(error back propagation，BP)学习算法为基础发展的 BP 神经网络在微波遥感大气领域的各种理论和应用研究中发挥了重要作用[16-19]。三层 BP 神经网络的示意图如图 4.2 所示。$\boldsymbol{X}$ 表示输入层的输入向量，L 表示输入层的节点数目，即输入向量的长度；$\boldsymbol{Y}$ 表示隐藏层的输出向量，M 表示隐藏层的节点数目；$\boldsymbol{Z}$ 表示输出层的输出向量，N 表示输出层的节点数目，即输出向量的长度。输入层的每个节点分别与隐藏层的 M 个节点相连接，隐藏层的每个节点实现对输入层的所有输入向量的非线性计算，并产生输出向量 $\boldsymbol{Y}$。隐藏层的每个节点分别与输出层的 N 个节点相连接，输出层的每个节点实现对所有隐藏层的输出向量的加权求和，从而输出层产生长度为 N 的输出向量 $\boldsymbol{Z}$。隐藏层的第 j 个节点的输出向量表示为

$$\boldsymbol{Y}_j=S\left(\sum_{i=1}^{L}\omega_{ij}\boldsymbol{X}_i+b_j\right) \tag{4.4}$$

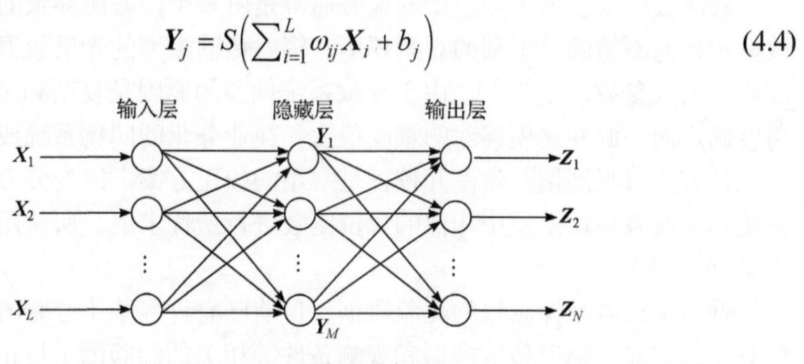

图 4.2　神经网络结构示意图

式中，ω_{ij} 表示第 i 个输入层节点和第 j 个隐藏层节点相连接的权重，b_j 是隐藏层

第 j 个节点的偏差。$S(\cdot)$ 为 Sigmoid 函数，表示为

$$S(a)=\frac{1}{1+\mathrm{e}^{-a}} \tag{4.5}$$

式中，权重 ω 和偏差 b 的初始值是随机的。在神经网络的训练过程中，利用 BP 学习算法，通过校正权重 ω 和偏差 b 的初始值使训练样本中的输出值和神经网络计算的输出值之间的误差满足精度要求，进而确定权重 ω 和偏差 b 的值。

针对本章开展的基于神经网络反演算法的温湿廓线反演研究，以分析数据集中的 MWHTS 观测亮温作为神经网络的输入向量 $\boldsymbol{X}_L$，其中 L=15，表示 MWHTS 的 15 个通道；分析数据集中与观测亮温相匹配的温度廓线、湿度廓线作为输出向量 $\boldsymbol{Z}_N$，其中，N=1～37 和 N=38～74 分别表示温度廓线和湿度廓线从高空到地面的大气分层。$\boldsymbol{X}_L$ 和 $\boldsymbol{Z}_N$ 组成神经网络的训练样本，其中 90%的训练样本用来训练网络，10%的训练样本进行验证。另外，当以训练样本中的输出值和神经网络预测的输出值之间的均方差为标准评价神经网络性能时，通过大量的神经网络训练实验发现，隐藏层的节点数设置为 16 可使所建立的反演模型的反演精度最高。

4.4 观测偏差校正方案

根据上述章节关于物理方法反演原理的描述，物理方法具有清晰的物理含义，是改善反演精度的基本途径。物理方法对大气参数的反演是在观测偏差是无偏和符合高斯分布的假设下，利用最小方差估计或最大似然估计进行最优求解的过程[20-22]。在物理反演中，偏差的存在会影响迭代过程中亮温数据的权重分布，从而直接影响反演精度。因此，任何与仪器或者辐射传输模型有关的偏差都必须移除。

观测数据或辐射传输模型的偏差通常是由多个误差源导致的，如微波探测仪数据定标的不精确、不利的观测环境、辐射传输模型的光谱数据误差、建模的不准确及大气参数误差等[23]。由于导致系统偏差的原因是复杂和多方面的，从物理角度确定误差源并建模移除的难度很大。在业务化的同化系统或反演系统中，基于统计方法对观测偏差建模并校正是常用的校正方案。以变分方法为基础的同化系统和反演系统均是使用相似的代价函数进行最优求解，所使用的观测偏差校正方案基本相同。

针对星载微波探测仪的亮温数据，目前已有许多基于经验的统计校正方案，即利用与仪器、辐射传输模型和观测条件等相关的经验因子校正观测偏差[24,25]。Li 等通过对模拟亮温和观测亮温之间的线性关系进行统计建模，实现了观测偏差校正[26]。然而，Kelly 等在研究中指出：一个成功的观测偏差校正方案需要综合

考虑观测偏差随空间的变化特性及对气团的依赖性，并分别建立了扫描偏差校正和气团偏差校正方案，成功应用于 MSU、AMSU-A/B、SSM/I 和 SSMIS 等载荷的遥感数据[27-30]。在卫星亮度同化系统中，自适应偏差校正方案以气团偏差校正方法为基础，可以区分观测偏差和背景场偏差，进而避免了同化系统产生的分析数据在迭代求解过程中的自偏差。目前，自适应偏差校正方案在数值天气预报同化系统中应用广泛[23,31,32]。然而，上述偏差校正均是基于大气状态和观测偏差是线性关系的假设条件下而发展的多元线性回归校正方法，而大气状态和观测偏差之间的关系以线性模型来描述可能是不准确的。本章针对 MWHTS 观测亮温，提出了分别描述大气状态和观测亮温之间的线性关系和非线性关系的统计校正方案，同时考虑到业务化实现的难度以及校正效果，对预报因子进行了优化选择。

针对 MWHTS 亮温数据，观测偏差可分为两类：第一类是随着仪器扫描角度变化的偏差，即扫描偏差；第二类是跟仪器探测路径上的气团和地表参数有关的偏差，即气团偏差[26]。因此，在本章研究中，观测偏差校正方案采用两步校正的方式：第一步校正扫描偏差，第二步校正气团偏差。另外，在对观测偏差进行校正时，既可以选择校正观测亮温，又可以选择校正模拟亮温。物理反演通常选择校正观测亮温，可避免在每次迭代求解过程中均需校正观测偏差的操作。

4.4.1　扫描偏差校正

RTTOV 在模拟交轨扫描方式的微波探测仪时已考虑了仪器的扫描角度，但所计算的模拟亮温与观测亮温之间的偏差随扫描位置的变化而变化，且随空间变化的特征显著。在分析数据集中，匹配数据根据每 10°的纬度带进行分类可获得 12 个维度带，计算每个维度带中 MWHTS 观测亮温和模拟亮温之间的平均偏差：

$$\bar{\boldsymbol{d}}_j(\phi,\theta)=\bar{\boldsymbol{O}}_{\mathrm{B}j}(\phi,\theta)-\bar{\boldsymbol{O}}_{\mathrm{S}j}(\phi,\theta) \tag{4.6}$$

式中，$\bar{\boldsymbol{d}}$ 表示平均偏差；$\bar{\boldsymbol{O}}_{\mathrm{B}}$ 表示平均观测亮温；$\bar{\boldsymbol{O}}_{\mathrm{S}}$ 表示平均模拟亮温；θ 表示扫描角；ϕ 表示纬度带；j 表示 MWHTS 通道索引。以北半球的 6 个维度带：0°N～10°N、10°N～20°N、20°N～30°N、30°N～40°N、40°N～50°N 和 50°N～60°N 为例，MWHTS 十五个通道的平均偏差随扫描点的分布如图 4.3 所示。MWHTS 每个通道的平均偏差随扫描点的分布差异较大，且相同通道的平均偏差在不同纬度带的分布特征各异，在不同维度带的相同扫描点的平均偏差最大可相差 3 K 左右。通道的偏差特征在不同维度带的差异可能与星上环境温度的变化或者定标过程中对环境温度的处理方式有关。对比每个通道的平均偏差分布可以发现，每个通道的平均偏差在前 5 个扫描点处都存在下陷现象，这可能与仪器开始扫描时存在污染有关。除了在前 5 个扫描点处，通道 1，2，3，4，5，6 和 15 中的平均偏差随扫描点的变化比较平稳；通道 8，9，10，11，12 和 13 中的平均偏差在星下点附

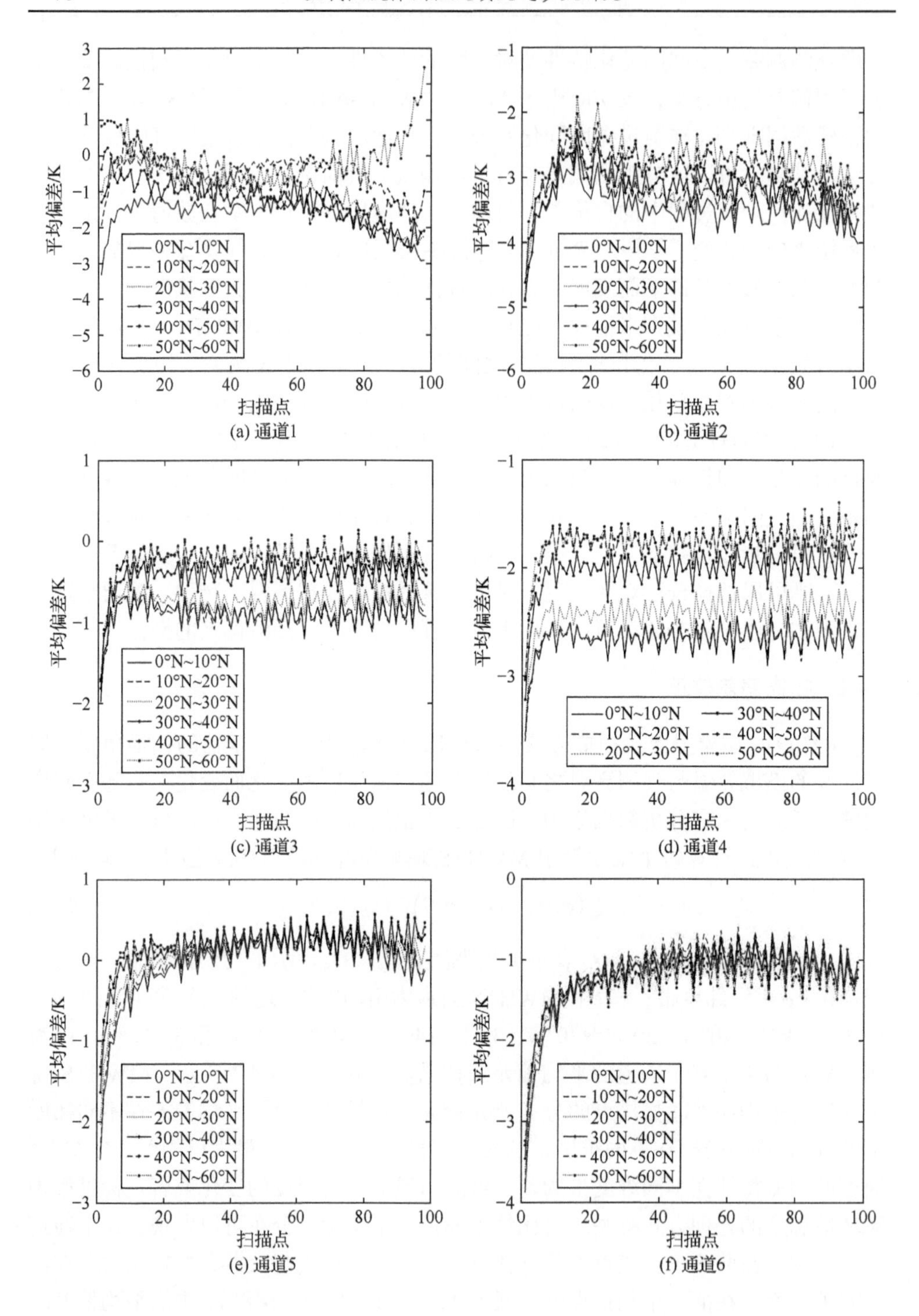

(a) 通道1　(b) 通道2　(c) 通道3　(d) 通道4　(e) 通道5　(f) 通道6

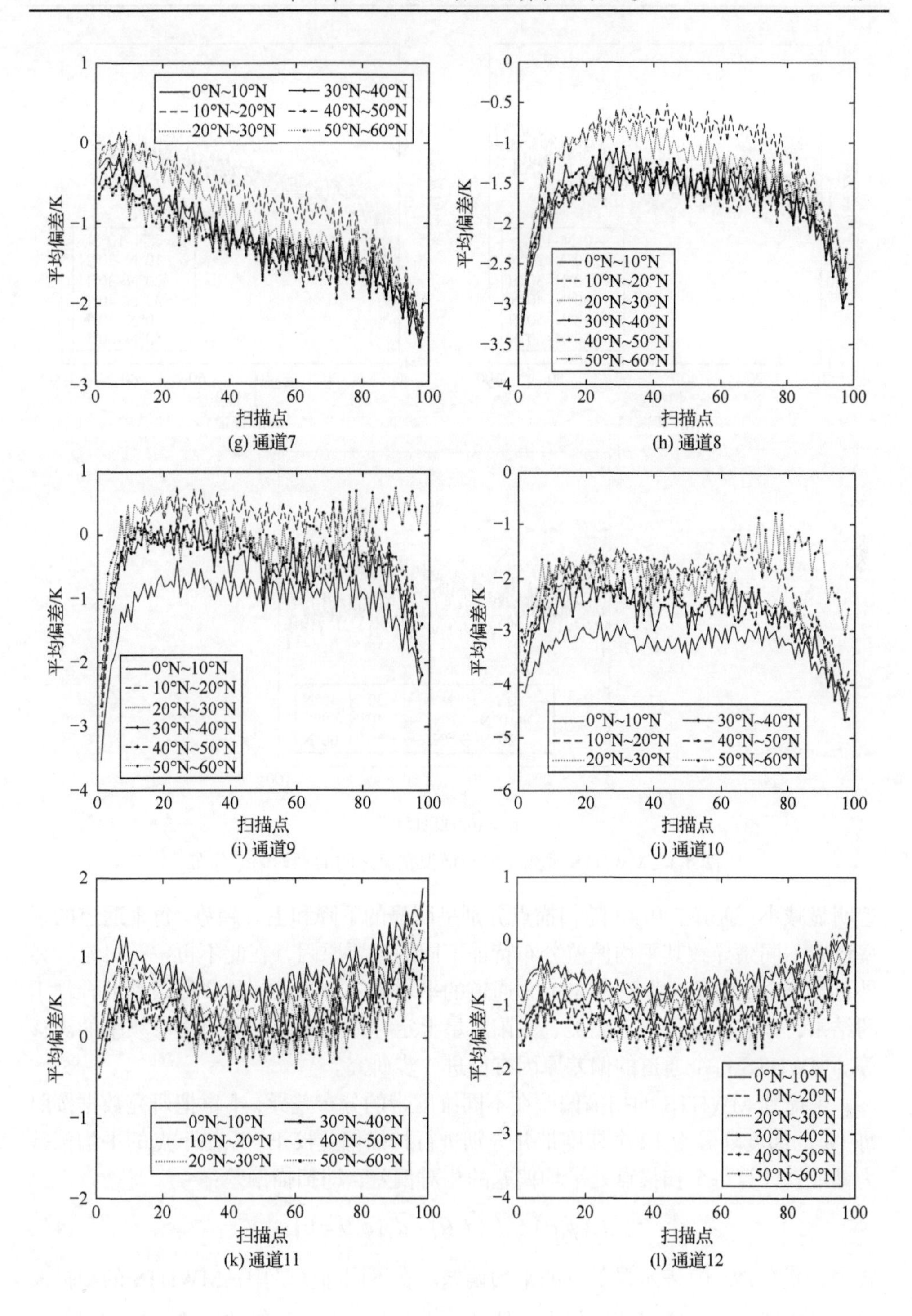

(g) 通道7

(h) 通道8

(i) 通道9

(j) 通道10

(k) 通道11

(l) 通道12

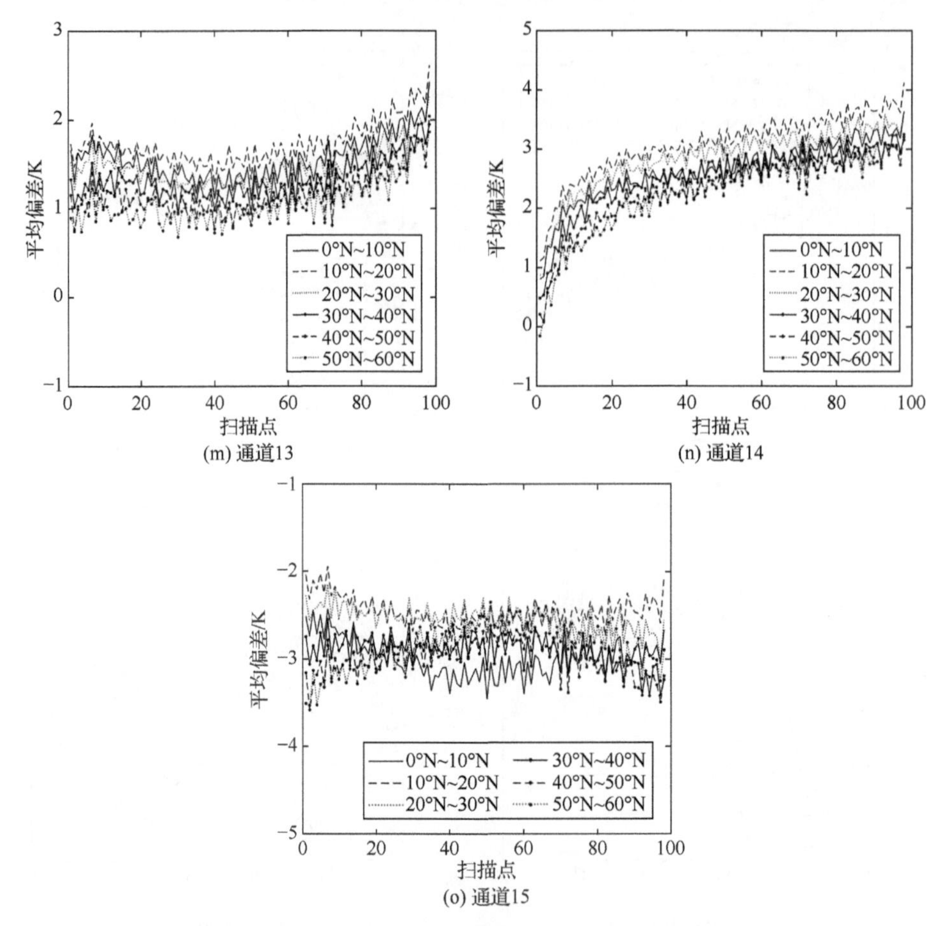

图 4.3 MWHTS 观测亮温与模拟亮温之间的平均偏差分布

近明显减小；通道 7 和 14 随扫描点分别呈明显的下降和上升趋势。每个通道的频率设置不同是导致其平均偏差分布特征不同的重要原因，在此不再一一讨论。另外，需要注意的是，关于 MWHTS 通道的平均偏差分布特征是多种因素混合作用的结果，如定标算法的不完美、太阳对星上定标体的污染、通道中心频率的漂移等。MWHTS 每个通道的偏差原因有待进一步研究。

考虑到 MWHTS 的扫描偏差在不同维度带的分布差异，本章把研究数据按照每 10°的纬度划分为 12 个纬度带并分别进行扫描偏差校正。以星下点的平均偏差为基准，计算每个扫描点处平均偏差的相对偏差，即扫描偏差：

$$d_j(\phi,\theta)=\overline{d}_j(\phi,\theta)-\overline{d}_j(\phi,\theta=0) \tag{4.7}$$

式中，$\overline{d}_j(\phi,\theta=0)$表示星下点的平均偏差。在不同纬度带中，MWHTS 的扫描偏差不是连续的，需要对其进行平滑处理。本章采用 Harris 等的方法对扫描偏差进行平滑处理[30]：

$$d_j'(\phi,\theta)=\frac{1}{4}d_j(\phi-1,\theta)+\frac{1}{2}d_j(\phi,\theta)+\frac{1}{4}d_j(\phi+1,\theta) \tag{4.8}$$

4.4.2　气团偏差校正

除了与仪器扫描角度相关的扫描偏差外，观测偏差是由与辐射传输模型相关的偏差导致的，如物理光谱学数据不精确、大气参数误差、复杂物理过程建模的简化和未建模等。这些偏差称之为气团偏差，与微波探测仪探测路径上的大气状态有关，从物理角度量化误差源的难度很大，利用统计模型的预报因子来预测和校正是常用的校正方式。在使用统计模型校正气团偏差时，预报因子的选择尤为关键，通常使用可以描述大气状态的气团来产生。气团预报因子的确定可通过微波探测仪的气团偏差与大气参数的相关性分析来实现。

以温湿廓线为例，在分析数据集中，求解 MWHTS 各通道气团偏差分别与温度廓线和湿度廓线的相关系数，如图 4.4 和图 4.5 所示。

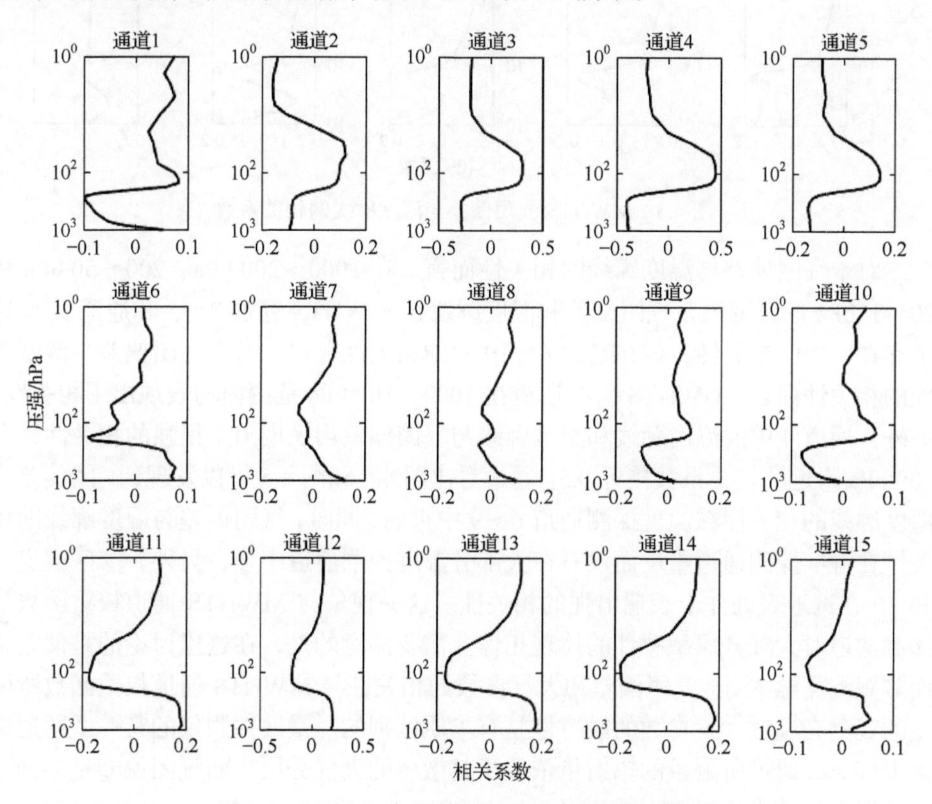

图 4.4　MWHTS 气团偏差与温度廓线的相关系数

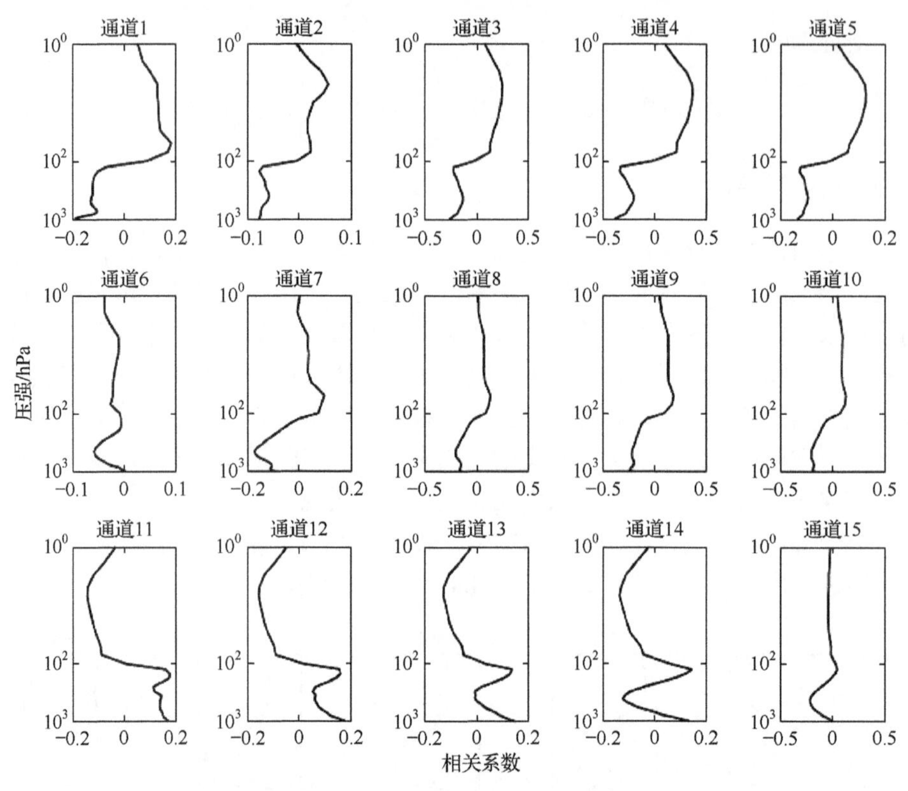

图 4.5 MWHTS 气团偏差与湿度廓线的相关系数

对于气团偏差与温度廓线的相关性而言，在 1000～200 hPa、200～50 hPa 和 20～1 hPa 的范围内，气团偏差和温度廓线在 MWHTS 通道 2～5 和通道 11～14 中存在一定的相关性，但在通道 6～10 中的相关性很弱。对于气团偏差与湿度廓线的相关性而言，MWHTS 所有通道在 1000～100 hPa 范围内均表现出了相关性。另外，通道 4 中的温度廓线和湿度廓线与气团偏差均表现出了很强的相关性，在 100 hPa 附近的相关系数接近 0.5。通过对比图 4.4 和图 4.5 可以发现，气团偏差与温度廓线的相关性在温度探测通道 6～9 中很弱，同时，气团偏差与湿度廓线的相关性在湿度探测通道中反而没有在大部分温度探测通道中强，另外，窗区通道 1 和 10 在近地表处并未表现出强的相关性。这一现象与 MWHTS 通道权重函数是探测通道对大气分层敏感性的体现相悖。需要注意的是，在这里讨论的是偏差，而非观测亮温本身。气团偏差和大气参数的相关性与 MWHTS 通道权重函数所体现的观测亮温对大气参数的敏感性是有本质区别的。微波探测仪的某一个通道探测大气时，通道所测量的辐射量依赖于其敏感的大气分层，而气团偏差是多种误差源混合的结果。

基于以上气团偏差与温湿廓线的相关性分析，气团偏差和气团存在一定的相关性，但在一些通道中的相关性并不显著，尤其是通道 6～9 中的气团偏差和温度廓线的相关性。换言之，气团偏差和气团之间是有可能存在非线性关系的。为了更好地描述气团偏差和气团之间的关系，本章分别建立了两类统计回归模型：线性模型和非线性模型。针对线性模型，选择在业务化同化系统和物理反演中广泛应用的线性回归模型来描述气团偏差和气团之间的线性关系。对于非线性模型而言，近年来人工神经网络、核回归、粒子群算法和支持向量机等在大气遥感领域均有成功的应用。考虑到气团偏差校正的计算量和模型的非线性映射能力，选择神经网络来描述气团偏差和气团之间的非线性关系。

1. 线性回归模型

假设预报因子和气团偏差之间满足线性关系，那么气团偏差可表示为

$$Z_j = \sum\nolimits_{i=1}^{n} A_{ji} F_i + C_j \tag{4.9}$$

式中，j 表示 MWHTS 通道索引；F_i 表示第 i 个预报因子；A_{ji} 和 C_j 表示回归系数，通过对分析数据集的拟合来获取：

$$A_{ji} = \sum\nolimits_{k=1}^{n} D_j, F_k \left[\langle \boldsymbol{F}, \boldsymbol{F} \rangle \right]_{ki}^{-1} \tag{4.10}$$

$$C_j = -\bar{D}_j - A_{ji}^{\mathrm{T}} \bar{\boldsymbol{F}} \tag{4.11}$$

式中，$\langle . \rangle$ 表示求协方差；$\boldsymbol{F}$ 是 F_i 组成的向量；D_j 表示扫描偏差校正后的观测偏差，$\bar{\boldsymbol{F}}$ 表示 $\boldsymbol{F}$ 的均值。

2. 神经网络模型

使用神经网络预测气团偏差时，使用了与 4.3.2 节神经网络反演方法中相同的神经网络结构，且训练数据集的建立方法、学习算法、激活函数等神经网络的参数配置均相同。在建立用于描述气团偏差与气团之间非线性关系的神经网络模型时，神经网络的输入是气团，输出是气团偏差。同样，神经网络模型的建立需要通过大量的训练实验，以预测气团偏差和气团偏差之间的误差值最小为判断依据。有关气团的选择及相应的校正方案会在下节详细介绍。

3. 观测偏差校正方案

气象卫星的观测数据是在特定频段对相关大气参数的测量结果，因此，除了使用大气参数描述大气状态外，星载微波探测仪观测亮温也是大气状态的直接体现，在观测偏差校正中可以和气团一样作为预报因子来校正偏差。物理反演系统使用气团作为偏差预报因子时，气团通常来自于背景廓线或者初始廓线，如同化

系统的预报廓线或统计反演的输出廓线等，气团本身与真实大气参数之间是存在误差的，这会影响观测亮温的偏差校正效果。除此之外，统计反演模型的建立通常使用再分析数据来代表真实的大气状态，而反演前的观测偏差校正使用的是不同于再分析数据的其他数据源，因此观测偏差统计校正模型的鲁棒性也是需要考虑的问题。然而，当使用星载微波探测仪观测亮温作为观测偏差统计校正模型的预报因子时，不仅可以避免气团与真实大气参数之间的误差问题，同时也避免了观测亮温与大气参数的匹配处理，进而可简化反演流程，提高反演的时效性。

针对观测偏差校正的线性回归模型和神经网络模型及预报因子的描述，根据模型与预报因子的不同组合，本章提出了四个观测偏差校正方案，同时，为了对比观测偏差校正效果，把第 3 章建立的逐扫描点线性回归的观测偏差校正作为第五种方案。五种观测偏差校正方案如下。

(1) 方案一：在分析数据集中，以大气参数形成的气团作为输入，以扫描偏差校正后的观测偏差作为输出，建立线性回归模型，预测验证数据集中观测亮温对应的气团偏差。

(2) 方案二：在分析数据集中，以观测亮温作为输入，以扫描偏差校正后的观测偏差作为输出，建立线性回归模型，预测验证数据集中观测亮温对应的气团偏差。

(3) 方案三：在分析数据集中，以大气参数形成的气团作为输入，以扫描偏差校正后的观测偏差作为输出，建立神经网络模型，预测验证数据集中观测亮温对应的气团偏差。

(4) 方案四：在分析数据集中，以观测亮温作为输入，以扫描偏差校正后的观测偏差作为输出，建立神经网络模型，预测验证数据集中观测亮温对应的气团偏差。

(5) 方案五：使用分析数据集建立逐扫描点的统计回归校正模型，校正验证数据集中的观测亮温。

当使用气团作为预报因子时，根据观测偏差与大气参数的相关性分析及大量测试实验结果，最优预报因子的组合为：200～1000 hPa 大气厚度、50～200 hPa 大气厚度、1～20 hPa 大气厚度、地表温度和大气可降水含量。对于线性回归模型，在式(4.9)中，n 取值为 5，表示共计五个气团预报因子；对于神经网络模型，输入向量的长度为 5，相应输出向量的长度为 15，需要通过大量的测试实验确定神经网络的最优参数配置。

当使用观测亮温作为预报因子时，对于线性回归模型，在式(4.9)中，n 取值为 15，表示共计 15 个通道的观测亮温预报因子；对于神经网络模型，输入向量的长度为 15，相应输出向量的长度为 15，同样需要通过大量的测试实验确定神经网络的最优参数配置。

最终，观测亮温通过扫描偏差校正和气团偏差校正，校正亮温可表示为

$$O'_{Bj}(\phi,\theta)=O_{Bj}(\phi,\theta)-d'_j(\phi,\theta)-Z_j(\phi,\theta) \tag{4.12}$$

式中，O'_B 表示校正亮温；O_B 表示观测亮温；d'_j 表示扫描偏差；Z_j 表示气团偏差。

4.5　MWHTS 物理反演系统的改进及反演结果分析

4.5.1　反演系统的改进及反演流程

在第 3 章建立的 MWHTS 物理反演系统的基础上，本章从背景廓线的选择和观测偏差校正方法两个方面对 MWHTS 物理反演系统进行改进，具体反演操作如下。

(1) 在分析数据集中，使用 MWHTS 观测亮温、气团和观测偏差建立相应的观测偏差统计校正模型，获取校正亮温。

(2) 在分析数据集中，使用温湿廓线和 MWHTS 观测亮温建立温湿廓线统计反演模型，获取温湿廓线的统计反演结果。

(3) 使用校正亮温和模拟亮温之间的偏差以及通道灵敏度计算测量误差协方差矩阵。

(4) 把温湿廓线的统计反演结果作为一维变分算法的背景廓线和初始廓线，并利用背景廓线计算背景协方差矩阵。

(5) 把校正亮温、背景廓线、初始廓线、背景协方差矩阵和测量误差协方差矩阵输入到 MWHTS 物理反演系统，获取温湿廓线的物理反演结果。

在本章的反演实验中，使用验证数据集中 MWHTS 观测亮温反演温湿廓线，以纬度带(10°N～20°N)观测亮温的反演结果为例开展反演精度的验证，其中，包括陆地和海洋上空的反演结果分别为 2534 组和 39697 组，验证内容主要包括：背景廓线的精度对比、五种观测偏差校正方案的校正效果对比、不同观测偏差校正方案对反演精度的影响以及观测偏差校正方案的稳定性。

4.5.2　背景廓线的精度对比

使用验证数据集中 MWHTS 观测亮温对温湿廓线进行统计反演，线性回归反演算法反演的温湿廓线、神经网络反演算法反演的温湿廓线以及 NCEP 6 小时预报数据均可作为 MWHTS 物理反演系统的背景廓线，以 ECMWF 再分析数据为参考数据，三种背景廓线的精度对比如图 4.6 所示。

对于陆地上空的温度廓线而言，线性回归反演算法的反演精度较差，在 400 hPa 附近最差，约为 8 K；神经网络反演算法的反演精度均保持在 5 K 以内，

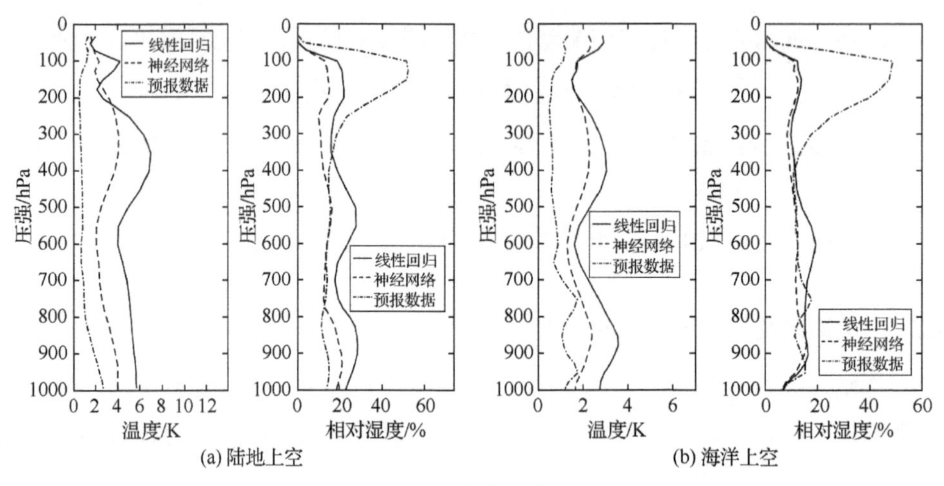

图 4.6 背景廓线的精度对比

明显高于线性回归反演算法的反演精度，但除了在 200 hPa 附近稍高于预报廓线的精度外，在其他压强范围明显低于预报廓线的精度。对于陆地上空的湿度廓线而言，线性回归反演算法的反演精度在 350～1000 hPa 范围较差，在 500 hPa 附近最差，约为 35%，而在 30～350 hPa 范围明显高于预报廓线的精度；神经网络反演算法的反演精度明显高于线性回归反演算法，在 450～750 hPa 范围内与预报廓线的精度相等，而在其余压强范围均高于预报廓线的精度。

对于海洋上空的温度廓线而言，线性回归反演算法的反演精度最差，尤其在 400 hPa 和 850 hPa 附近接近 4 K 左右；与线性回归反演算法相比，神经网络反演算法的反演精度均较高，保持在 3 K 以内，但除了在 100～200 hPa 范围内与预报廓线的精度相当外，其余压强范围均低于预报廓线的精度。对于海洋上空的湿度廓线而言，神经网络反演算法的反演精度最高，均保持在 18%以内，在 350 hPa 以上的高空范围，均高于预报廓线的精度；与神经网络反演算法相比，线性回归反演算法的反演精度在 800～450 hPa 范围较差，但在其他压强范围与神经网络反演算法的反演精度相当。

根据 MWHTS 对温湿廓线的统计反演结果对比及与预报廓线的对比可以发现，在全天候条件下，MWHTS 表现出了较强的湿度探测能力。值得注意的是，当使用 MWHTS 的统计反演结果代替预报廓线作为一维变分算法的背景廓线时，虽然可以提高背景湿度廓线的精度，但是会使背景温度廓线的精度下降，不利于温度廓线的反演。然而，在一维变分算法中利用统计反演结果代替预报廓线作为背景廓线是具有优势的：①可以避免对第三方数据源(如预报数据)的依赖性；②无须与第三方数据源进行时空匹配处理，避免匹配误差对反演精度的不利影响，同时也可简化反演流程；③由于预报廓线是数值天气预报系统在固定时刻产生的，时空匹配处理降低了卫星数据的利用率，而统计反演结果作为背景廓线时可进一步使卫星观测数据得到充分利用。考虑到神经网络反演算法的反演精度明显高于线性回归反演算法，本章建立的 MWHTS 物理反演系统把神经网络反演算法的反演结果作为背景廓线和初始廓线。

4.5.3　观测偏差校正效果对比

五种观测偏差校正方案分别校正验证数据集中 MWHTS 观测亮温，获取的校正亮温与模拟亮温之间偏差的概率密度在陆地上空和海洋上空的分布情况分别如图 4.7 和图 4.8 所示。

对于逐扫描点的统计回归校正方法(方案五)而言，与未校正的观测偏差相比，方案五校正后的观测偏差无论是在陆地上空还是在海洋上空均更加接近高斯分布，在大部分通道中的偏差值显著减小。然而，在陆地上空的通道 1、5、7、9

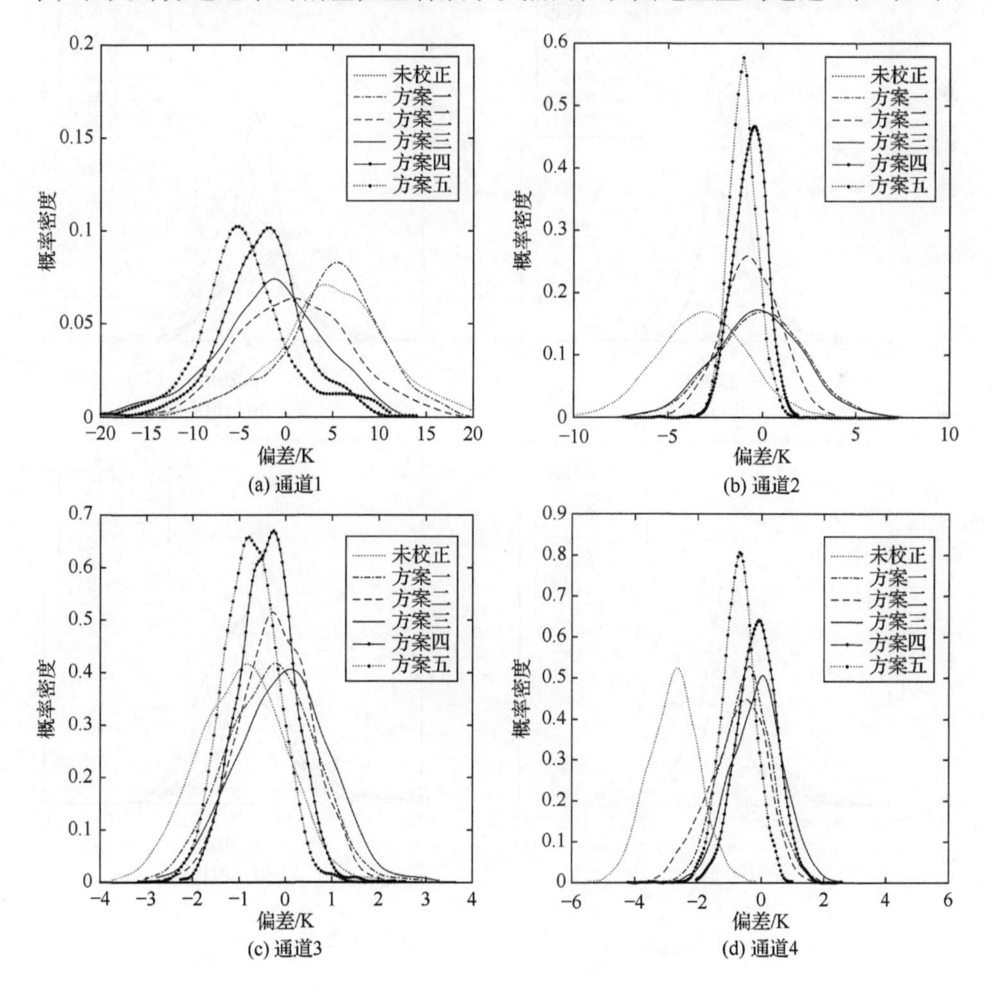

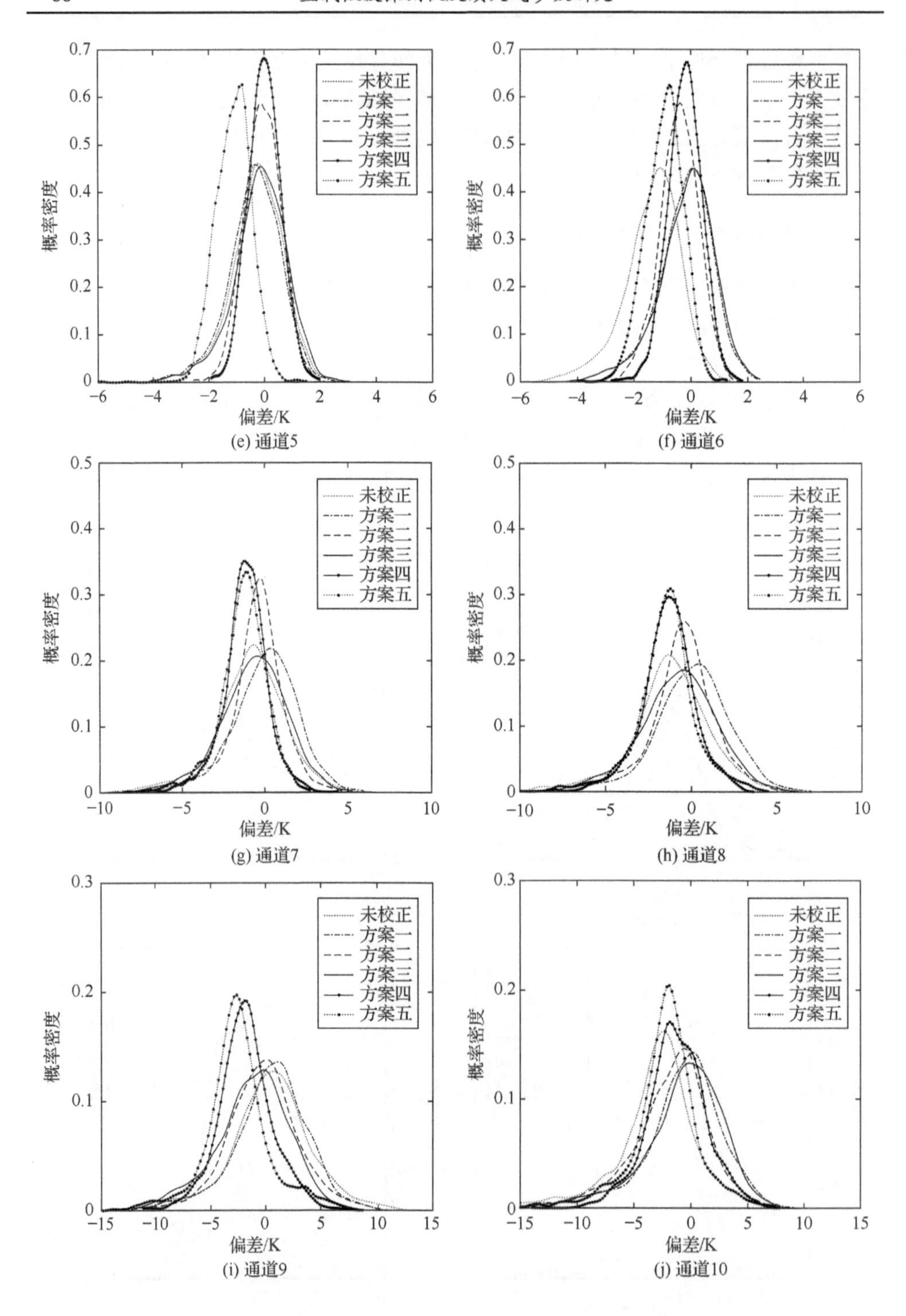

(e) 通道5　(f) 通道6

(g) 通道7　(h) 通道8

(i) 通道9　(j) 通道10

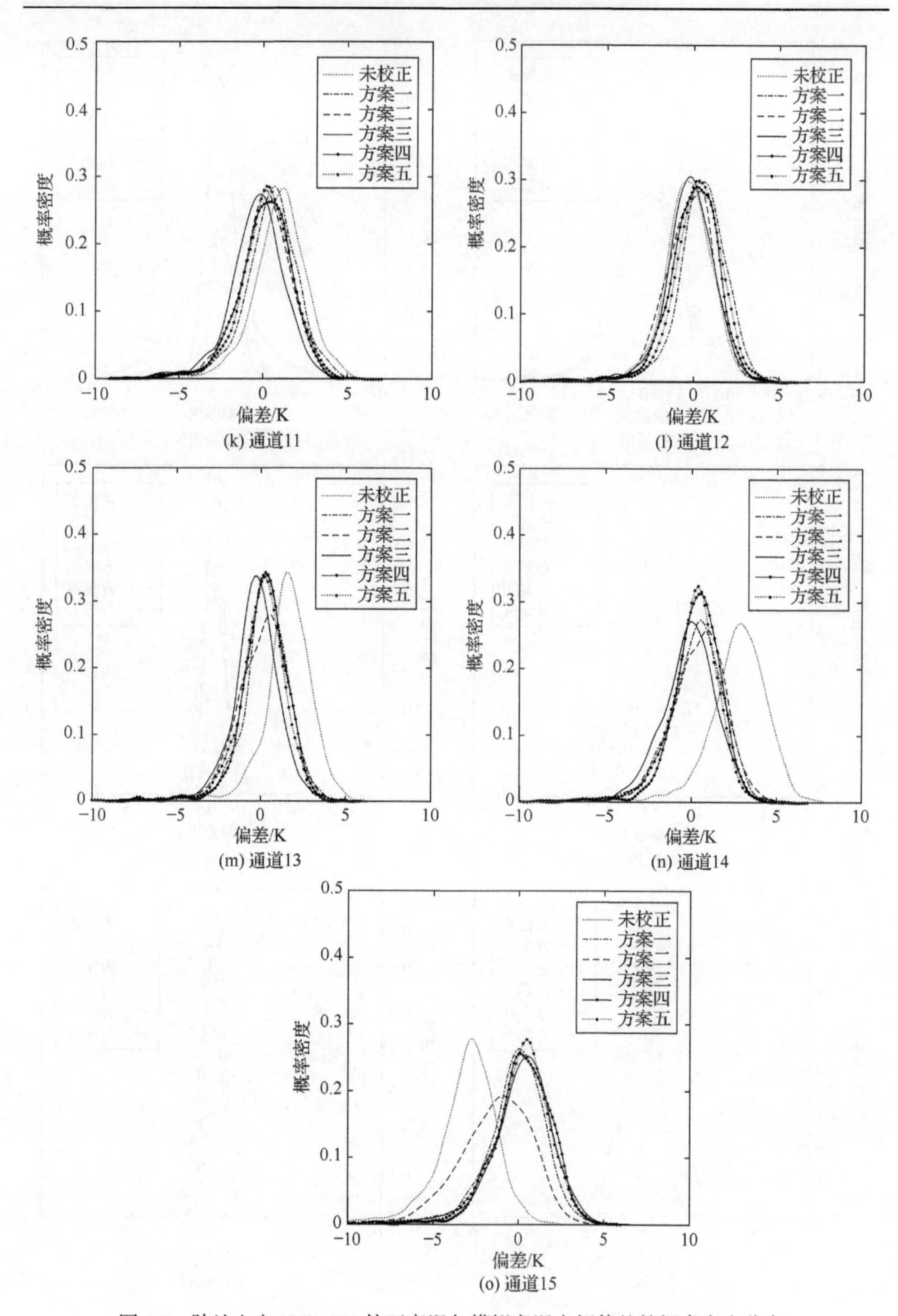

图 4.7　陆地上空 MWHTS 校正亮温与模拟亮温之间偏差的概率密度分布

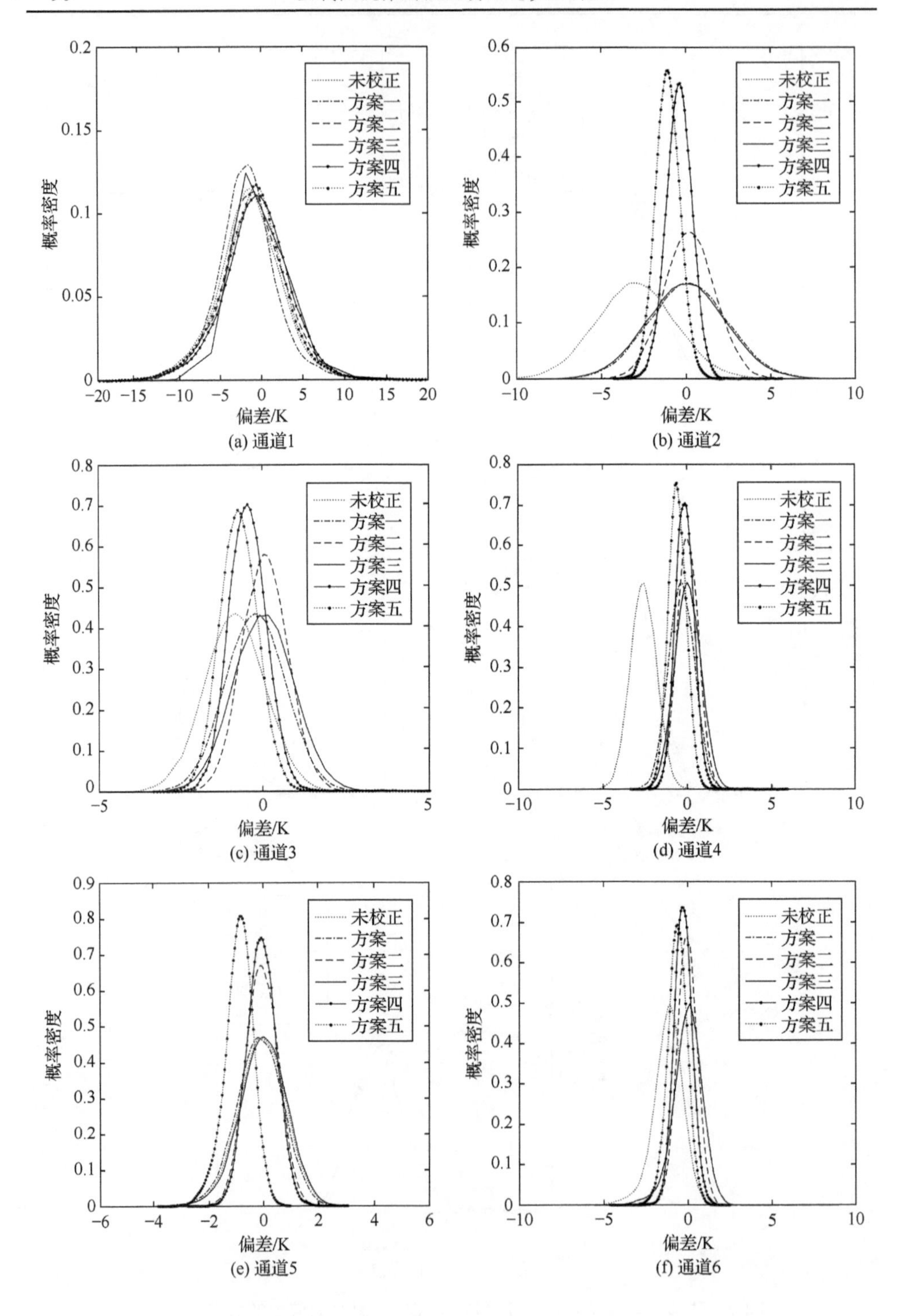

(a) 通道1　(b) 通道2　(c) 通道3　(d) 通道4　(e) 通道5　(f) 通道6

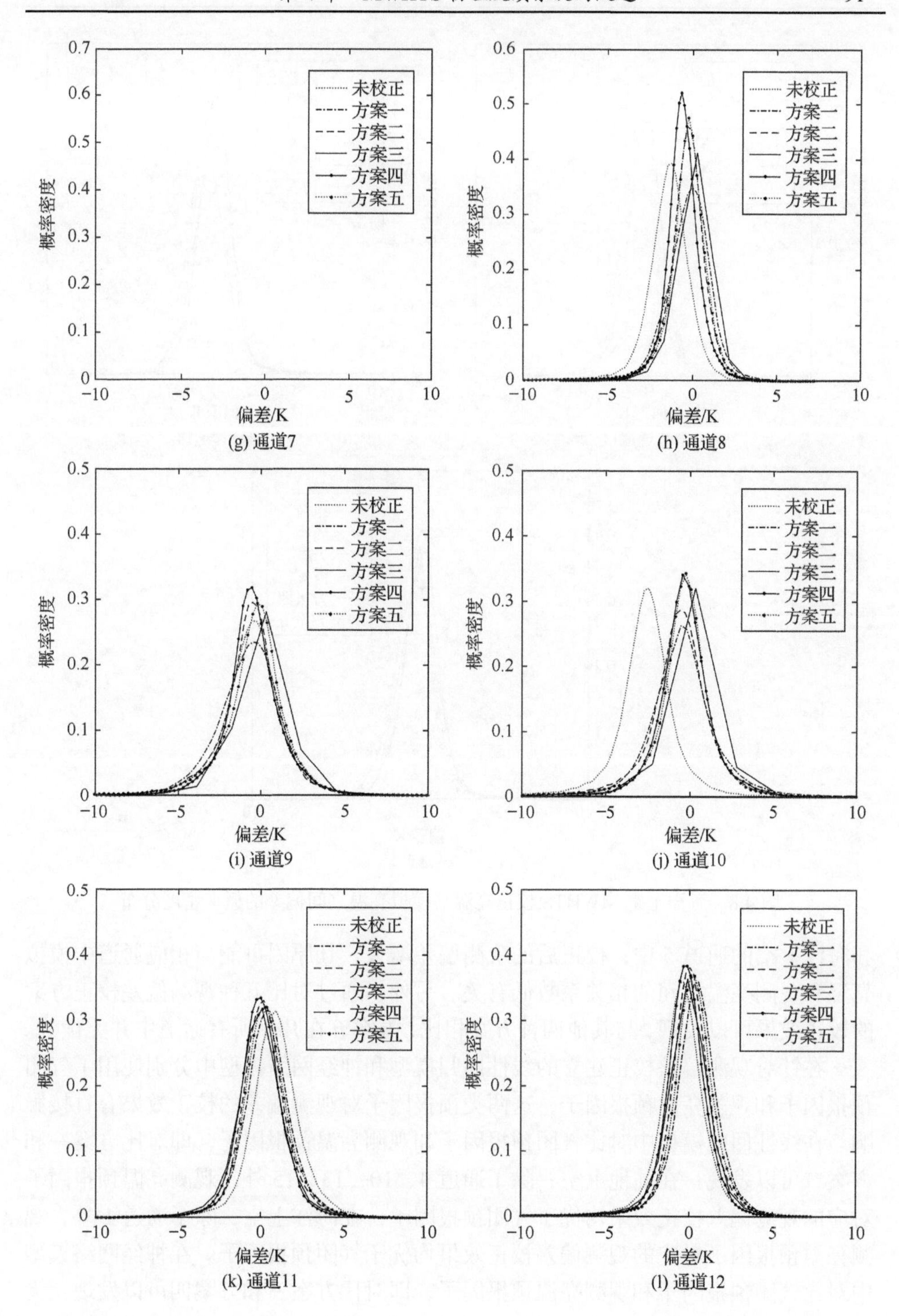

(g) 通道7 (h) 通道8

(i) 通道9 (j) 通道10

(k) 通道11 (l) 通道12

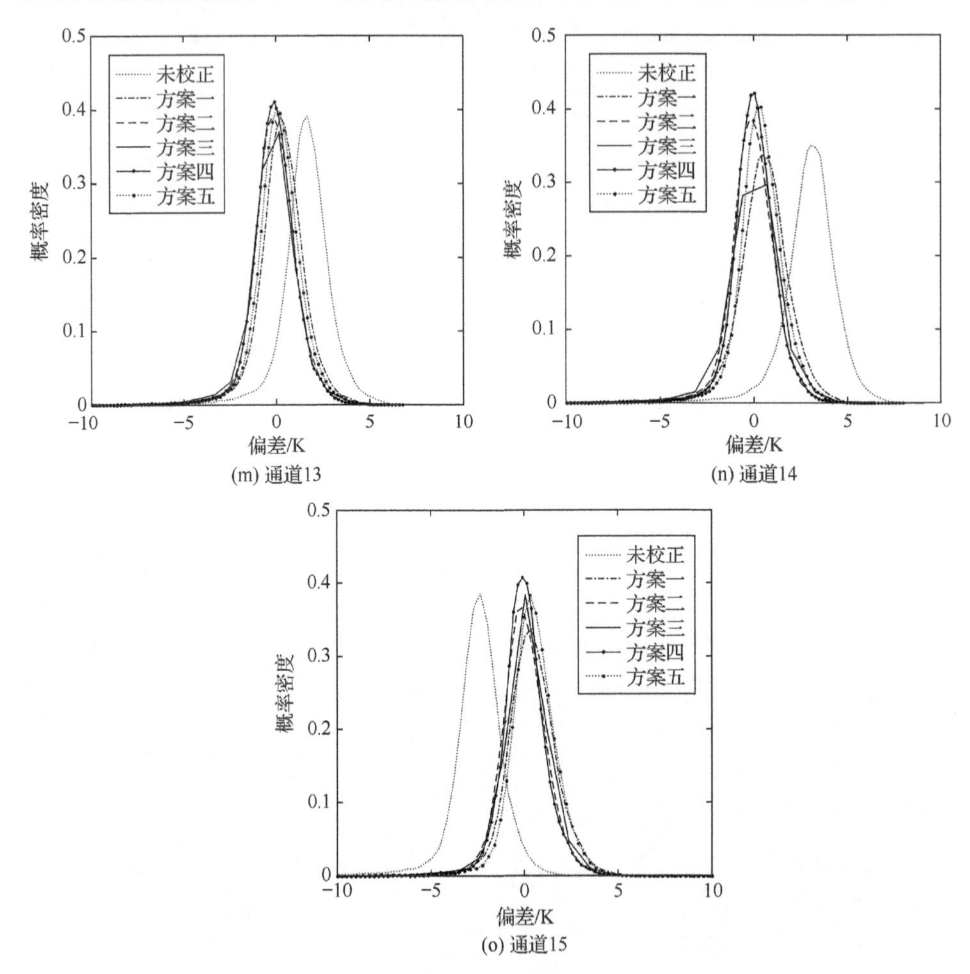

图 4.8　海洋上空 MWHTS 校正亮温与模拟亮温之间偏差的概率密度分布

和海洋上空的通道 5 中，校正后的观测偏差增大，其原因可能与相应通道中模拟亮温和观测亮温之间的相关系数低有关。另外，通过对比五种观测偏差校正方案的校正效果可以发现，与其他四种方案相比，方案五在几乎所有通道中并无优势。

在针对观测偏差校正建立的线性回归模型和神经网络模型中分别使用了气团预报因子和观测亮温预报因子，这两类预报因子对观测偏差的校正效果有直接影响。在线性回归模型中对比气团预报因子和观测亮温预报因子，即对比方案一和方案二可以发现：在陆地上空，除了通道 4、10、13、15 外，观测亮温预报因子对应的观测偏差校正效果均优于气团预报因子；在海洋上空，除了通道 1 外，观测亮温预报因子对应的观测偏差校正效果均优于气团预报因子。在神经网络模型中对比气团预报因子和观测亮温预报因子，即对比方案三和方案四可以发现：无论在陆地上空还是海洋上空，观测亮温预报因子对应的观测偏差校正效果在所有通道中均优于气团预报因子。根据以上气团预报因子和观测亮温预报因子对应的观测偏差校正效果的对比，在观测偏差的统计校正模型中选择观测亮温作为偏差预报因子可以获得更优的偏差校正效果。

线性回归模型和神经网络模型分别描述了预报因子和观测偏差之间的线性关系和非线性关系，当在这两个模型中均选择观测亮温作为预报因子时，对比方案二和方案四的观测偏差校正效果可以发现：无论是在陆地上空还是海洋上空，神经网络模型的观测偏差校正效果明显优于线性回归模型，即方案四校正后的偏差更加符合无偏和高斯分布。

为了进一步量化评价五种观测偏差校正方案的校正效果，计算校正亮温与模拟亮温之间的均方根误差如图 4.9 所示。

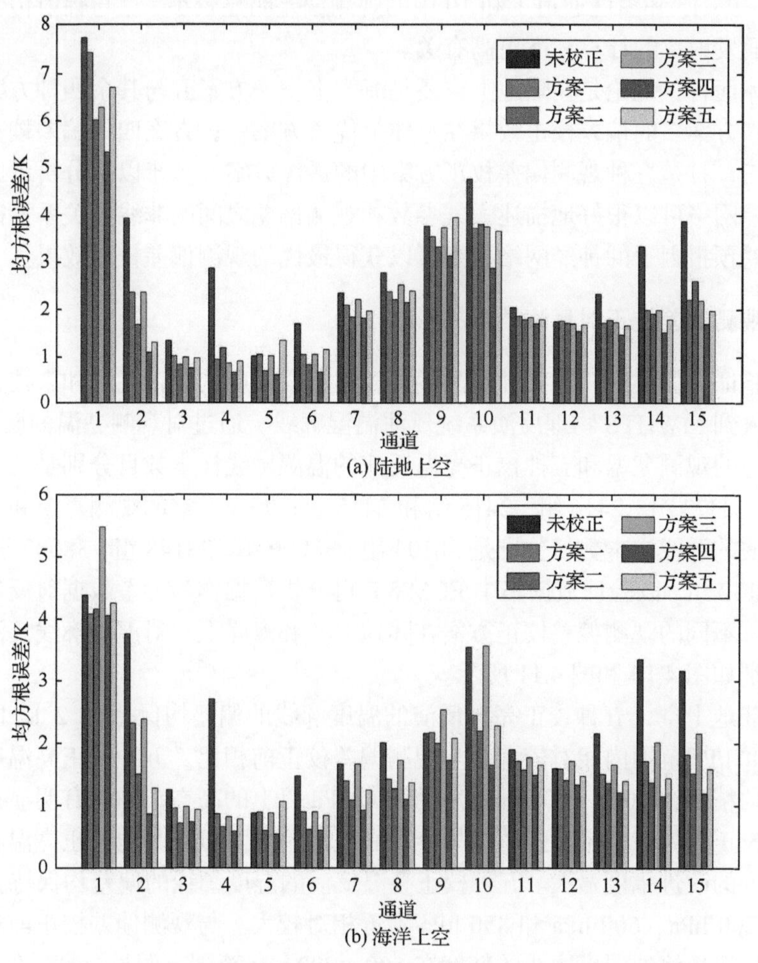

图 4.9 MWHTS 校正亮温与模拟亮温之间的均方根误差(见彩图)

与未校正的观测偏差相比，五种观测偏差校正方案均能获得明显的校正效果。在陆地上空，窗区通道 1 观测偏差的校正效果稍差，在 6 K 左右；温度探测通道 2～8 和湿度探测通道 11～15 中校正后的观测偏差均保持在 2 K 以内；近地表探测通道 9 和窗区通道 10 中校正后的观测偏差保持在 3 K 左右。在海洋上空，窗区通道 1 中校正后的观测偏差为 4 K 左右；温度探测通道 2～8 和湿度探测通道 11～15 中校正后的观测偏差均保持在 2 K 以内；近地表探测通道 9 和窗区通道 10 中校正后的观测偏差保持在 2 K 左右。另外，对比方案三和未校正的观测偏差可以发现，在海洋上空的通道 1、9、10 和 12 中，方案三校正后的观测偏差明显变大。造成这一现象的原因可能是气团预报因子是使用统计反演结果产生的，而反演结果的误差传递到了神经网络模型中。与陆地上空相比，海洋上空的近地表探测通道 7、8、9、15 和窗区通道 1 和 10 中的观测偏差明显较小，这与辐射传输模型中海洋表面发射率的计算精度更高有关。

总体而言，无论是在陆地上空还是海洋上空，方案五与其余四种方案相比并无优势；方案二的偏差校正效果在总体上优于方案一；方案四的偏差校正效果优于方案三，且是五种观测偏差校正方案中的最优方案。基于以上分析可以得出结论：神经网络可以很好地描述大气参数和观测偏差之间的非线性关系，以观测亮温为偏差预报因子的神经网络模型可以获得最优的观测偏差校正效果。

4.5.4 观测偏差校正对反演精度的影响

在验证数据集中，把五种观测偏差校正方案对应的校正亮温和未校正的观测亮温输入到 MWHTS 物理反演系统反演温湿廓线。通过对观测亮温的质量控制，陆地上空的观测亮温和五种校正亮温反演的温湿廓线样本数目分别是 2302 组、2330 组、2373 组、2416 组、2415 组和 2415 组；海洋上空的观测亮温和五种校正亮温反演的廓线样本数目分别是 38104 组、38090 组、38148 组、38087 组、38151 组和 38132 组。以验证数据集中 ECMWF 再分析数据作为参考数据对反演结果进行验证，不同的观测偏差校正方案在陆地上空和海洋上空对温湿廓线反演精度的影响分别如图 4.10 和图 4.11 所示。

在陆地上空，五种校正亮温反演的温度廓线的偏差均保持在 2 K 以内，在 100～200 hPa 范围内相对较大。与观测偏差校正前相比，五种校正亮温反演的温度廓线的精度在 600～900 hPa 范围和 100 hPa 以上的高空范围均有明显提高。方案四的校正亮温在整个压强范围均能提高反演精度，且与其他校正亮温相比，对反演精度的改进幅度最大。五种校正亮温反演的湿度廓线的偏差均保持在 10%以内，在 200 hPa、600 hPa 和 850 hPa 附近相对较大。与观测偏差校正前相比，五种校正亮温反演的湿度廓线的精度在 500～700 hPa 范围有明显提高。方案四的校正亮温与其他校正亮温相比，对反演精度的提高幅度最显著。与陆地上空相似，

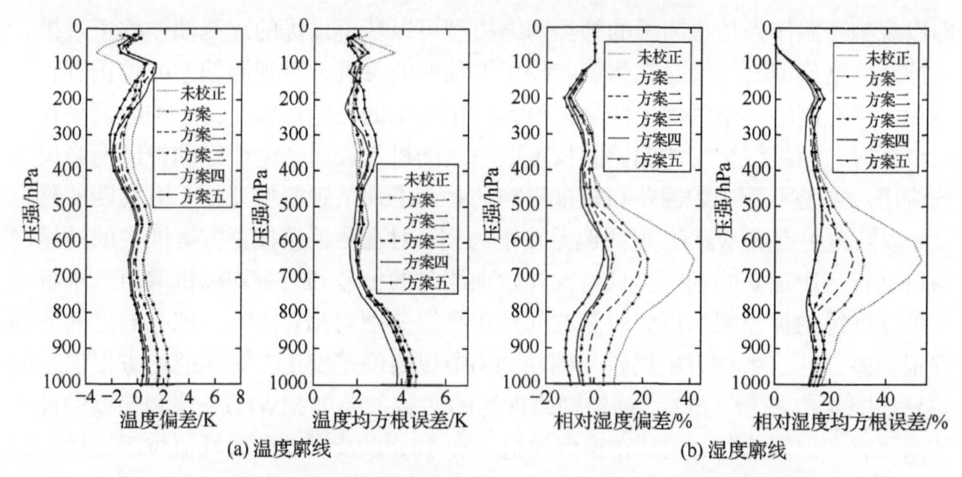

图 4.10 观测偏差校正方案在陆地上空对 MWHTS 反演结果的影响

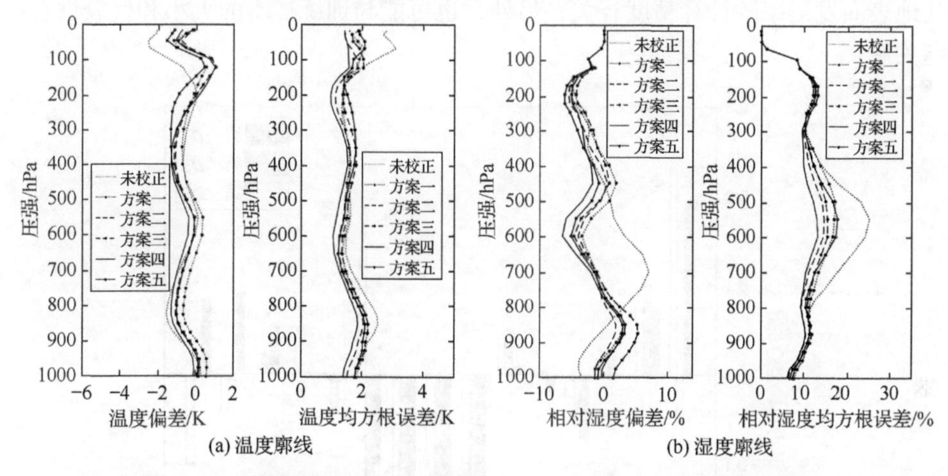

图 4.11 观测偏差校正方案在海洋上空对 MWHTS 反演结果的影响

五种校正亮温均可提高海洋上空的温度廓线反演精度，尤其是在高空范围，且方案四的校正亮温对反演精度的改进幅度最大；五种校正亮温也可提高海洋上空湿度廓线的反演精度，同样是方案四的校正亮温对反演精度的改进幅度最显著。根据对比不同观测偏差校正方案所对应的温湿廓线反演精度可以发现，无论是在陆地上空还是海洋上空，观测偏差校正方案四相比其他校正方案可以获得更高的温湿廓线反演精度，另外，各种偏差校正方案的校正效果与温湿廓线的反演精度相对应，即校正效果越好，反演精度越高。

4.5.5 观测偏差校正方案的稳定性评估

根据不同观测偏差校正方案对反演结果的影响分析，观测偏差校正方案四，即以观测亮温作为预报因子的神经网络模型可以获得最优的观测偏差校正效果，而神经网络模型的性能是观测偏差校正方案四的关键，对观测偏差的校正有直接影响。神经网络模型的稳定性是评价其应用效果的关键指标。由于神经网络在开始训练时，网络结构中的偏差和权重取值是随机的，而一个稳定的神经网络模型的应用效果是不受初始偏差和权重影响的。为了评估观测偏差校正方案四的稳定性，以陆地上空 MWHTS 观测偏差校正为例，对观测偏差校正方案四中的神经网络再进行三次独立的训练，且每次开始训练时的偏差和权重均随机取值。求解三次独立训练的神经网络模型所获取的校正亮温分别与MWHTS模拟亮温之间的均方根误差，这三组均方根误差与图 4.9(a)中观测偏差校正方案四的均方根误差的差异如图 4.12 所示。显然，神经网络训练的初始条件对 MWHTS 观测偏差的校正结果是有一定影响的，尤其在窗区通道 1 和 10，以及权重函数峰值位于近地表的温度探测通道 7、8 和 9 中，均方根误差的最大差值超过了 0.2 K。其原因可能与陆地表面发射率的计算精度有关，另外，也可能与训练样本的大小和代表性有一定关系。

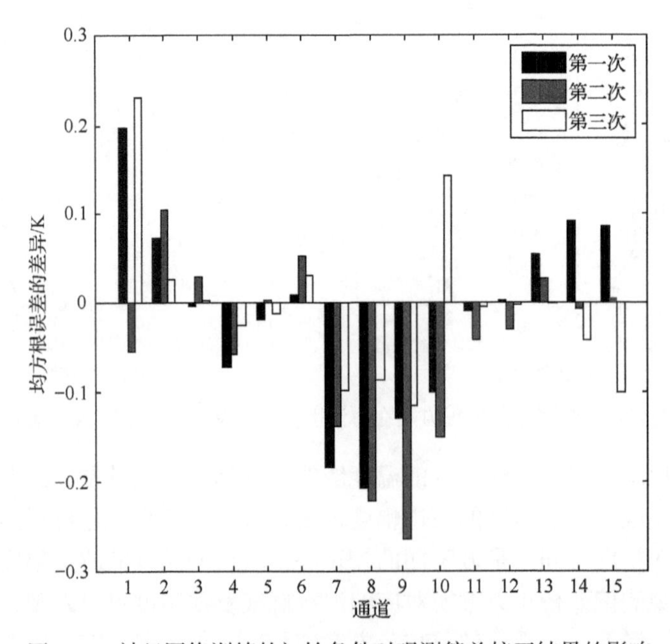

图 4.12　神经网络训练的初始条件对观测偏差校正结果的影响

然而，不同初始条件训练的神经网络模型所获取的校正亮温之间的差异对 MWHTS 反演精度的影响是评价神经网络稳定性的关键。为了进一步评价神经网络应用于观测偏差校正的稳定性，随机选择三次独立训练的神经网络模型所获取的一组校正亮温反演温湿廓线，其反演精度与观测偏差校正方案四对应的反演精度求差值，如图 4.13 所示。虽然神经网络训练的初始条件对 MWHTS 观测偏差的校正效果有一定的影响，但是对反演温度廓线和反演湿度廓线的精度影响较小，分别保持在 0.2 K 和 0.2%以内。因此可以得出结论，以观测亮温为预报因子的神经网络模型在 MWHTS 观测偏差校正方案中具有较强的稳定性。

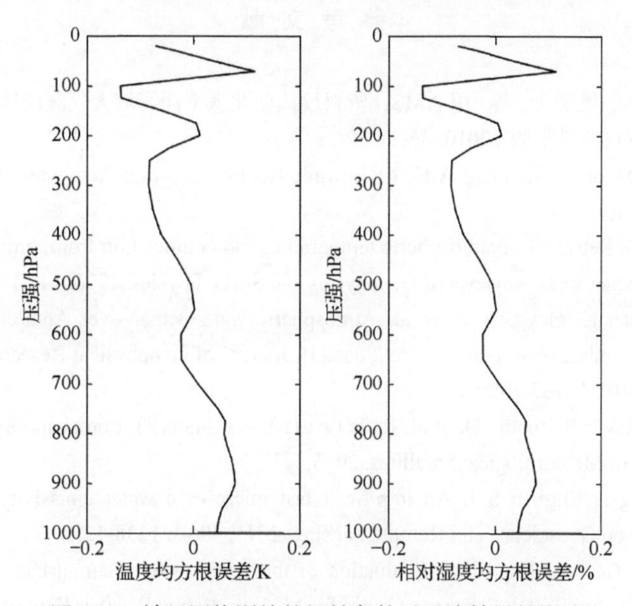

图 4.13　神经网络训练的初始条件对反演结果的影响

4.6　本 章 小 结

为了建立具有全天候反演能力的 MWHTS 反演系统，本章对第 3 章建立的 MWHTS 物理反演系统在两个方面进行了改进：一方面是选择神经网络反演算法的反演结果作为物理反演系统的初始廓线和背景廓线，提高了 MWHTS 反演温湿廓线的精度，避免了对第三方数据源的依赖，同时也提高了 MWHTS 观测数据的利用率；另一方面是改进 MWHTS 观测偏差的校正方法，通过观测偏差与大气参数的相关性分析，建立了可以描述气团偏差和大气参数之间非线性关系的神经网络模型，改善了 MWHTS 观测偏差的校正效果，进而提高了 MWHTS 对温湿廓线的反演精度。

本章通过分析不同观测偏差校正方案对 MWHTS 反演温湿廓线的影响可以发现，观测偏差校正效果越好，MWHTS 反演精度越高，而以观测亮温为预报因子的神经网络模型可以获得最优的观测偏差校正效果。然而，神经网络应用于 MWHTS 观测偏差校正或温湿参数反演时是受多个因素影响的，如 MWHTS 观测亮温与大气数据的匹配、训练数据集的代表性、网络参数的配置和预报因子的选择等。进一步优化神经网络性能，进而提高神经网络在星载微波探测仪反演大气参数中的应用能力，是接下来的工作重点。

参考文献

[1] 王曦, 宋国琼, 姚展予, 等. 用AMSU资料反演西北太平洋海域大气湿度廓线的研究[J]. 北京大学学报(自然科学版), 2010, 46(1): 69-78.

[2] Ulaby F T, Moore R K, Fung A K. Microwave Remote Sensing: Active and Passive[M]. MA: Addison-Wesley, 1981.

[3] Rodgers C D. Retrieval of atmospheric temperature and composition from remote measurements of thermal radiation[J]. Reviews of Geophysics and Space Physics, 1976, 14(4): 609-624.

[4] Miao J, Kunzi K, Heygster G, et al. Atmospheric water vapor over Antarctica derived from special sensor microwave/temperature 2 data[J]. Journal of Geophysical Research: Atmospheres, 2001, 106(D10): 10187-10203.

[5] Hocking J, Rayer P, Rundle D, et al. RTTOV v11 users guide[R]. European Organisation for the Exploitation of Meteorological Satellites, 2015.

[6] Liu Q, Weng F, English S J. An improved fast microwave water emissivity model[J]. IEEE Transactions on Geoscience and Remote Sensing, 2011, 49(4): 1238-1250.

[7] Bormann N, Geer A, English S. Evaluation of the microwave ocean surface emissivity model FASTEM-5 in the IFS[R]. European Centre for Medium-Range Weather Forecasts, 2012.

[8] Karbou F, Gérard É, Rabier F. Microwave land emissivity and skin temperature for AMSU-A and AMSU-B assimilation over land[J]. Quarterly Journal of the Royal Meteorological Society, 2006, 132(620): 2333-2355.

[9] Zou X, Wang X, Weng F, et al. Assessments of Chinese fengyun microwave temperature sounder (MWTS) measurements for weather and climate applications[J]. Journal of Atmospheric and Oceanic Technology, 2011, 28(10): 1206-1227.

[10] Matricardi M. A principal component based version of the RTTOV fast radiative transfer model[J]. Quarterly Journal of the Royal Meteorological Society, 2010, 136(652): 1823-1835.

[11] Saunders R, Hocking J, Rundle D, et al. RTTOV-11 science and validation report[R]. European Organisation for the Exploitation of Meteorological Satellites, 2013.

[12] Aires F, Marquisseau F, Prigent C, et al. A land and ocean microwave cloud classification algorithm derived from AMSU-A and -B, trained using MSG-SEVIRI infrared and visible observations[J]. Monthly Weather Review, 2011, 139(8): 2347-2366.

[13] Derrien M, Le Gléau H. Improvement of cloud detection near sunrise and sunset by temporal-differencing and region-growing techniques with real-time SEVIRI[J]. International Journal of Remote Sensing, 2010, 31(7): 1765-1780.

[14] Geer A J, Bauer P, Dell C W. A revised cloud overlap scheme for fast microwave radiative transfer in rain and cloud[J]. Journal of Applied Meteorology Climatology, 2009, 48(11):

2257-2270.

[15] Chen H, Jin Y. Data validation of Chinese microwave FY-3A for retrieval of atmospheric temperature and humidity profiles during phoenix typhoon[J]. International Journal of Remote Sensing, 2011, 32(23): 8541-8554.

[16] Rumelhart D E, Hinton G E, Williams R J. Parallel Distributed Processing[M]. Cambridge: MIT Press, 1985.

[17] Churnside J H, Stermitz T A, Schroeder J A. Temperature profiling with neural network inversion of microwave radiometer data[J]. Journal of Atmospheric and Oceanic Technology, 1994, 11(1): 105-109.

[18] 何杰颖, 张升伟. 地基和星载微波辐射计数据反演大气湿度[J]. 电波科学学报, 2011, 26(2): 362-368.

[19] Yao Z, Chen H, Lin L. Retrieving atmospheric temperature profiles from AMSU-A data with neural networks[J]. Advances in Atmospheric Sciences, 2005, 22(4): 606-616.

[20] Weng F, Zou X, Wang X, et al. Introduction to suomi national polar-orbiting partnership advanced technology microwave sounder for numerical weather prediction and tropical cyclone applications[J]. Journal of Geophysical Research: Atmospheres, 2012, 117(19): 19112-19126.

[21] Liu Q, Weng F. One-dimensional variational retrieval algorithm of temperature, water vapor, and cloud water profiles from advanced microwave sounding unit (AMSU)[J]. IEEE Transactions on Geoscience and Remote Sensing, 2005, 43(5): 1087-1095.

[22] Chahine M T. Inverse problem in radiative transfer: Determination of atmospheric parameters[J]. Journal of the Atmospheric Sciences, 1970, 27(6): 960-967.

[23] Auligné T, McNally A P, Dee D P. Adaptive bias correction for satellite data in a numerical weather prediction system[J]. Quarterly Journal of the Royal Meteorological Society, 2007, 133(624): 631-642.

[24] Susskind J, Rosenfield J, Reuter D. An accurate radiative transfer model for use in the direct physical inversion of HIRS2 and MSU temperature sounding data[J]. Journal of Geophysical Research: Ocean, 1983, 88(C13): 8550-8568.

[25] Zhao B, Zhu Y, Zhang C, et al. Meteorological satellite TIROS-N TOVS remote sensing of atmospheric property and cloud[J]. Advance in Atmospheric Sciences, 1993, 10(4): 387-392.

[26] Li J, Wolf W W, Menzel W P, et al. Global soundings of the atmosphere from ATOVS measurements: The algorithm and validation[J]. Journal of Applied Meteorology, 2000, 39(8):1248-1268.

[27] Eyre J R. A bias correction scheme for simulated TOVS brightness temperatures[R]. European Centre for Medium-Range Weather Forecasts, 1992.

[28] McMillin L M, Crone L J, Crosby D S. Adjusting satellite radiances by regression with an orthogonal transformation to a prior estimate[J]. Journal of Applied Meteorology, 1989, 28(9): 969-975.

[29] Derber J C, Wu W. The use of TOVS cloud-clear radiances in the NCEP SSI analysis system[J]. Monthly Weather Review, 1998, 126(8): 2287-2299.

[30] Harris B A, Kelly G. A satellite radiance-bias correction scheme for data assimilation[J].

Quarterly Journal of Royal Meteorological Society, 2001, 127(574): 1453-1468.
[31] Dee D P. Variational bias correction of radiance data in the ECMWF system[C]. Proceedings of the Workshop on Assimilation of High Spectral Resolution Sounders in NWP, 2004, 28: 97-112.
[32] Dee D P, Uppala S. Variational bias correction of satellite radiance data in the ERA-Interim reanalysis[J]. Quarterly Journal of Royal Meteorological Society, 2009, 135(644): 1830-1841.

第5章 深度神经网络在MWHTS反演中的应用研究

5.1 引 言

目前，以物理反演算法或统计反演算法为基础，被动微波遥感大气参数领域形成了三种比较常用的反演方案，即基于最优求解技术的物理反演方案，基于观测亮温的统计反演方案和基于模拟亮温的统计反演方案[1-4]。神经网络在这三种反演方案中均得到了广泛应用。

基于最优求解技术的物理反演方案把大气状态的初始值输入到辐射传输模型，使用迭代过程来调节初始值，当辐射传输模型计算的模拟亮温与观测亮温之间的差值(观测偏差)满足一定的阈值时，把该调节初始值当作大气参数的反演值[5-7]。一维变分算法是基于最优求解技术的物理反演方案中的典型算法，要求观测偏差满足无偏和高斯特性[8]。在进行物理反演前，观测偏差必须进行量化和移除，而该偏差的校正可使用基于神经网络的偏差校正方法[9,10]。

基于观测亮温的统计反演方案使用统计模型描述观测亮温和大气温湿参数之间的关系[11-14]。神经网络可应用于观测亮温和温湿廓线之间统计模型的建立。基于模拟亮温的统计反演方案与基于观测亮温的统计反演方案相似，即可使用神经网络描述模拟亮温和大气温湿参数之间的关系。然而，相比基于观测亮温的统计反演方案，基于模拟亮温的统计反演方案需要多一步数据处理工作：把卫星观测亮温校正到模拟亮温上(观测偏差校正)，再输入到统计模型中进行反演。在基于模拟亮温的统计反演方案中，观测偏差校正以及模拟亮温与温湿参数之间统计模型的建立均可利用神经网络[15]。

神经网络根据隐藏层个数以及隐藏层中神经元个数可以分为深度神经网络(deep neural network，DNN)和浅层神经网络(shallow neural network，SNN)，这两类神经网络的本质区别在于隐藏层神经元个数的差异。DNN因其隐藏层设置了更多的神经元，表现出了比SNN更强的非线性映射能力和稳定性[16]。本章以MWHTS观测亮温为研究对象，开展了DNN在MWHTS反演温湿廓线的三种反演方案中的应用研究，反演结果与SNN应用于反演的结果进行了对比与分析，目的是发掘DNN在微波遥感大气参数中的应用潜力。

本章5.2节对研究中所使用的数据和模型进行了描述；5.3节分别阐述了DNN算法、基于DNN的观测偏差校正方法、基于DNN的温湿廓线反演方法及一维变分算法，并设计了本章开展的实验；5.4节是偏差校正结果及反演结果的验证，分析了DNN和SNN分别应用于MWHTS反演温湿廓线的差异；5.5节测试了SNN和DNN应用于MWHTS反演温湿廓线的稳定性；5.6节是对本章内容的总结。

5.2 数据和模型

本章使用的研究数据包括：①MWHTS Level 1b亮温数据，时间范围为2018年9月～2019年8月，地理范围为随机选择的海洋区域(25°N～45°N，160°E～220°E)；②再分析数据集ERA-Interim(由ECMWF提供)，ERA-Interim由四维变分数据同化系统产生，该系统同化了RAOB、现场测量数据及卫星观测数据等多种数据源，为其数据精度提供了保证，通常可作为验证大气参数反演值的参考数据[17,18]。本章选择使用ERA Interim数据集中大气参数的水平分辨率为0.5°×0.5°，时间分辨率为6 h，时间采样点为00:00，06:00，12:00和18:00 UTC。本章所使用的大气参数分为廓线数据和地表参数，其中廓线数据包括：温度廓线、湿度廓线、云水廓线，廓线数据从表面到高空分为37层。表面参数包括：表面压强、10 m风速、2 m露点温度、2 m温度、表皮温度和云中液态水含量。以上所选择使用的廓线数据和地表参数共同组成大气数据集。本章使用快速辐射传输模型RTTOV计算MWHTS模拟亮温。

针对MWHTS反演温湿廓线三种方案对数据的需求，本章开展以下数据预处理：首先，把MWHTS观测亮温与大气数据集按照时间误差小于10 min，且经纬度误差均小于0.5°的匹配标准进行匹配，形成匹配数据；其次，把匹配数据中的大气参数输入到RTTOV计算MWHTS模拟亮温，建立包括MWHTS观测亮温、MWHTS模拟亮温和大气参数的匹配数据集；然后，根据云水总含量滤除匹配数据集中被云雨影响的匹配数据，如果云水总含量超过0.5 mm，则认为形成降雨条件，滤除该组匹配数据，以降低云雨对反演结果的影响；最后，在滤除云雨影响数据的匹配数据集中，随机选择匹配数据的80%建立分析数据集，剩下的20%形成验证数据集。按照以上数据预处理流程，可获得包含848129组匹配数据的分析数据集和包含212033组匹配数据的验证数据集。具体的数据预处理流程如图5.1所示。

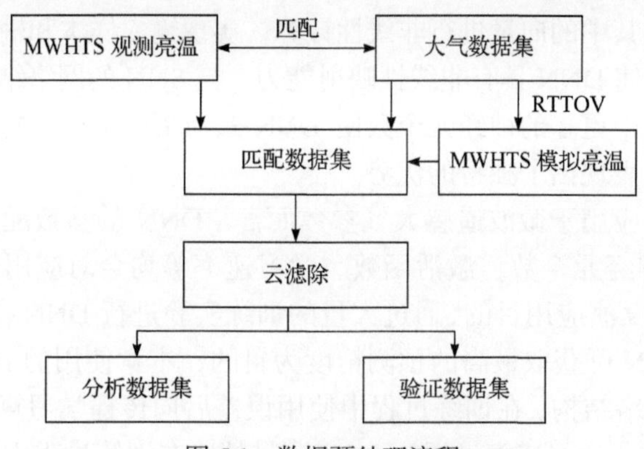

图 5.1　数据预处理流程

5.3　算法和实验设计

5.3.1　深度神经网络算法

目前，神经网络在基于被动微波遥感数据的温湿廓线反演算法中得到了广泛应用，但多限于 SNN，尤其是 BP 神经网络[11-15]。然而，SNN 在应用于反演时存在着容易过拟合、网络参数难调节、训练速度慢、容易陷入局部最优、稳定性不足等问题，进而影响了被动微波遥感数据的应用[16]。与 SNN 相比，DNN 在过拟合、训练速度、局部最优、稳定性等方面有很大的改进，因此，DNN 在基于被动微波遥感数据的大气参数反演中表现出了巨大的应用潜力[19,20]。

DNN 与已在微波遥感中成熟应用的 SNN 有相似的网络结构，四层神经网络的基本结构框图如图 5.2 所示。DNN 包含一个输入层，两个隐藏层和一个输出层。$\boldsymbol{X}$ 表示输入层的输入向量，K 表示输入层的神经元个数。$\boldsymbol{Y}_1$ 和 $\boldsymbol{Y}_2$ 分别是两个隐藏层的输出向量，L 和 M 分别表示这两个隐藏层的神经元个数。$\boldsymbol{Z}$ 表示输出层的输出向量，N 表示输出层的神经元个数。DNN 同样采用了全连接的网络结构，每层的任意一个神经元皆与下一层的任意神经元全部相连。在隐藏层中，每个神

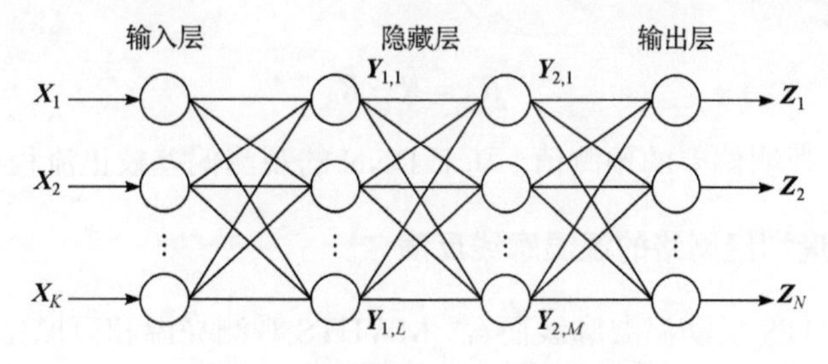

图 5.2　深度神经网络结构示意图

经元对所有输入其中的向量进行非线性计算，实现输入样本和输出样本之间的非线性关系描述，使 DNN 具有非线性映射能力。与 SNN 的网络结构相比，更多的隐藏层及隐藏层中更多的神经元个数使 DNN 具有更强的样本特征学习能力，因此在反演应用中表现出了独特的优势。

对于 DNN 应用于微波遥感大气参数而言，DNN 的参数配置，如隐藏层个数、隐藏层中神经元个数、激活函数、学习速率等均会对应用效果产生影响。因此，需要根据反演应用目的，通过大量的训练实验进行 DNN 参数的优化设置。以训练好的 DNN 可获取最高的预测精度为目的，本章使用的 DNN 算法均采用图 5.2 所示的网络结构，在训练过程中使用误差后向传播学习算法，激活函数均采用 ReLU 函数，学习速率设置为 0.001。另外，在训练过程中通过设置足够多的训练次数来克服模型的欠拟合问题，使用提前终止的方法避免模型的过拟合现象[21-23]。有关深度神经网络在微波遥感大气参数中应用的详细介绍可参考文献[19]、[24]。

在本章研究中，DNN 应用于 MWHTS 反演温湿廓线时，主要涉及基于 DNN 的 MWHTS 观测偏差校正和基于 DNN 的 MWHTS 反演温湿廓线两个方面。

5.3.2 基于深度神经网络的观测偏差校正

在 MWHTS 观测偏差校正中，DNN 被用来建立 MWHTS 观测亮温和观测偏差之间的统计模型，以实现对观测偏差的预测。观测偏差 $\tilde{\boldsymbol{R}}_{\mathrm{B}}$ 定义为

$$\tilde{\boldsymbol{R}}_{\mathrm{B}} = \tilde{\boldsymbol{R}} - \tilde{\boldsymbol{R}}_{\mathrm{S}} \tag{5.1}$$

式中，$\tilde{\boldsymbol{R}}$ 表示观测亮温，$\tilde{\boldsymbol{R}}_{\mathrm{S}}$ 表示模拟亮温。DNN 预测观测偏差的具体操作为：首先，建立训练 DNN 的训练数据集，即分析数据集中的 MWHTS 观测亮温作为 DNN 的输入，观测偏差作为 DNN 的输出；然后，搭建四层网络结构(一个输入层，两个隐藏层和一个输出层)，并对 DNN 进行训练，建立观测偏差预测模型；最后，把验证数据集中的 MWHTS 观测亮温输入到已建立的观测偏差预测模型，获得观测偏差的预测值。基于观测偏差的预测值，可建立观测偏差校正模型并获得校正亮温：

$$\tilde{\boldsymbol{R}}_{\mathrm{C}} = \tilde{\boldsymbol{R}} - \tilde{\boldsymbol{R}}'_{\mathrm{B}} \tag{5.2}$$

式中，$\tilde{\boldsymbol{R}}'_{\mathrm{B}}$ 表示观测偏差的预测值。基于 DNN 的观测偏差校正流程如图 5.3 所示。

5.3.3 基于深度神经网络的温湿廓线反演

对于 MWHTS 反演温湿廓线而言，MWHTS 观测亮温和模拟亮温均可用于反演，可使用 DNN 分别建立基于观测亮温的统计反演模型和基于模拟亮温的统计

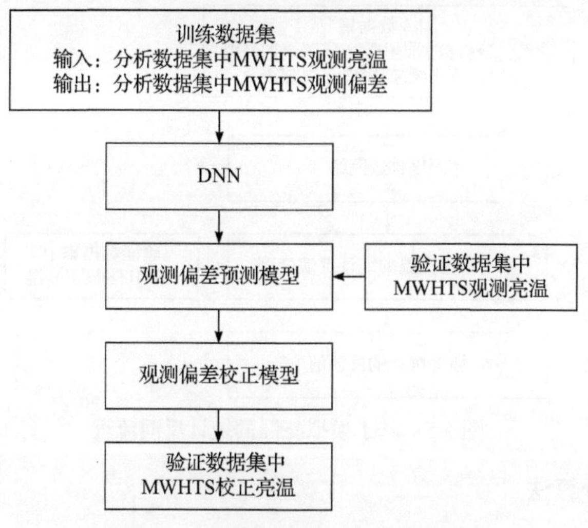

图 5.3　观测偏差校正流程示意图

反演模型。基于观测亮温的反演操作为：首先，把分析数据集中 MWHTS 观测亮温作为输入，把对应的温湿廓线作为输出，建立 DNN 的训练数据集；然后，搭建四层网络结构的 DNN 并对其进行训练，建立基于观测亮温的统计反演模型；最后，把验证数据集中 MWHTS 观测亮温输入基于观测亮温的统计反演模型，可获取对应的温湿廓线反演值。在建立基于观测亮温的统计反演模型的过程中，用 MWHTS 模拟亮温取代 MWHTS 观测亮温可获得基于模拟亮温的统计反演模型，当把MWHTS校正亮温输入到基于模拟亮温的统计反演模型时可获得相应的温湿廓线反演值。使用基于观测亮温的统计反演模型和基于模拟亮温的统计反演模型反演温湿廓线的流程分别如图 5.4 和图 5.5 所示。

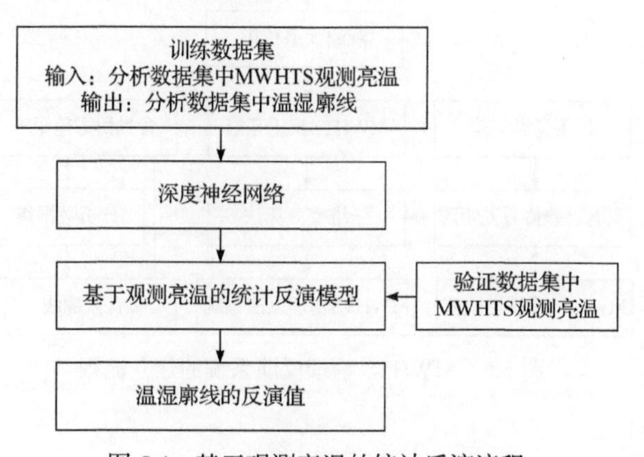

图 5.4　基于观测亮温的统计反演流程

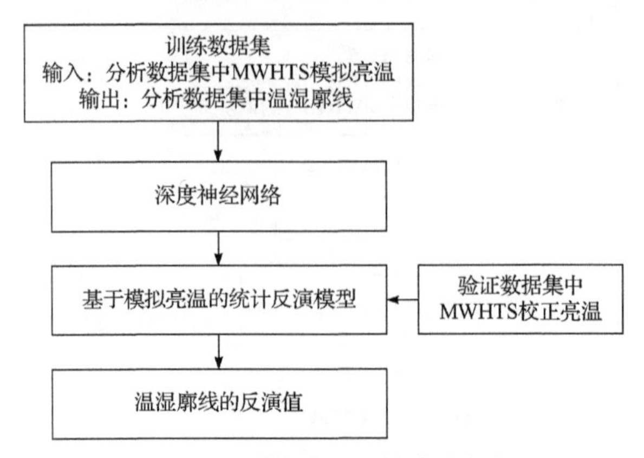

图 5.5 基于模拟亮温的统计反演流程

5.3.4 一维变分算法

本章采用一维变分算法开展基于 MWHTS 观测亮温的物理反演研究，一维变分算法的原理介绍详见 3.2 节。通过对一维变分算法的参数设置可建立物理反演系统。一维变分算法的各个参数设置如下：背景廓线和初始廓线均使用分析数据集中温湿廓线的平均值；MWHTS 观测偏差的校正采用基于 DNN 的偏差校正方法；测量误差协方差矩阵使用 MWHTS 观测偏差校正后的偏差和 MWHTS 通道灵敏度计算产生；背景协方差矩阵使用分析数据集中的温湿廓线产生。关于测量误差协方差矩阵和背景协方差矩阵的计算方法，详见文献[25]～[27]。MWHTS 物理反演系统的建立流程如图 5.6 所示。

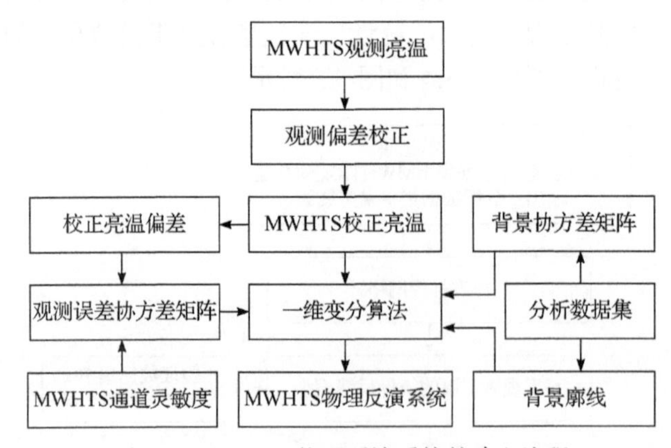

图 5.6 MWHTS 物理反演系统的建立流程

5.3.5 实验设计

本章研究了 DNN 分别应用于 MWHTS 反演温湿廓线的三种方案时对反演精度的影响。同时，为了对比 DNN 在反演中的性能，也开展了 SNN 在相同反演方案中的应用研究。其中，SNN 所使用的网络结构、激活函数和学习速率等与 DNN 的配置相同，而隐藏层神经元的个数综合考虑训练时间和反演精度，通过多次反演实验进行确定。MWHTS 反演温湿廓线的三种方案具体如下。

(1) 基于一维变分算法的物理反演方案。首先，根据 5.3.2 节中观测偏差校正流程，分别使用 DNN 和 SNN 建立观测偏差校正模型，并分别获取 DNN 基校正亮温和 SNN 基校正亮温；然后，根据 5.3.4 节中一维变分算法的参数设置方法，建立 MWHTS 物理反演系统；最后，分别把 DNN 基校正亮温和 SNN 基校正亮温输入到 MWHTS 物理反演系统，获得相对应的温湿廓线反演结果。DNN 和 SNN 应用于物理反演系统反演温湿廓线的流程如图 5.7 所示。

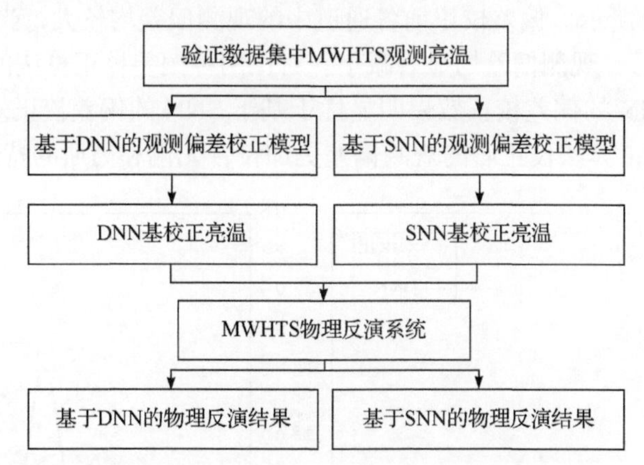

图 5.7　DNN 和 SNN 应用于物理反演系统反演温湿廓线的流程

(2) 基于观测亮温的统计反演方案。根据基于观测亮温的统计反演模型的建立流程，在分析数据集中分别使用 DNN 和 SNN 建立基于 DNN 的统计反演模型和基于 SNN 的统计反演模型；把验证数据集中 MWHTS 观测亮温分别输入到这两个统计反演模型，可分别获得相对应的 MWHTS 对温湿廓线的反演结果。

(3) 基于模拟亮温的统计反演方案。根据基于模拟亮温的统计反演模型的建立流程，在分析数据集中分别使用 DNN 和 SNN 建立基于 DNN 的统计反演模型和基于 SNN 的统计反演模型；把基于一维变分算法的物理反演方案中获得的 DNN 基校正亮温和 SNN 基校正亮温分别输入到这两个统计反演模型，可分别获得相对应的 MWHTS 对温湿廓线的反演结果。

5.4　实验结果

本节呈现了 DNN 和 SNN 分别应用于 MWHTS 观测偏差校正的实验结果，以及分别应用于 MWHTS 反演温湿廓线的三种反演方案时的反演实验结果。其中，以验证数据集中的温湿廓线作为参考数据对反演结果进行验证，把温湿廓线的反演值与参考值之间的均方根误差作为反演结果验证的定量标准。另外，本节也呈现了 DNN 和 SNN 应用于 MWHTS 反演温湿廓线时的稳定性测试结果。

5.4.1 偏差校正结果

按照 5.3.5 节的实验设计，分别发展了基于 DNN 的偏差校正算法和基于 SNN 的偏差校正算法来校正验证数据集中 MWHTS 的观测偏差，分别获得 DNN 基校正亮温和 SNN 基校正亮温，并使用验证数据集中 MWHTS 模拟亮温验证这两个校正算法的校正效果。MWHTS 观测亮温校正前后，各通道的观测偏差的概率密度分布如图 5.8 所示。偏差校正前各通道中的观测偏差均较大，当分别使用 SNN 和 DNN 校正后，观测偏差均显著减小。对比两种偏差校正算法的校正效果可以发现，基于 DNN 的偏差校正效果明显优于基于 SNN 的偏差校正效果，且经基于 DNN 的偏差校正算法校正后的观测偏差更加符合无偏和高斯的特性。

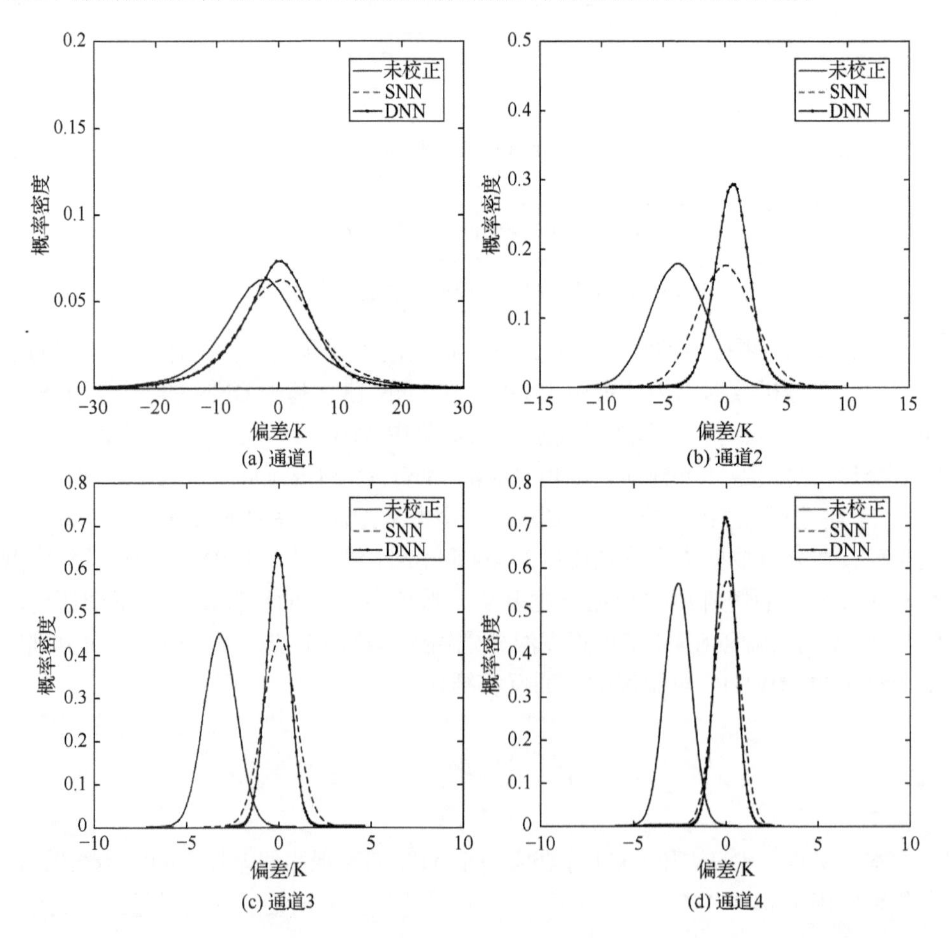

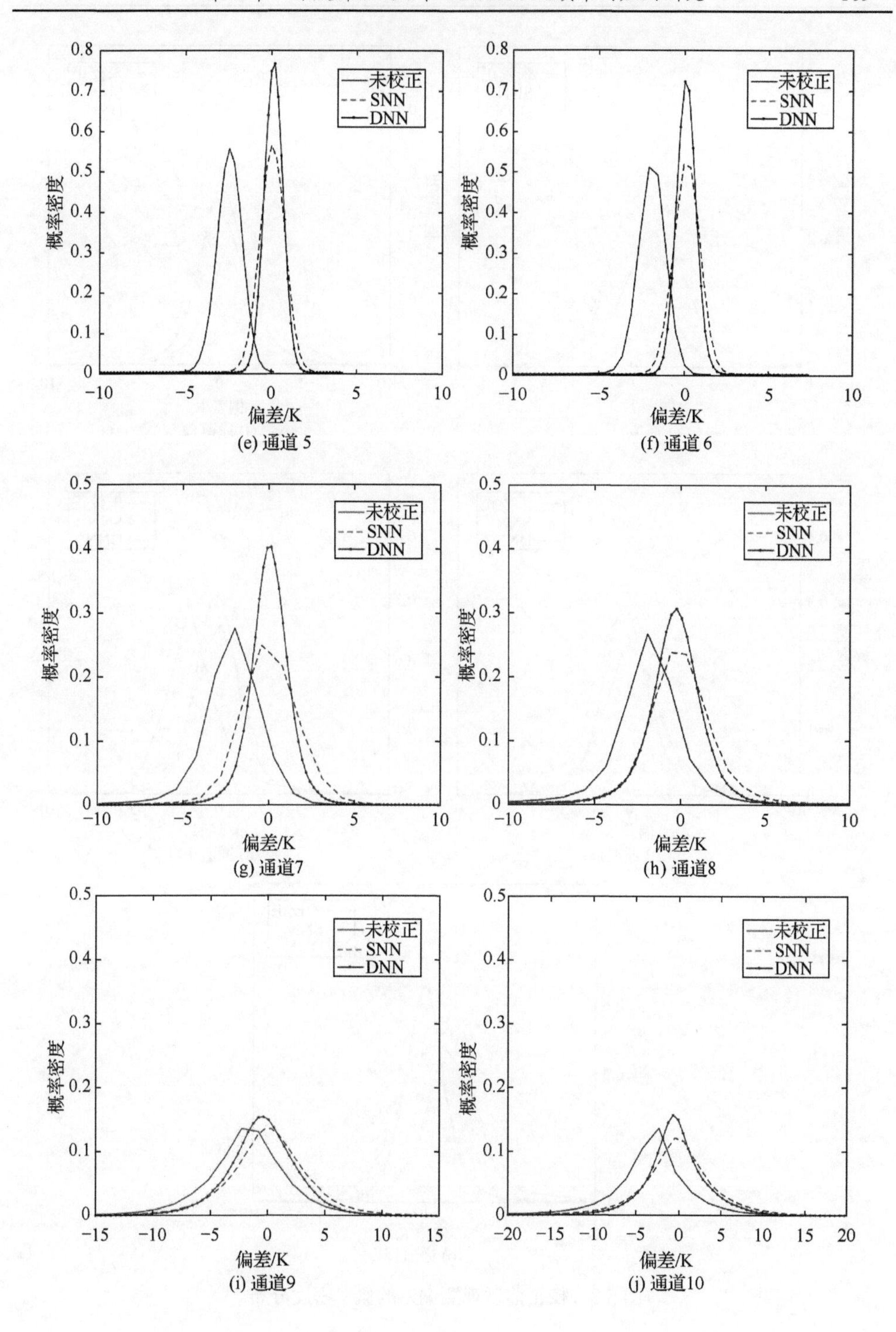

(e) 通道 5　(f) 通道 6　(g) 通道7　(h) 通道8　(i) 通道9　(j) 通道10

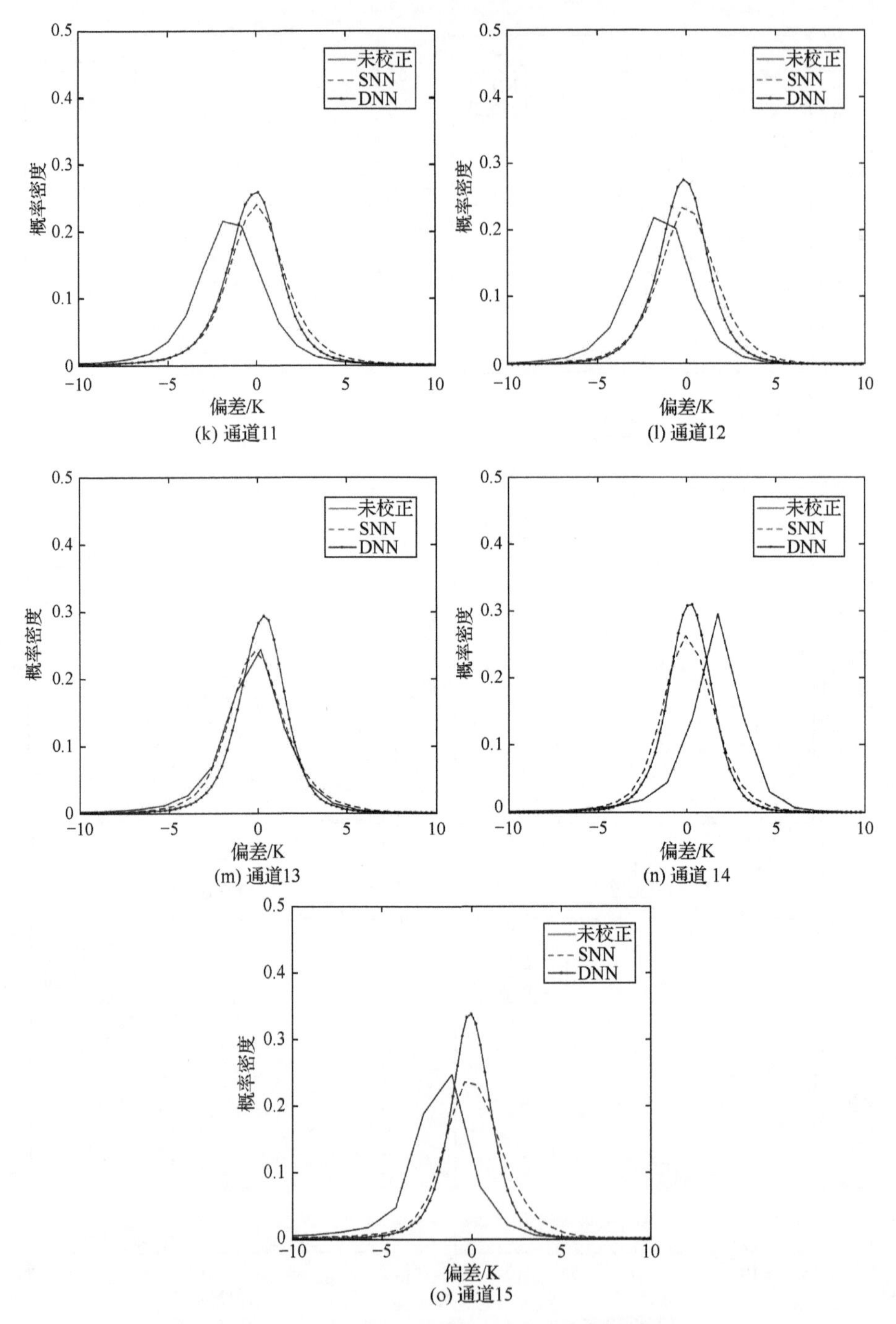

图 5.8　校正前后观测偏差的概率密度分布

为了定量对比这两种校正算法，对校正前后的观测亮温和模拟亮温之间的均方根误差进行了计算，如图 5.9 所示。这两种校正算法均能对 MWHTS 的观测偏差进行有效校正。对于 MWHTS 窗区通道 1 和 10 及权重函数峰值高度接近地表的通道 9 而言，校正前的观测偏差较大，其原因在于地表参数、地表发射率的计算精度，及探测路径上的云水参数均会导致微波辐射传输的非线性增强，进而对这些通道测量微波辐射造成不利影响。这可能是这两个校正算法在这些通道中校正效果均不显著的主要原因。对于温度探测通道 2～8 而言，由于这些通道主要是探测高空大气的温度信息，微波辐射传输的非线性相对较弱，这两个校正算法的校正效果均比较理想，尤其在通道 3～6 中，校正后的观测偏差均保持在 0.7 K 以内，校正幅度最大可达 3 K。对于湿度探测通道 11～15 而言，这些通道探测的微波辐射主要来自水汽参数，而水汽参数的时空变化特征明显，神经网络的训练数据集中的观测亮温与模拟亮温之间的匹配误差会对观测偏差的校正效果产生一定的影响。其中，通道 15 的偏差校正效果最显著，校正幅度可达 2.5 K。

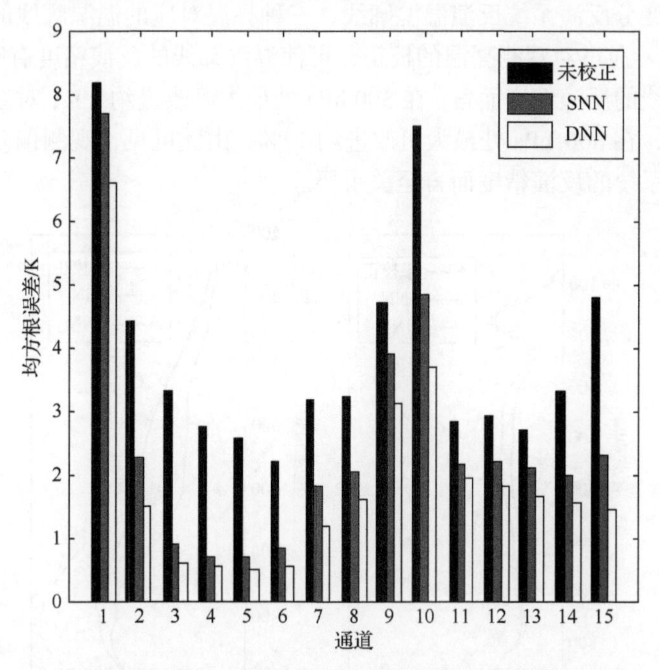

图 5.9　偏差校正前后的观测亮温和模拟亮温之间的均方根误差

对比 SNN 和 DNN 应用于观测偏差校正时的校正效果可知，在 MWHTS 所有通道中，DNN 可获得更优的偏差校正性能，尤其在观测亮温受地表参数影响更强的通道 1、10 及近地表探测通道 9 和 15 中，偏差校正效果更显著。这验证了 DNN 具有更强的非线性映射能力。然而，使用这两个偏差校正算法所获得的 MWHTS

校正亮温在反演中的表现，需进一步在接下来的反演方案中进行验证。

需要注意的是，区别于第 4 章建立的基于神经网络的观测偏差校正方案，本章建立的基于 DNN 的观测偏差校正方法并未采用两步偏差校正方式，而是直接建立了观测亮温与观测偏差之间的统计校正模型，进一步简化了观测偏差校正流程，且可获得与两步偏差校正方式相当的偏差校正效果。另外，本章建立的基于 DNN 的观测偏差校正方法与第 4 章建立的基于神经网络的偏差校正方案获取的偏差校正效果是存在差异的，其主要原因在于神经网络性能对训练数据集有很强的依赖性，而本章和第 4 章所建立的观测偏差校正模型使用的训练数据集是有明显差异的。

5.4.2 物理反演结果

按照基于一维变分算法的物理反演方案的实验设计，把验证数据集中 MWHTS 观测亮温和 5.4.1 节中获得的 DNN 基校正亮温和 SNN 基校正亮温分别输入到一维变分反演系统反演温湿廓线，三种亮温对应的温湿廓线的反演精度如图 5.10 所示。通过对观测亮温的校正，可使温湿廓线的反演精度有明显的改善，对于温度廓线的反演精度而言，在 300 hPa 处最大可改进约 2 K；对湿度廓线的反演精度而言，在 800 hPa 处最大可改进约 17%。由此可见，观测偏差校正对于一维变分反演系统的反演精度而言至关重要。

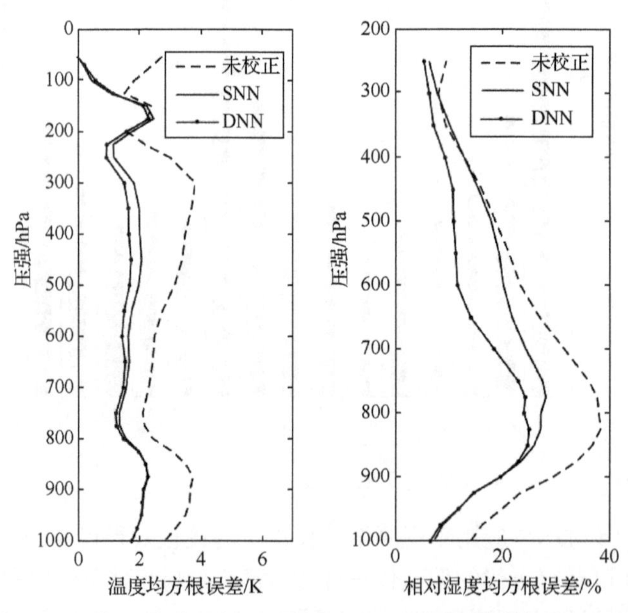

图 5.10　基于一维变分算法的物理反演方案对温湿廓线的反演结果

对比两种神经网络在一维变分反演系统中的表现可以发现，对于温度廓线反演而言，在 200 hPa 以上的高空和 800～1000 hPa 的低空范围，两种神经网络校正的亮温所反演的精度相当；而在 250～800 hPa 范围，DNN 基校正亮温获得的反演精度明显高于 SNN 基校正亮温的反演精度，在 450 hPa 处相差约 0.4 K。对于湿度廓线反演而言，在 250～850 hPa 范围，DNN 基校正亮温的反演精度优于 SNN 基校正亮温的反演精度，在 600 hPa 处的反演精度可相差 8.5%。通过对比可以发现，在基于一维变分算法的物理反演方案中，基于 DNN 的校正算法可使一维变分反演系统获得更高的温湿廓线反演精度。

5.4.3　基于观测亮温的统计反演结果

按照基于观测亮温的统计反演方案的实验设计，分别把验证数据集中的观测亮温输入到基于 SNN 的统计反演模型和基于 DNN 的统计反演模型反演温湿廓线，反演精度的验证结果如图 5.11 所示。对于温度廓线反演而言，DNN 和 SNN 在 200 hPa 以上的高空范围可获得相当的反演精度，但是在 200～1000 hPa 范围内，DNN 可获得较高的反演精度，在 700 hPa 处的反演精度相差最大，约 0.3 K。对于湿度廓线反演而言，DNN 在整个压强范围的反演精度均高于 SNN 的反演精度，在 850 hPa 处的反演精度相差最大，约 2.5%。通过两种神经网络应用于 MWHTS 观测亮温反演温湿廓线的结果对比可以发现，在基于观测亮温的统计反演方案中，DNN 可获得较 SNN 更高的温湿廓线反演精度。

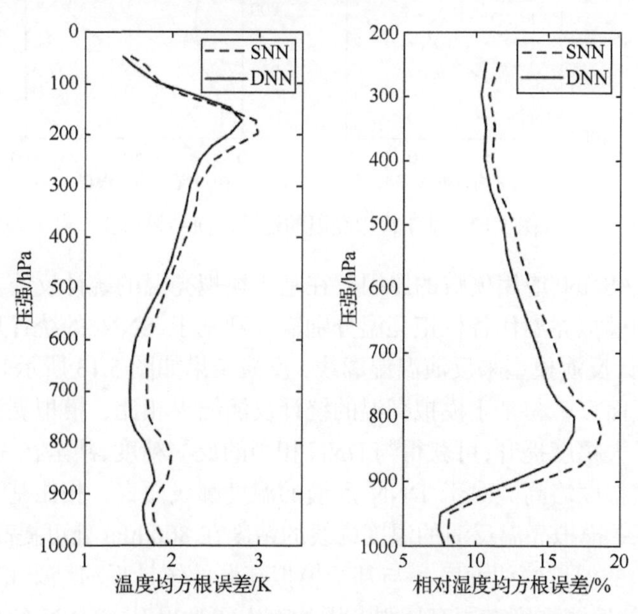

图 5.11　基于观测亮温的统计反演方案对温湿廓线的反演结果

5.4.4 基于模拟亮温的统计反演结果

按照基于模拟亮温的统计反演方案的实验设计，分别把 5.4.1 节中获得的 DNN 基校正亮温和 SNN 基校正亮温输入到基于 DNN 的统计反演模型和基于 SNN 的统计反演模型反演温湿廓线，反演精度的验证结果如图 5.12 所示。对于 DNN 的反演结果而言，反演的温度廓线和湿度廓线均可获得与物理反演和基于观测亮温的统计反演相当的反演精度。然而，对于 SNN 的反演结果而言，在 350 hPa 处的温度廓线反演精度为 12 K，在 800 hPa 处的湿度廓线反演精度为 79%。显然，SNN 在基于模拟亮温的统计反演中的应用是失败的。

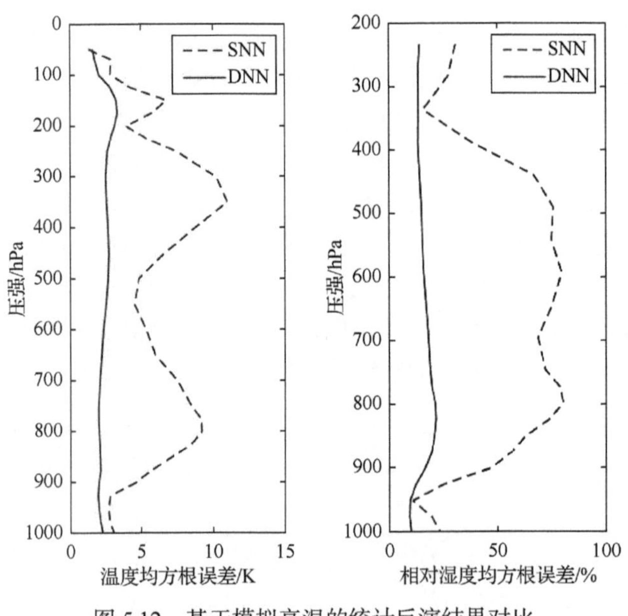

图 5.12　基于模拟亮温的统计反演结果对比

为了寻找 SNN 应用失败的原因，在基于模拟亮温的统计反演方案中，用验证数据集中的模拟亮温代替校正亮温分别输入到基于 SNN 的统计反演模型和基于 DNN 的统计反演模型来反演温湿廓线，反演结果如图 5.13 所示。对于 SNN 反演的温度廓线而言，与基于模拟亮温的统计反演结果相比，模拟亮温反演温度廓线的精度有了大幅度提升，可获得与 DNN 相当的反演精度，甚至在 300～1000 hPa 范围内，反演精度略高。对于 DNN 反演的温度廓线而言，相比基于模拟亮温的统计反演结果，模拟亮温反演的温度廓线的精度在 800 hPa 处可提高 0.8 K。对于模拟亮温反演的湿度廓线而言，与基于模拟亮温的统计反演结果相比，SNN 和 DNN 所获得的反演精度在所有压强范围均有大幅度提升，DNN 的反演精度最大可提高 8.2%。

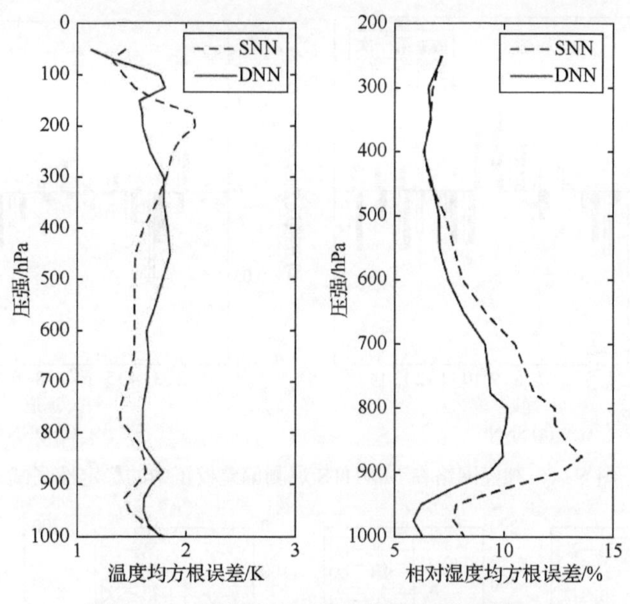

图 5.13　模拟亮温对温湿廓线的反演结果

显然，当使用模拟亮温反演时，两种神经网络均获得了更高的反演精度，其原因在于模拟亮温反演中的统计反演模型是使用模拟亮温和温湿廓线建立的。然而，把与模拟亮温相对应的校正亮温输入到相同的统计反演模型时，由于校正亮温与模拟亮温之间存在偏差，SNN 出现了如图 5.12 中所示的反演失败现象，其原因可能在于 SNN 本身泛化能力较差，而 DNN 由于其较强的泛化能力，表现优异。

5.5　算法稳定性测试

神经网络在训练时，初始权重和偏差是随机设置的，而好的神经网络不会因为初始权重和偏差的改变而影响其在大气参数反演中的应用效果。开展 SNN 和 DNN 在三种反演方案中的稳定性测试是必要的。在 MWHTS 观测偏差校正中和基于观测亮温的统计反演中分别对 DNN 和 SNN 进行三次独立的训练，观测偏差校正效果分别与图 5.9 中实验结果的差异如图 5.14 所示，反演结果分别与图 5.11 中反演结果的差异如图 5.15 所示。

对于 MWHTS 观测偏差校正而言，当使用不同的权重和偏差初始值对 SNN 和 DNN 训练时，SNN 的校正结果差异在所有 15 个通道中均保持在 0.2K 以内，而 DNN 的校正结果差异均保持在 0.05K 以内。虽然 SNN 导致的 0.2 K 的偏差差异对最终反演结果的影响可以忽略，但从对比结果来看，DNN 在应用于 MWHTS

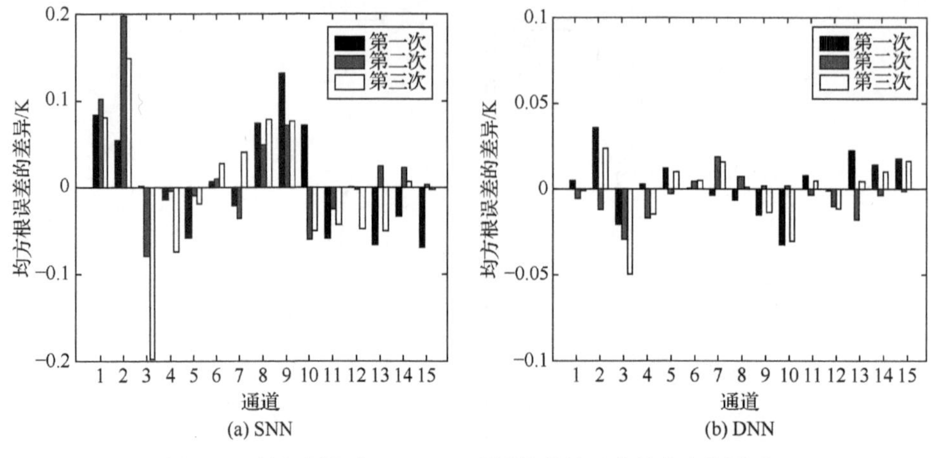

图 5.14 神经网络在 MWHTS 观测偏差校正中的稳定性测试

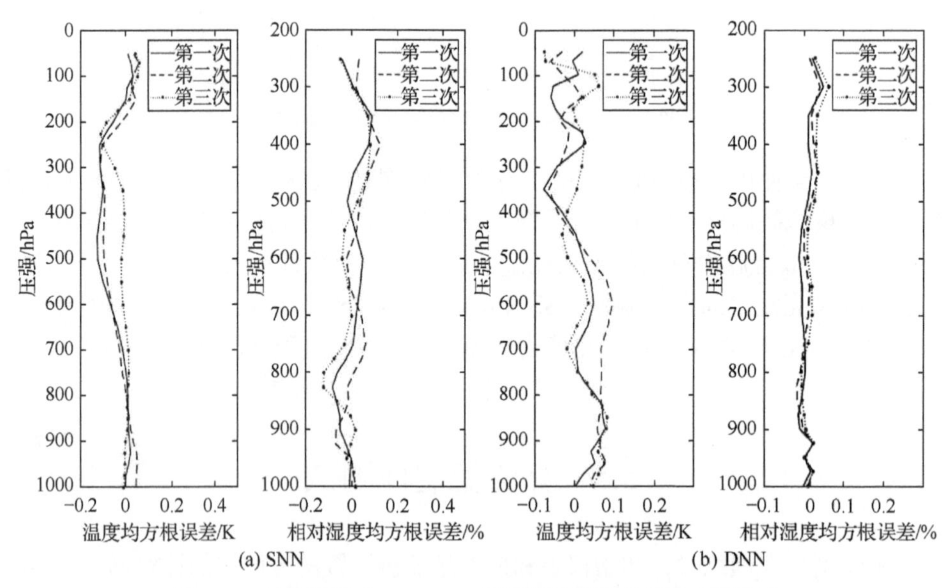

图 5.15 神经网络在 MWHTS 反演温湿廓线中的稳定性测试

观测偏差校正时表现出了更强的稳定性。

对于基于观测亮温的统计反演而言，三次独立的 SNN 和 DNN 的训练导致的温度廓线的反演精度差异相当，均保持在 0.2 K 范围以内；而相比 SNN，DNN 的多次独立训练导致的湿度廓线反演精度的差异较小。因此，SNN 和 DNN 应用于 MWHTS 反演温度廓线时的稳定性相当，而在应用于 MWHTS 反演湿度廓线时，DNN 的稳定性更好。需要注意的是，SNN 和 DNN 的稳定性与训练数据集是直接相关的，更换不同的训练数据集或应用场景后，两类神经网络的稳定性可能发生变化。对于 SNN 和 DNN 在 MWHTS 反演温湿廓线中的应用而言，两类神经网络的稳定性较好，均不会对反演结果带来不利影响。

总的来说，SNN 和 DNN 均能成功应用于物理反演方案和基于观测亮温的统计反演方案，且 DNN 在 MWHTS 观测偏差校正和 MWHTS 反演温湿廓线中均表现出了比 SNN 更优的性能。然而，在基于模拟亮温的统计反演方案中，SNN 的应用是失败的，而 DNN 由于其较强的泛化能力实现了对温湿廓线的成功反演。

5.6　本 章 小 结

本章开展了 DNN 在 MWHTS 反演温湿廓线中的应用研究，具体是在 MWHTS 观测偏差校正和 MWHTS 观测亮温/模拟亮温反演温湿廓线中的应用。使用目前微波遥感大气参数的常用三种反演方案开展了 MWHTS 反演温湿廓线实验。为了对比 DNN 在反演中的应用性能，同时也开展了 SNN 在相同场景下的应用研究。观测偏差校正实验和反演实验表明，在 MWHTS 反演温湿廓线的三种反演方案中，DNN 不管在 MWHTS 观测偏差校正还是反演温湿廓线方面，均表现出了比 SNN 更优的性能，且具有更好的稳定性。

与其他两种反演方案相比，基于模拟亮温的统计反演方案虽然反演精度稍差，但是其具有独特的应用优势，如可忽略卫星观测和大气数据之间的匹配误差，更容易建立具有代表性的样本数据集等。如何改进基于模拟亮温的统计反演方案的反演精度是接下来的工作重点。另外，本章仅开展了 DNN 在星载微波探测仪反演大气参数中的应用研究，其在微波遥感中的辐射传输建模研究也是接下来的研究方向。

参 考 文 献

[1] Tan H, Mao J, Chen H, et al. A study of a retrieval method for temperature and humidity profiles from microwave radiometer observations based on principal component analysis and stepwise regression[J]. Journal of Atmospheric and Oceanic Technology, 2011, 28(3): 378-389.

[2] Polyakov A, Timofeyev Y M, Virolainen Y. Comparison of different techniques in atmospheric temperature-humidity sensing from space[J]. International Journal of Remote Sensing, 2014, 35(15): 5899-5912.

[3] Li J, Wolf W W, Menzel W P, et al. Global soundings of the atmosphere from ATOVS measurements: The algorithm and validation[J]. Journal of Applied Meteorology, 2000, 39(8):1248-1268.

[4] Cimini D, Westwater Ed R, Gasiewski A I. Temperature and humidity profiling in the arctic using ground-based millimeter-wave radiometry and 1DVAR[J]. IEEE Transactions on Geoscience and

Remote Sensing, 2010, 48(3): 1381-1388.

[5] Hewison T J. 1D-VAR retrieval of temperature and humidity profiles from a ground-based microwave radiometer[J]. IEEE Transactions on Geoscience and Remote Sensing, 2007, 45(7): 2163-2168.

[6] Ishimoto H, Okamoto K, Okamoto H, et al. One-dimensional variational (1D-Var) retrieval of middle to upper tropospheric humidity using AIRS radiance data[J]. Journal of Geophysical Research: Atmospheres, 2014, 119(12): 7633-7645.

[7] Liu Q, Weng F. One-dimensional variational retrieval algorithm of temperature, water vapor, and cloud water profiles from advanced microwave sounding unit (AMSU)[J]. IEEE Transactions on Geoscience and Remote Sensing, 2005, 43(5): 1087-1095.

[8] Rodgers C D. Retrieval of atmospheric temperature and composition from remote measurements of thermal radiation[J]. Reviews of Geophysics and Space Physics, 1976, 14(4): 609-624.

[9] He Q, Wang Z, He J. Bias correction for retrieval of atmospheric parameters from the microwave humidity and temperature sounder onboard the fengyun-3C satellite[J]. Atmosphere, 2016,7(12): 156.

[10] Zhou Y, Grasstotti C. Development of a machine learning-based radiometric bias correction for NOAA's microwave integrated retrieval system (MIRS)[J]. Remote Sensing, 2020, 12(19): 3160.

[11] Shi L. Retrieval of atmospheric temperature profiles from AMSU-A measurements using a neural network approach[J]. Journal of Atmospheric and Oceanic Techniques, 2001, 18(3): 340-347.

[12] Churnside J H, Stermitz T A, Schroeder J A. Temperature profiling with neural network inversion of microwave radiometer data[J]. Journal of Atmospheric and Oceanic Techniques, 1994, 11(1): 105-109.

[13] Cimini D, Hewison T, Martin L, et al. Temperature and humidity profile retrievals from ground-based microwave radiometers during TUC[J]. Meteorologische Zeitschrift, 2006, 15(1): 45-56.

[14] Chakraborty R, Maitra A. Retrieval of atmospheric properties with radiometric measurements using neural network[J]. Atmospheric Research, 2016, 181: 124-132.

[15] Blackwell W J, Chen F W. Neural Networks in Atmospheric Remote Sensing[M]. Norwood: Artech House, 2009.

[16] Brahma P P, Wu D, She Y. Why deep learning works: A manifold disentanglement perspective[J]. IEEE Transactions on Neural Networks and Learning System, 2016, 27(10): 1997-2008.

[17] Dee D P, Uppala S M, Simmons A J, et al. The ERA-Interim reanalysis: Configuration and performance of the data assimilation system[J]. Quarterly Journal of the Royal Meteorological Society, 2011, 137(656): 553-597.

[18] Berrisford P, Dee D, Poli P, et al. The ERA-Interim archive version 2.0[R]. European Centre for Medium-Range Weather Forecasts, 2011.

[19] Lee Y, Han D, Ahn M H, et al. Retrieval of total precipitable water from himawari-8 AHI data: A

comparison of random forest, extreme gradient boosting, and deep neural network[J]. Remote Sensing, 2019, 11(15): 1741.

[20] Zhang L, Tie S, He Q, et al. Performance analysis of the temperature and humidity profiles retrieval for FY-3D/MWTHS in arctic regions[J]. Remote Sensing, 2022, 14(22): 5858.

[21] Hinton G E, Osindero S. The Y W. A fast learning algorithm for deep belief nets[J]. Neural Computation, 2016, 18(7): 1527-1554.

[22] LeCun Y, Bengio Y, Hinton G. Deep learning[J]. Nature, 2015, 521, 436-444.

[23] Srivastava N, Hinton G, Krizhevsky A, et al. Dropout: A simple way to prevent neural networks from overfitting[J]. The Journal of Machine Learning Research, 2014, 15(1): 1929-1958.

[24] Yan X, Liang C, Jiang Y, et al. A deep learning approach to improve the retrieval of temperature and humidity profiles from a ground-based microwave radiometer[J]. IEEE Transactions on Geoscience and Remote Sensing, 2020, 58(12): 8427-8437.

[25] Boukabara S A, Garrett K, Chen W, et al. MiRS: An all-weather 1DVAR satellite data assimilation and retrieval system[J]. IEEE Transactions on Geoscience and Remote Sensing, 2011, 49(9): 3249-3272.

[26] Sahoo S, Bosch-Lluis X, Reising S C, et al. Optimization of background information and layer thickness for improved accuracy of water-vapor profile retrieval from ground-based microwave radiometer measurements at K-band[J]. IEEE Journal of Selected Topics in Applied Earth Observations and Remote Sensing, 2015, 8(9): 4284-4295.

[27] 贺秋瑞, 王振占, 何杰颖. 基于 FY-3C/MWHTS 资料的海洋晴空大气温湿廓线反演方法研究[J]. 电波科学学报, 2016, 31(4): 772-778.

第6章　基于模拟亮温的统计反演方案的改进

6.1　引　　言

基于模拟亮温的统计反演方案通过把校正后的观测亮温(尽可能接近模拟亮温)，输入到使用模拟亮温和大气参数建立的统计反演模型来获得大气参数的反演值。辐射传输模型所计算的模拟亮温与卫星观测亮温之间的接近程度，直接决定了基于模拟亮温的统计反演方案所反演大气参数的精度[1]。目前，受限于辐射传输模型的计算精度，基于模拟亮温的统计反演方案不如基于最优求解技术的物理反演方案和基于观测亮温的统计反演方案应用广泛。然而，不容忽视的是基于模拟亮温的统计反演方案是有其自身独特优势的。

与物理反演相比，统计反演不涉及任何的物理概念，在反演算法中无须设置大量的算法参数，反演速度快，计算量小，可以实现大气参数的准实时获取。与基于观测亮温的统计反演相比，基于模拟亮温的统计反演由于可以使用大气参数产生的模拟亮温和大气参数一起来建立统计反演模型，不用考虑观测亮温与大气参数之间的匹配误差。同时，由于大气参数是可以任意选取的，因此更容易建立具有代表性的训练数据集，所建立的统计反演模型在不同的时间和空间上具有更强的适应性。另外，在一些极端天气、极区上空等卫星观测数据与大气参数匹配数据不足的情况下，基于模拟亮温的统计反演更容易建立反演模型[2,3]。因此，研究如何改进基于模拟亮温的统计方案的反演精度是具有重要价值的。

对于基于模拟亮温的统计反演方案而言，提高反演精度的关键在于使辐射传输模型计算的模拟亮温和观测亮温尽可能地接近。因此，对于该反演方案的改进可以从两个方面开展研究，一方面是提高辐射传输模型计算模拟亮温的精度；另一方面是改进观测偏差校正算法。

对于观测偏差校正方法而言，由于导致观测偏差的误差源是多种的且不确定的，如与仪器相关的定标误差、仪器系统误差、不利的观测条件导致的误差，与辐射传输模型相关的物理建模误差、光谱误差或者大气参数误差等[4-7]。从物理角度量化和移除这些误差是困难的。目前在业务化的物理反演系统或同化系统中通常采用线性或者非线性的统计校正方法[8-11]。正如第5章所述，DNN因其在描述观测偏差与观测亮温之间非线性关系的优势，可获得更优的校正效果。然而，受限于非线性模型的发展水平，进一步改进偏差校正算法是一个大的挑战。因此，本章的研究重点是通过改进辐射传输模型对模拟亮温的计算精度来改进基于模拟亮温的统计反演方案。

目前，常用的业务化辐射传输模型，如 RTTOV、CRTM 和 ARTS 等，均是基于辐射传输方程开发的，是对波在大气中传输过程的物理建模，因此也可称为物理基辐射传输模型[12-14]。从物理角度对波与大气成分之间相互作用的建模技术是限制物理基辐射传输模型精度的根本因素[15]。在晴空条件下，微波观测与大气参数之间的非线性关系相对简单，现有的辐射传输模型均能较为精确地模拟微波观测。然而，在云雨天气条件下，只有精确描述大气中水汽凝结物的尺寸、空间分布及物理状态等才能有效计算由于云和雨导致的辐射，进而精确模拟微波观测[16]。就目前的技术水平而言，对大气中水汽凝结物特征的捕捉及微波在水汽凝结物中传输的物理过程的精确描述是一项具有挑战性的工作，物理基辐射传输模型在云雨条件下对模拟亮温的计算精度有待改进。鉴于目前从物理角度处理波与大气成分之间相互作用的发展限制与难度，本章从统计建模的角度入手，使用具有非线性映射能力的神经网络来描述微波观测与大气参数之间的非线性关系，建立基于神经网络的辐射传输模型，期望提高对模拟亮温的计算精度，进而改进基于模拟亮温的统计反演方案。

本章基于 MWTS-II 观测亮温开展了温度廓线的反演研究，通过建立基于神经网络的辐射传输模型来改进基于模拟亮温的统计反演方案。同时注意到，与物理基辐射传输模型类似，由于在不同的天气条件下微波观测与大气参数之间的非线性度不同，进而会导致辐射传输模型的计算精度不同，因此，本章分别在晴空、有云和有雨条件下建立了基于神经网络的辐射传输模型，并应用于基于模拟亮温的统计反演方案。为了验证基于神经网络的辐射传输模型对反演方案的改进效果，重点开展了基于神经网络的辐射传输模型与物理基辐射传输模型 RTTOV 的对比，以及这两类辐射传输模型在基于模拟亮温的统计反演中应用效果的对比。

本章 6.2 节描述了研究中所使用的大气数据及根据天气条件对数据的分类方法；6.3 节阐述了基于 DNN 的辐射传输模型的建立方法；6.4 节建立了基于模拟亮温的统计反演模型及 MWTS-II 观测偏差校正方法；6.5 节对比了 RTTOV 和基于 DNN 的辐射传输模型在基于模拟亮温的统计反演方案中的应用效果，验证了基于 DNN 的辐射传输模型对统计反演的改进效果；6.6 节是对本章内容的总结。

6.2 数　据

6.2.1 大气数据描述

来自 ECMWF 的 ERA5 再分析数据用来建立本章所使用的大气数据集。大气数据集的所有参数用来输入到辐射传输模型计算模拟亮温，而大气数据集的温度廓线还用来建立反演算法及对基于模拟亮温的统计反演结果的精度验证。ERA5再分析数据集由 ECMWF 同化系统和预报模型产生，用于描述大气、陆地和海洋表面的最近历史状态，可用于反演系统和同化系统的建立和性能验证，在大气科学领域发挥了重要作用。有关 ERA5 的详细描述，可参考文献[17]～[21]。根据本章对大气参数的需要，使用 ERA5 建立的大气数据集包括大气廓线和表面参数，其中，大气廓线具体包括温度廓线、湿度廓线、云量廓线、云水廓线、冰水廓线，雨水廓线和雪水廓线；表面参数包括表面温度、表面露点温度、皮肤温度、表面压强、10 m 风速、云水含量。大气数据集中大气参数的空间分辨率是 0.25°，时间分辨率是 3 h，采样时刻分别是 00:00、03:00、06:00、00:90、12:00、15:00、18:00、21:00 UTC。

6.2.2　数据预处理

本章以 MWTS-II Level 1b 亮温数据为研究对象来开展海洋区域的温度廓线反演研究，选择数据的时间范围是 2020 年 1 月～2021 年 2 月，地理范围是(25°N～45°N，160°E～200°E)。根据反演和验证需求，需要建立卫星观测亮温和大气参数的匹配数据集，即开展 MWTS-II 观测亮温与大气数据集在时间和空间上的匹配，匹配规则是它们之间的时间误差小于 10 min，且经纬度误差均小于 0.1°。

由于本章需分别在晴空、有云和有雨条件下开展温度廓线的反演研究，因此需要根据天气条件对匹配数据集中的数据进行分类。目前，有多种选择来确定晴空或者降水场景。对于晴空卫星观测的分类而言，可使用再分析数据集中的云参数信息、地球静止卫星可见光或者红外观测的云分类器，以及基于微波观测的云分类器等进行分类[22-24]。对于降水场景的确定，可使用 ECMWF 业务化分析的降水估计，基于云参数建立的降水标识，以及其他遥感仪器反演的降水产品等[25-29]。本章研究目的是通过改进辐射传输模型的计算精度来改进基于模拟亮温的统计反演精度，换而言之，重点是研究辐射传输模型对统计反演方案的影响，因此，使用 ERA5 再分析数据集中的云参数对匹配数据集进行分类是满足研究需求的。

本章研究采用云水含量对匹配数据集进行分类，分类标准是把云水含量为 0 mm 所对应的匹配数据作为晴空数据集，云水含量大于 0.18 mm(Wente 发展的 0.18 mm 的降水标识[29])所对应的匹配数据作为有雨数据集，那么剩余的匹配数据形成有云数据集。在已建立的晴空数据集、有云数据集和有雨数据集中，选择 2020 年 1～12 月的匹配数据用于辐射传输模型的建立，分别形成晴空分析数据集、有云分析数据集和有雨分析数据集。晴空数据集、有云数据集和有雨数据集中剩余的匹配数据分别建立晴空验证数据集、有云验证数据集和有雨验证数据集，主要用于辐射传输模型的精度验证和反演实验。本章的数据预处理流程总结在图 6.1 中。

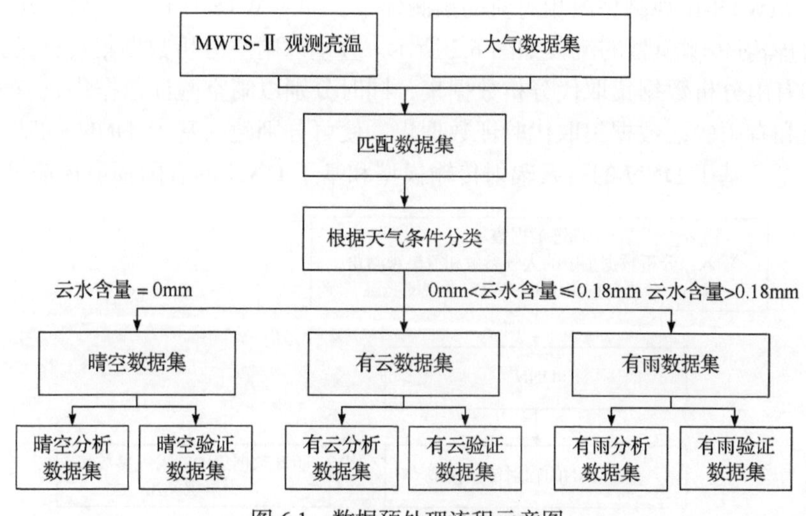

图 6.1　数据预处理流程示意图

6.3　基于深度神经网络的辐射传输模型

目前，对微波与大气成分相互作用的理解程度及数学表达水平，是限制物理基辐射传输模型模拟微波辐射计精度的根本因素。正如 6.1 节所述，在现有技术水平下，进一步提高物理基辐射传输模型对微波观测的模拟精度是一个很大的挑战。本章使用 DNN 来学习大气参数和微波观测之间的数据特征，进而描述二者之间的非线性关系。本节详细描述了在晴空、有云和有雨条件下，分别使用 DNN 建立辐射传输模型的过程。

当使用 DNN 分别在晴空、有云和有雨条件下描述大气参数与微波观测之间的关系时，可分别建立基于 DNN 的晴空辐射传输模型、基于 DNN 的有云辐射传输模型和基于 DNN 的有雨辐射传输模型。这三个辐射传输模型的建立过程除了使用的训练数据集和 DNN 的隐藏层神经元个数不同外，其他操作均相同。把 6.2.2 节建立的晴空分析数据集、有云分析数据集和有雨分析数据集统称为分析数据集，把晴空验证数据集、有云验证数据集和有雨验证数据集统称为验证数据集，那么基于 DNN 的辐射传输模型建立流程如下。

首先，以分析数据集中的大气参数和卫星观测角作为输入，相应的 MWTS-II 观测亮温作为输出，训练 DNN；然后，在大量的训练测试中，以预测样本和真实样本之间的均方根误差为评价标准，通过调节隐藏层神经元的个数获取具有最优预测性能的 DNN，建立基于 DNN 的辐射传输模型；最后，把验证数据集中的大气参数和卫星观测角输入到已建立的基于 DNN 的辐射传输模型，获得与验证数据集中 MWTS-II 观测亮温相对应的预测样本，即 MWTS-II 模拟亮温。建立基于 DNN 的辐射传输模型的流程如图 6.2 所示。分别以晴空分析数据集、有云分析数据集和有雨分析数据集取代分析数据集，同时分别以晴空验证数据集、有云验证数据集和有雨验证数据集取代验证数据集，便可分别建立基于 DNN 的晴空辐射传输模型、基于 DNN 的有云辐射传输模型和基于 DNN 的有雨辐射传输模型。

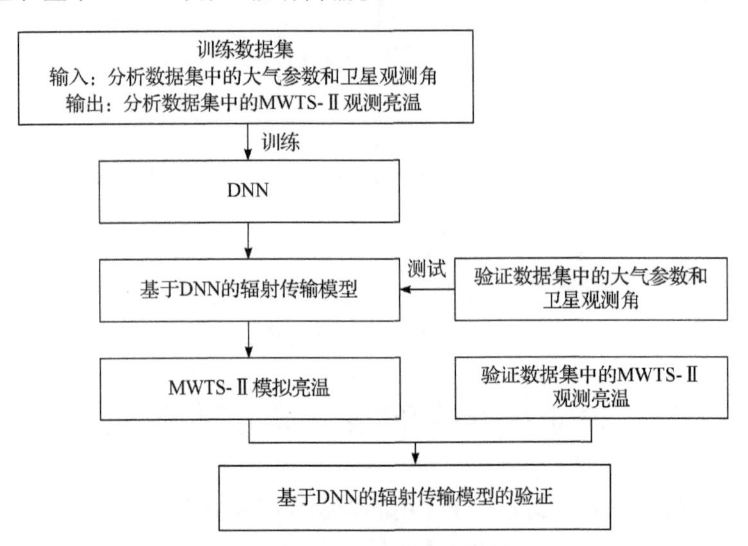

图 6.2　基于深度神经网络的辐射传输模型建立的示意图

6.4　基于模拟亮温的统计反演方案

与第 5 章中基于模拟亮温的统计反演方案相同，当以 MWTS-II 观测亮温为研究对象时，基于模拟亮温的统计反演方案主要包括两部分，一部分是基于 MWTS-II 模拟亮温的统计反演模型的建立，另一部分是 MWTS-II 观测偏差校正。

6.4.1　基于模拟亮温的统计反演模型

本章使用 6.2.2 节中的验证数据集分别建立晴空反演分析数据集、有云反演分析数据集和有雨反演分析数据集，并用来分别发展基于模拟亮温的晴空反演模型、基于模拟亮温的有云反演模型和基于模拟亮温的有雨反演模型。同时建立晴空反演验证数据集、有云反演验证数据集和有雨反演验证数据集来分别验证三个反演模型反演温度廓线的精度。以基于模拟亮温的晴空反演模型的建立和验证为例，使用 MWTS-II 模拟亮温反演温度廓线的流程如下。

首先，把晴空验证数据集中的大气参数输入辐射传输模型计算 MWTS-II 模拟亮温，可获得包含 MWTS-II 模拟亮温、MWTS-II 观测亮温和大气参数的晴空验证数据集，其中，时间范围为 2021 年 1 月 1 日～2 月 16 日之间的匹配数据形成晴空反演分析数据集，其余匹配数据形成晴空反演验证数据集；然后，以晴空反演分析数据集中的 MWTS-II 模拟亮温为输入，相应的温度廓线为输出，训练 DNN，并建立基于模拟亮温的晴空反演模型；最后，把晴空反演验证数据集中 MWTS-II 模拟亮温输入到基于模拟亮温的晴空反演模型，可获得温度廓线的反演值，以晴空反演验证数据集中的温度廓线为参考数据对温度廓线的反演值进行验证。基于模拟亮温的晴空反演模型的建立和验证流程如图 6.3 所示。按照基于模拟亮温的晴空反演模型的建立及验证流程，也可分别实现基于模拟亮温的有云反演模型和基于模拟亮温的有雨反演模型的建立及验证。

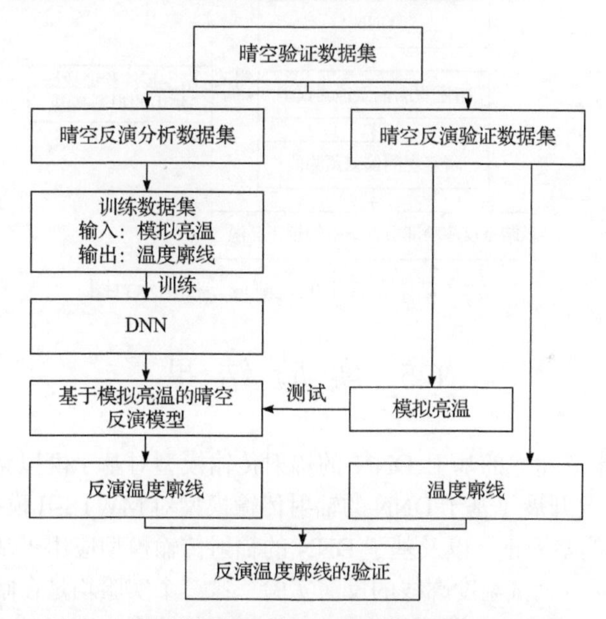

图 6.3　基于模拟亮温的晴空反演模型的建立和验证

6.4.2　MWTS-II 观测偏差校正

根据基于模拟亮温的统计反演需求，需要对 MWTS-II 观测偏差进行校正，使获取的 MWTS-II 校正亮温与模拟亮温之间的误差进一步减小。本章所采用的观测偏差方法与第 5 章中建立的基于 DNN 的观测偏差校正方法相同。在本章中，MWTS-II 观测偏差的校正需分别在晴空、有云和有雨条件下开展。以晴空条件下的观测偏差校正为例，MWTS-II 观测偏差校正流程如下。

首先，在晴空反演分析数据集中，以 MWTS-II 观测亮温为输入，观测偏差为输出，训练 DNN，并建立晴空观测偏差预测模型；然后，把晴空反演验证数据集中 MWTS-II 观测亮温输入到晴空观测偏差预测模型，获得观测偏差的预测值；最后，把晴空反演验证数据集中 MWTS-II 观测亮温减去观测偏差的预测值，获得 MWTS-II 校正亮温。在晴空条件下的观测偏差校正示意图如图 6.4 所示。使用有云反演分析数据集和有云反演验证数据集分别取代晴空反演分析数据集和晴空反演验证数据集，可获得有云验证数据集中的 MWTS-II 校正亮温。同样，使用有雨反演分析数据集和有雨反演验证数据集分别替换晴空反演分析数据集和晴空反演验证数据集，可获得有雨反演验证数据集中 MWTS-II 校正亮温。

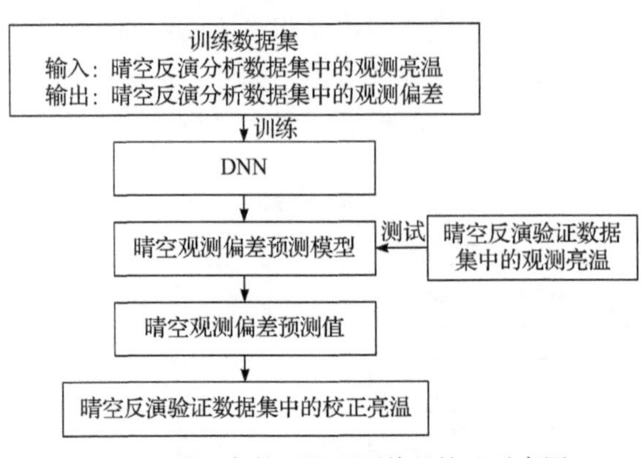

图 6.4　晴空条件下的观测偏差校正示意图

6.5　实验结果

为了验证本章建立的基于 DNN 的辐射传输模型对基于模拟亮温的统计反演方案的改进，主要开展了基于 DNN 的辐射传输模型对 MWTS-II 模拟亮温的计算、MWTS-II 观测偏差校正，以及基于 DNN 的辐射传输模型应用于基于模拟亮温的统计反演方案时对大气温度廓线的反演实验。这三个实验均是在晴空、有云和有雨天气条件下开展的。为了与基于 DNN 的辐射传输模型进行对比，也基于物理基辐射传输模型 RTTOV 开展了以上三个实验。在本章中，使用基于 DNN 的辐射传输模型计算的模拟亮温称为 DNN 基模拟亮温，使用 RTTOV 计算的模拟亮温称为 RTTOV 基模拟亮温。本节主要呈现了 DNN 基模拟亮温和 RTTOV 基模拟亮温的精度对比结果、分别基于 DNN 基模拟亮温和基于 RTTOV 基模拟亮温的 MWTS-II 观测偏差校正结果，以及基于 DNN 的辐射传输模型和 RTTOV 分别应用于统计反演时对温度廓线的反演结果。

6.5.1　模拟亮温的精度对比

分别把晴空验证数据集、有云验证数据集和有雨验证数据集中的大气参数和卫星观测角输入到 6.3 节中建立的基于 DNN 的辐射传输模型，可获得晴空 DNN 基模拟亮温、有云 DNN 基模拟亮温和有雨 DNN 基模拟亮温。同时把相同的大气参数和卫星观测角分别输入 RTTOV，可获得相应天气条件下的 RTTOV 基模拟亮温。DNN 基模拟亮温和 RTTOV 基模拟亮温的精度均使用相应天气条件下验证数据集中 MWTS-II 观测亮温进行验证。不同天气条件下 DNN 基模拟亮温和 RTTOV 基模拟亮温分别与 MWTS-II 观测亮温之间的均方根误差如图 6.5 所示。

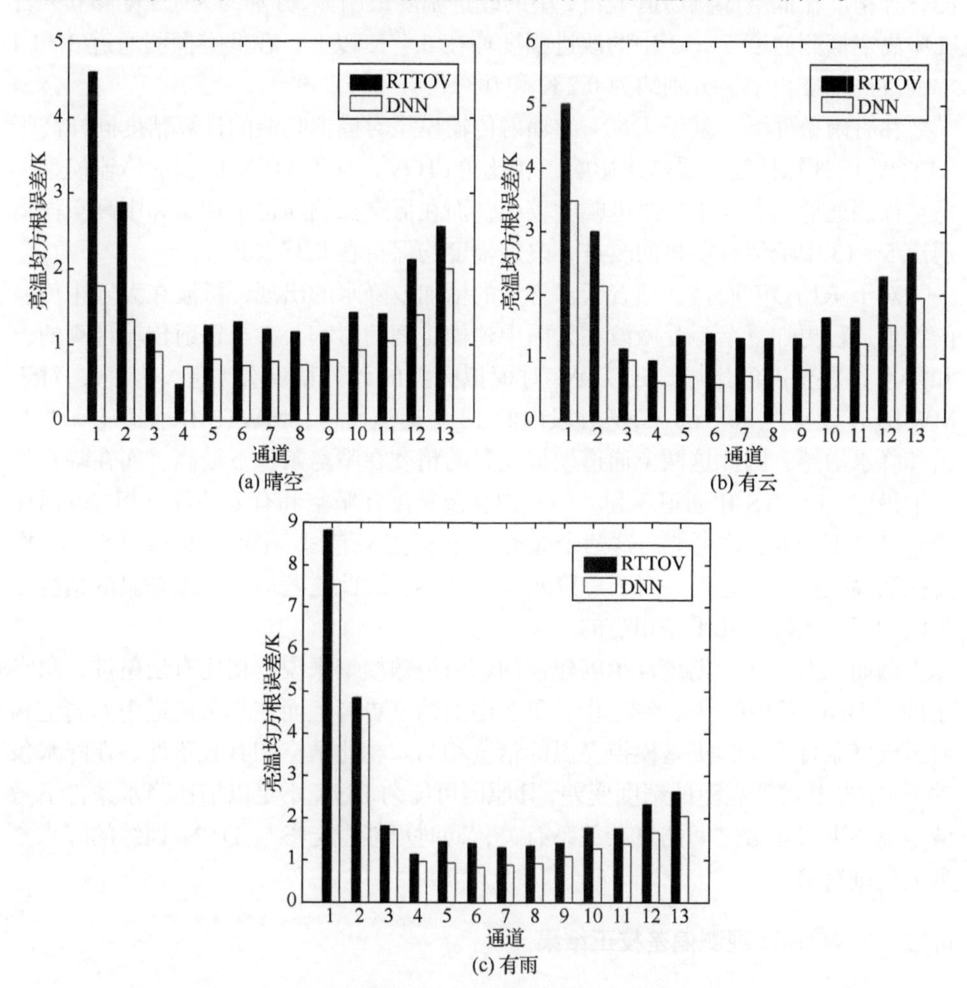

图 6.5　DNN 基模拟亮温与 RTTOV 基模拟亮温的精度对比

在晴空条件下，基于 DNN 的辐射传输模型对 MWTS-II 所有通道模拟亮温的计算精度均高于 RTTOV 的计算精度。对于权重函数峰值高度接近地表的通道 1 和 2 而言，基于 DNN 的辐射传输模型较 RTTOV 对模拟亮温的计算精度改进幅度最为明显，分别为 2.8 K 和 1.6 K。在通道权重函数峰值高度分布在低空的通道 4 和 5 中，基于 DNN 的辐射传输模型较 RTTOV 对模拟亮温的计算精度虽有改进，但是改进幅度不明显。在通道权重函数峰值高度位于中高空范围的通道 5～13 中，基于 DNN 的辐射传输模型较 RTTOV 的计算精度的改进幅度均在 0.4 K 以上。

在有云条件下与在晴空条件下的情况相似，基于 DNN 的辐射传输模型的计算精度同样高于 RTTOV 的计算精度。相比 RTTOV，基于 DNN 的辐射传输模型的计算精度在低空探测通道 1 和 2 中的改进幅度最明显，分别约为 1.5 K 和 0.9 K；在中高空探测通道 5～13 中的改进幅度均在 0.4 K 以上；在低空探测通道 3 和 4 中的改进幅度稍小，分别约为 0.2 K 和 0.3 K。

在有雨条件下，基于 DNN 的辐射传输模型对模拟亮温的计算精度同样高于 RTTOV 的计算精度。受降水影响，相比 RTTOV，基于 DNN 的辐射传输模型在低空探测通道 3 和 4 中的改进幅度较小，而在低空探测通道 1 和 2 和中高空探测通道 5～13 中依然有明显的改进，改进幅度均保持在 0.35 K 以上。

对于 RTTOV 而言，随着云水含量的增加或降水的出现，微波在大气中传输的物理过程更加复杂，受微波在云雨中建模难度的影响及参与辐射传输计算的云和降水参数精度的影响，RTTOV 对模拟亮温的计算精度会变差。然而，对于 MWTS-II 设置在 50～60 GHz 频段内的 13 个通道而言，MWTS-II 通道 1 和 2 对云和降水敏感，因此这两个通道模拟亮温的精度在晴空条件下最高，而在降水条件下最差。MWTS-II 通道 3 和 4 的模拟亮温精度在晴空和有云条件下相当，而在降水条件下变差，这可能与这两个通道对降水敏感有关。MWTS-II 通道 5～13 作为探测高空信息的通道，对云和降水并不敏感，因此这些通道模拟亮温的精度在不同的天气条件下几乎是相当的。

然而，对于从数据统计角度建模的辐射传输模型来说，相比有云条件，晴空条件下 DNN 基模拟亮温在通道 1 和 2 中的精度更高，而在其余通道中，晴空和有云天气条件下 DNN 基模拟亮温的精度相当。相比晴空和有云条件，在降水条件下 DNN 基模拟亮温的精度变差，其原因可能与 DNN 不足以描述降水条件下微波观测与大气参数之间的复杂关系有关，同时可能也与参与 DNN 训练的降水参数的精度有关。

6.5.2 MWTS-II 观测偏差校正结果

按照 6.4.2 节中观测偏差校正流程，可获得晴空反演验证数据集中的 MWTS-II 校正亮温，有云反演验证数据集中的 MWTS-II 校正亮温和有雨反演验证数据集中的 MWTS-II 校正亮温。需要注意的是，在获取 MWTS-II 校正亮温的过程中，如果观测偏差定义为 MWTS-II 观测亮温与 RTTOV 基模拟亮温的差(RTTOV 基偏差)，那么获得的是 RTTOV 基校正亮温。如果观测偏差定义为 MWTS-II 观测亮温与 DNN 基模拟亮温的差(DNN 基偏差)，那么获得的是 DNN 基校正亮温。

使用相应天气条件下反演验证数据集中的 MWTS-II 观测亮温和 RTTOV 基模拟亮温可对 RTTOV 基校正亮温进行验证，而使用 MWTS-II 观测亮温和 DNN 基模拟亮温可对 DNN 基校正亮温进行验证。在晴空、有云和有雨条件下基于这两种模拟亮温的 MWTS-II 观测亮温校正结果分别如图 6.6～图 6.8 所示。

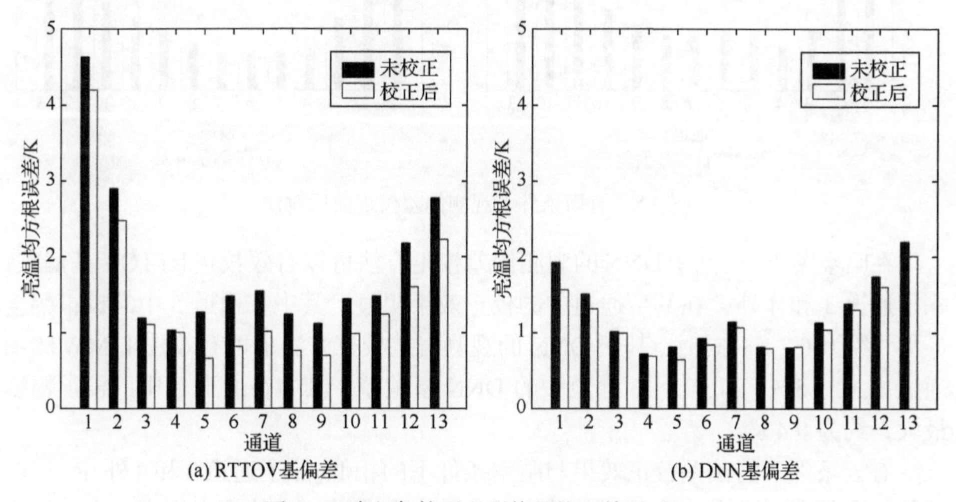

图 6.6　晴空条件下观测偏差校正前后对比

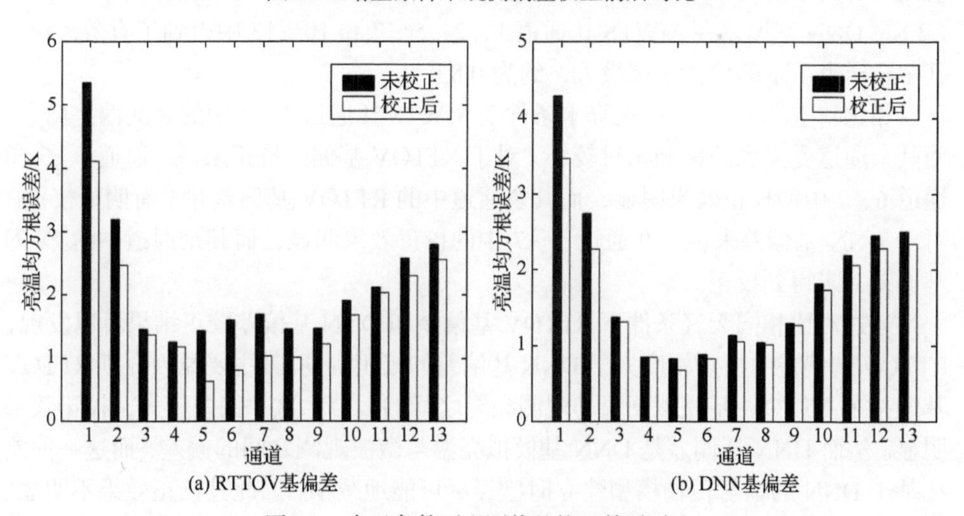

图 6.7　有云条件下观测偏差校正前后对比

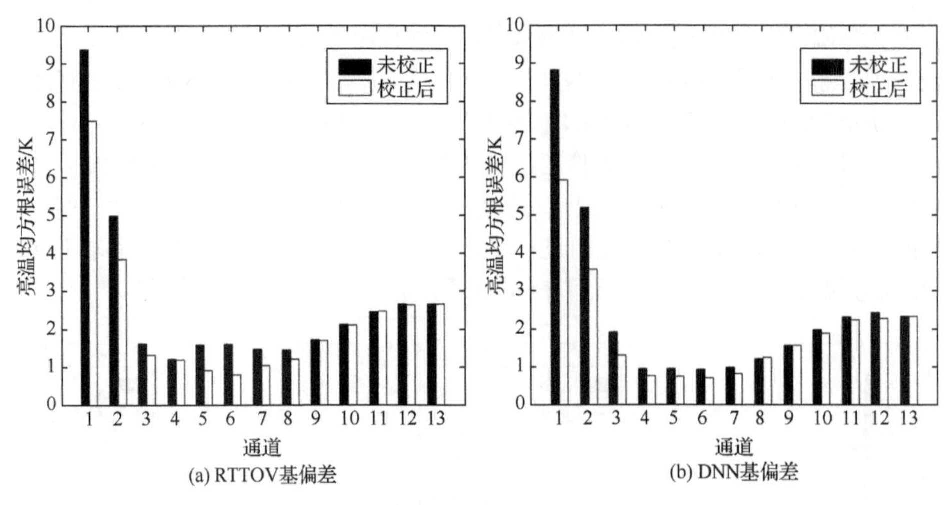

图 6.8　有雨条件下观测偏差校正前后对比

在晴空条件下，基于DNN的观测偏差校正方法可以有效校正RTTOV基偏差，除了通道 3 和 4 外，在其余通道中的校正效果明显，其中在通道 5 中的校正幅度最大，约为 0.7 K。同时，基于 DNN 的观测偏差校正方法也可有效校正 MWTS-II 通道 1、2、5～7 和 10～13 通道中的 DNN 基偏差，其中在通道 1 中的校正幅度最大，约为 0.4 K。

有云条件下的偏差校正效果与晴空条件下的相似，除了通道 3 和 4 外，RTTOV 基偏差在其余通道中均能得到有效校正，其中在通道 1 中的校正幅度最大，约为 1.3 K。DNN 基偏差在 MWTS-II 通道 1、2、5～7 和 10～13 中得到了有效校正，其中在通道 1 中的校正幅度最大，约为 0.8 K。

相比晴空和有云条件，在降水条件下 MWTS-II 通道 1～3 中的观测偏差增大，而其余通道受降水的影响相对较小。对于 RTTOV 基偏差校正来说，通道 1～3 和通道 6、7 中的校正效果明显，而其余通道中的 RTTOV 基偏差并未有明显校正。对于 DNN 基偏差来说，在通道 1～7 中的校正效果明显，而其余通道中的 DNN 基偏差并未得到校正。

通过对比相同天气条件下 RTTOV 基偏差和 DNN 基偏差校正结果可以发现，RTTOV 基偏差的校正幅度大于 DNN 基偏差的校正幅度。其主要原因在于 RTTOV 基偏差是 RTTOV 基模拟亮温与观测亮温之间的偏差，这一偏差较大，校正效果明显。然而 DNN 基偏差是 DNN 基模拟亮温与微波观测之间的偏差，而这一偏差在基于 DNN 的辐射传输模型建立时已经尽可能地减小，因此其校正效果不明显。需要注意的是，最终决定反演精度的是校正亮温与模拟亮温之间的接近程度，而非偏差的校正幅度。在晴空和有云条件下，相比 RTTOV 基校正亮温，DNN 基校正亮温在 MWTS-II 通道 1～4 和通道 13 中与模拟亮温更接近。在有雨条件下，

DNN 基校正亮温在通道 1、2、4～7 和 9～13 中与模拟亮温更接近。通常情况下，校正亮温与模拟亮温越接近，基于模拟亮温的统计反演方案的反演精度越高。这可以通过温度廓线的反演实验进行验证。

6.5.3 基于模拟亮温的统计反演结果

按照 6.4 节中基于模拟亮温反演模型的建立流程，当图 6.3 中的模拟亮温使用 DNN 基模拟亮温时，可获得基于 DNN 基模拟亮温的晴空反演模型。把晴空反演验证数据集中 DNN 基模拟亮温、DNN 基校正亮温和观测亮温分别输入到基于 DNN 基模拟亮温的晴空反演模型，可分别获得与这三种亮温相对应的 DNN 基晴空反演结果。按照与晴空条件下相同的操作，分别可获得 DNN 基有云反演结果和 DNN 基有雨反演结果。在以上反演实验中，当使用 RTTOV 基模拟亮温取代 DNN 基模拟亮温时，可以获得晴空、有云和有雨条件下的 RTTOV 基温度廓线反演结果。在晴空、有云和有雨条件下 DNN 基和 RTTOV 基温度廓线反演结果分别如图 6.9～图 6.11 所示。

在晴空条件下，对于 RTTOV 基反演结果而言，RTTOV 基模拟亮温反演温度廓线的精度最高，除了 200 hPa 附近稍差外，均保持在 2 K 以内。观测亮温反演温度廓线的结果最差，在 850 hPa 附近的反演精度约为 6.6 K。相比观测亮温，RTTOV 基校正亮温反演温度廓线的精度有很大改进，在 400 hPa 和 850 hPa 附近的改进幅度最大，约为 3.8 K。DNN 基反演结果与 RTTOV 基反演结果相似，DNN 基模拟亮温反演温度廓线的精度最高，除了在 150～225 hPa 范围稍差外，均保持在 1.8 K 以内。观测亮温反演温度廓线的精度最差，在 225 hPa 附近的精度最低，约为 4.2 K。相比观测亮温，校正亮温反演温度廓线的精度有大幅度提升，

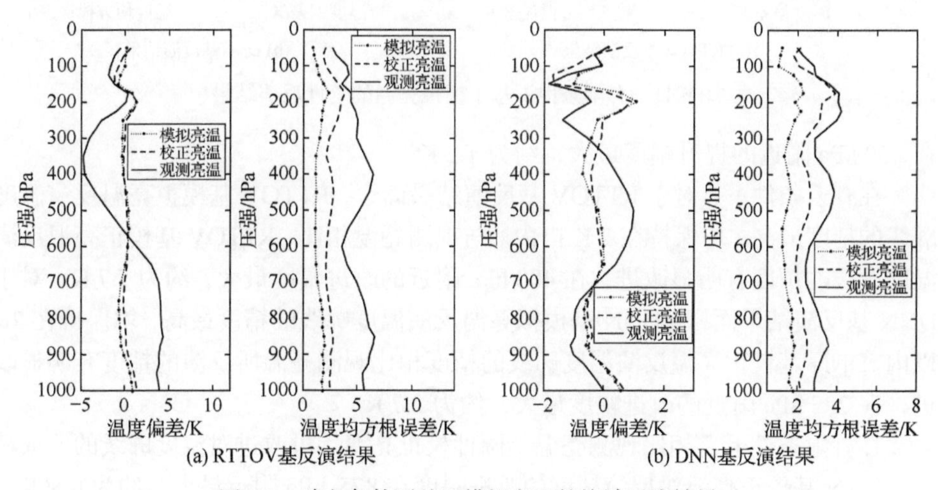

图 6.9 晴空条件下基于模拟亮温的统计反演结果

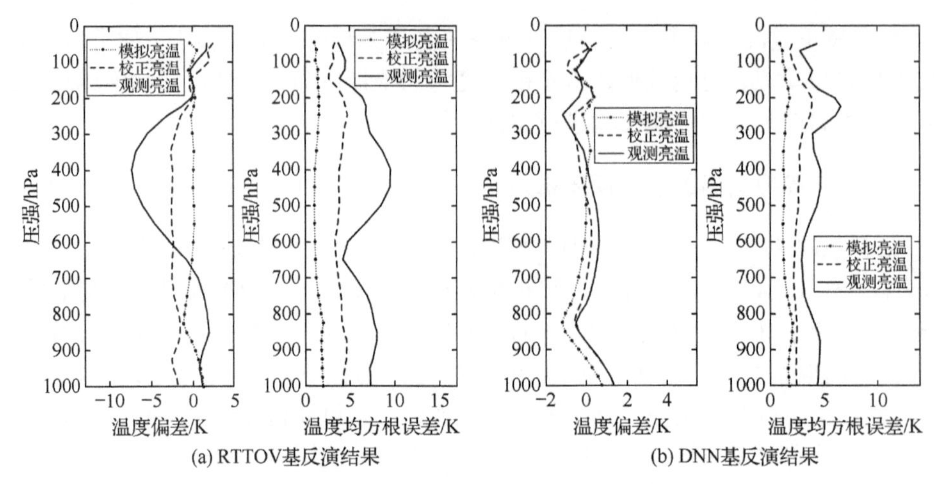

图 6.10　有云条件下基于模拟亮温的统计反演结果

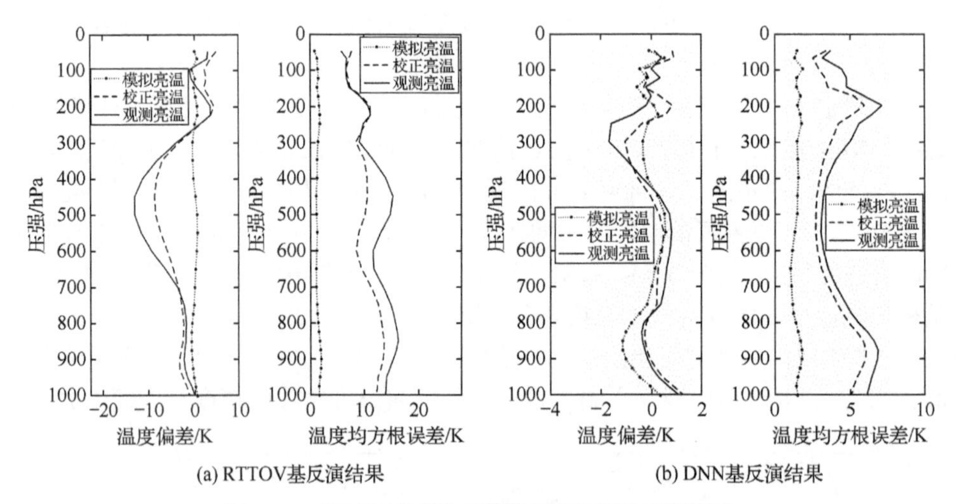

图 6.11　有雨条件下基于模拟亮温的统计反演结果

在 450 hPa 附近的提升幅度最大，约为 1.2 K。

在有云条件下，对于 RTTOV 基反演结果而言，RTTOV 基模拟亮温反演温度廓线的精度最高，均保持在 2 K 以内。与观测亮温相比，RTTOV 基校正亮温反演温度廓线的精度有明显改进，在 400 hPa 附近的改进幅度最大，约为 5.7 K。对于 DNN 基反演结果而言，DNN 基模拟亮温反演温度廓线的精度最高，均保持在 2K 以内。DNN 基校正亮温反演温度廓线的精度相比观测亮温所反演的精度有明显改进，在 225 hPa 附近的改进幅度最大，约为 2.7 K。

在有雨条件下，相比观测亮温，两种校正亮温均可改进对温度廓线的反演精度。DNN 基校正亮温对反演精度的改进幅度在 875 hPa 附近最大，约为 0.8 K。

RTTOV 基校正亮温对反演精度的改进幅度在 450 hPa 附近最大，约为 4.6K。需要注意的是，虽然 RTTOV 基校正亮温可以大幅度改进对温度廓线的反演精度，但是 RTTOV 应用于基于模拟亮温的统计反演时的反演精度很差，均在 10 K 左右，这显然是失败的。

在三种天气条件下，不管是 RTTOV 基反演结果还是 DNN 基反演结果，反演模型均是使用模拟亮温和温度廓线建立的，因此模拟亮温反演温度廓线的精度是最高的。观测亮温由于与模拟亮温之间存在较大偏差，其对温度廓线的反演精度最差。相比观测亮温，校正亮温与模拟亮温更加接近，因此校正亮温可以获得更高精度的温度廓线反演值。

另外，通过对比三种天气条件下的反演结果可以发现，不管是 RTTOV 基校正亮温还是 DNN 基校正亮温，晴空条件下的反演结果是最好的，有云条件下的反演结果稍差，而有雨条件下的反演结果最差。这可能与两方面原因有关：一方面是与校正亮温与模拟亮温之间的接近程度有关，校正亮温与模拟亮温之间的偏差越大，引入到基于模拟亮温反演模型中的误差越大，导致反演精度变差，这也是在有雨条件下 RTTOV 应用于统计反演方案失败的原因；另一方面，在复杂的天气条件下，大气参数与微波观测之间的非线性关系更加复杂，建模难度更大，模型精度较差，这一结论可以通过对比晴空条件和有雨条件的模拟亮温反演结果得到验证。

相比 RTTOV，基于 DNN 的辐射传输模型能否改进基于模拟亮温的统计反演精度，需要对比 DNN 基校正亮温和 RTTOV 基校正亮温对温度廓线的反演精度来进行验证。这两类校正亮温反演温度廓线的结果对比如图 6.12 和表 6.1 所示。同时，为了进一步评价基于模拟亮温的统计反演方案的改进效果，开展了基于观测亮温的统计反演实验。与 6.4.1 节中基于模拟亮温的反演模型的建立流程相似，当

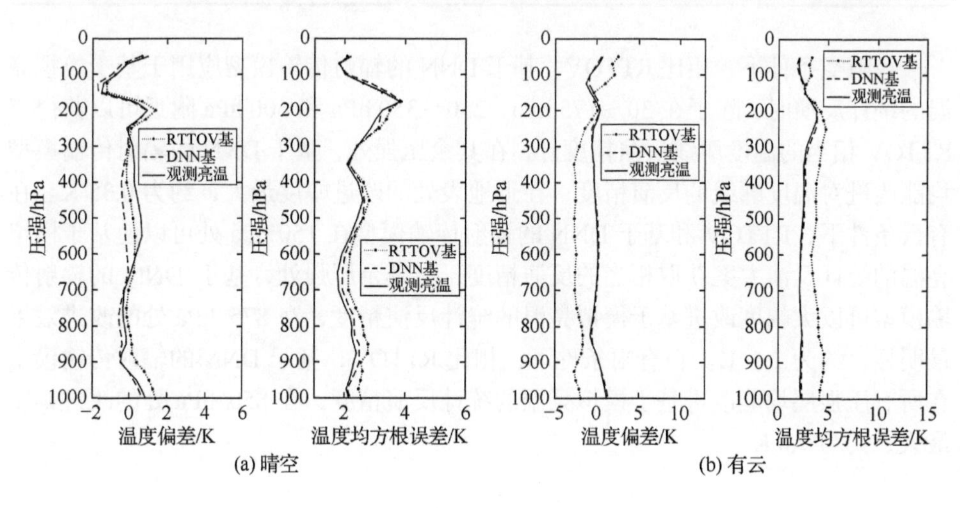

(a) 晴空　　(b) 有云

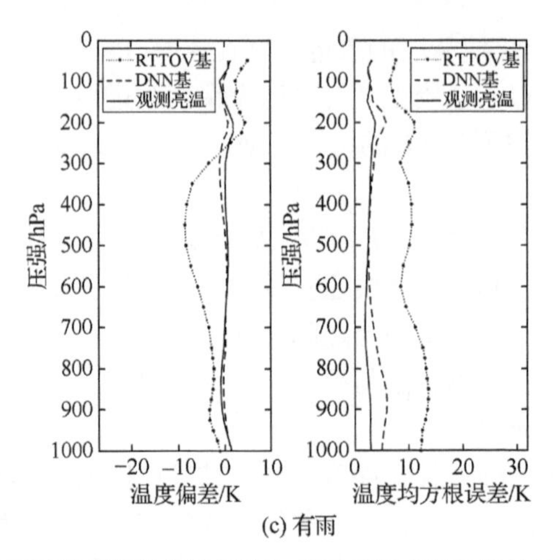

(c) 有雨

图 6.12　基于模拟亮温的统计反演与基于观测亮温的统计反演结果对比

用观测亮温取代模拟亮温建立反演模型时，可分别获得晴空、有云和有雨条件下观测亮温对温度廓线的反演结果，也呈现在图 6.12 和表 6.1 中。

表 6.1　两种反演方案的反演结果(温度均方根误差)对比

压强/hPa	晴空/K			有云/K			有雨/K		
	RTTOV 基	DNN 基	观测亮温	RTTOV 基	DNN 基	观测亮温	RTTOV 基	DNN 基	观测亮温
100	2.07	2.07	2.00	3.29	2.13	2.23	6.73	2.53	3.13
300	2.41	2.40	2.42	4.32	3.02	2.84	8.55	3.74	3.14
500	2.61	2.60	2.42	3.84	2.66	2.51	10.17	2.71	2.57
800	2.61	2.32	2.26	4.06	2.40	2.39	13.18	4.89	2.45
950	2.54	2.24	2.17	4.40	2.39	2.26	12.49	5.43	2.91

在晴空条件下，相比 RTTOV，基于 DNN 的辐射传输模型应用于基于模拟亮温的统计反演时，除了在 30～175 hPa、250～350 hPa 和 500 hPa 附近可以获得与 RTTOV 相当的温度廓线反演精度外，在其余压强处，基于 DNN 的辐射传输模型均能改进对温度廓线的反演精度，在近地表处的改进幅度最大，约为 0.35 K。在有云条件下，RTTOV 和基于 DNN 的辐射传输模型在 150 hPa 处可以使基于模拟亮温的统计反演方案获取相当的反演精度，在其余压强处，基于 DNN 的辐射传输模型可以大幅度改进基于模拟亮温的统计反演精度，在 875 hPa 处的改进效果最明显，约为 2.1 K。在有雨条件下，相比 RTTOV，基于 DNN 的辐射传输模型在所有压强层均能改进基于模拟亮温的统计反演精度，在 850 hPa 处的改进幅度最大，约为 7.8 K。

根据以上RTTOV基校正亮温和DNN基校正亮温所获得的反演结果对比可以发现，在晴空、有云和有雨条件下，把基于 DNN 的辐射传输模型应用于基于模拟亮温的统计反演方案时，均可以改进该方案对温度廓线的反演精度。

对比基于观测亮温的统计反演方案和本章改进的基于模拟亮温的统计反演方案的反演结果可知，在晴空条件下，两种反演方案反演的温度廓线精度是相当的，在 250 hPa 压强附近，二者之间的精度差最大，约为 0.2 K。在有云条件下，两种反演方案反演温度廓线的精度差均保持在 0.15 K 以内。然而，在有雨条件下，基于模拟亮温的统计反演方案对温度廓线的反演精度在300～600 hPa范围和基于观测亮温的统计反演方案的反演精度相当，而在其他压强层的反演精度较差。

根据以上实验结果及分析可以发现，相比 RTTOV，基于 DNN 的辐射传输模型在晴空、有云和有雨条件下均可获得更高精度的模拟亮温，且 MWTS-II 观测偏差校正后更加接近 DNN 基模拟亮温。因此，基于 DNN 的辐射传输模型应用于基于模拟亮温的统计反演时，可获得对温度廓线更高的反演精度。这验证了基于 DNN 的辐射传输模型应用于基于模拟亮温的统计反演方案的可行性。另外，与基于观测亮温的统计反演方案的反演结果相比，本章改进的基于模拟亮温的统计反演方案虽然在有雨条件下的反演精度稍差，但是在晴空和有云条件下可以获得与基于观测亮温的统计反演方案相当的反演精度。

6.6 本章小结

本章使用 DNN 分别在晴空、有云和有雨条件下描述了微波观测与大气参数之间的非线性关系，并建立了相应天气条件下的基于 DNN 的辐射传输模型。相比业务化辐射传输模型 RTTOV，基于 DNN 的辐射传输模型可获得更高精度的模拟亮温。同时，基于 DNN 基模拟亮温校正后的 MWTS-II 校正亮温与 DNN 基模拟亮温更加接近。因此，当把基于 DNN 的辐射传输模型应用于基于模拟亮温的统计反演方案时，可获得更高精度的温度廓线反演值。另外，在晴空和有云条件下，改进后的基于模拟亮温的统计反演方案可以获得与基于观测亮温的统计反演方案相当的反演精度。

需要注意的是，改进后的基于模拟亮温的统计反演方案在有雨天气条件下反演的温度廓线的精度较差。这可能是由于在 MWTS-II 近地表探测通道中基于 DNN 的辐射传输模型计算的模拟亮温精度较差导致的，而复杂天气条件下辐射传输模型的计算精度与参与建模的大气参数的精度是有直接关系的。因此，改进参与建模的大气参数的精度有望进一步改进基于 DNN 的辐射传输模型。同时，这也从另一个方面得到启示，常用作参考数据来验证反演结果的再分析数据是否比反演值更加接近真实大气数据，这直接决定了反演结果验证的可靠性。因此微波遥感大气数据的验证方法有待进一步研究。

参 考 文 献

[1] Blackwell W J, Chen F W. Neural Networks in Atmospheric Remote Sensing[M]. Norwood: Artech House, 2009.

[2] Aires F, Bernardo F, Brogniez H, et al. An innovative calibration for the inversion of satellite observations[J]. Journal of Applied Meteorology and Climatology, 2010, 49(12):2458-2473.

[3] He Q, Wang Z, Li J. Application of the deep neural network in retrieving the atmospheric temperature and humidity form profiles from the microwave humidity and temperature sounder onboard the fengyun-3 satellite[J]. Sensors, 2021, 21(14): 4673.

[4] Dee D P. Bias and data assimilation[J]. Quarterly Journal of the Royal Meteorological Society, 2015, 131(613): 3323-3343.

[5] Wang Z, Li J, He J, et al. Performance analysis of microwave humidity and temperature sounder onboard the FY-3D satellite from prelaunch multiangle calibration data in thermal/vacuum test[J]. IEEE Transactions on Geoscience and Remote Sensing, 2019, 57(3): 1664-1683.

[6] Guo Y, Lu N, Gu S. Simulation of the radiometric characteristics of 118 GHz and 183 GHz channels for FY-3C new microwave radiometer sounder[J]. Journal of Infrared and Millimeter Waves, 2014, 33(5): 481-491.

[7] 贺秋瑞. FY-3C 卫星微波湿温探测仪反演大气温湿廓线研究[D]. 北京：中国科学院大学，2017.

[8] Auligné T, McNally A P, Dee D P. Adaptive bias correction for satellite data in a numerical weather prediction system[J]. Quarterly Journal of the Royal Meteorological Society, 2007, 133(624): 631-642.

[9] Zhu Y, Derber J, Collard A, et al. Enhanced radiance bias correction in the national centers for environmental prediction's gridpoint statistical interpolation data assimilation system[J]. Quarterly Journal of the Royal Meteorological Society, 2014, 140(682): 1479-1492.

[10] Chandramouli K, Wang X, Johnson A, et al. Online nonlinear bias correction in ensemble kalman filter to assimilate GOES-R all-sky radiances for the analysis and prediction of rapidly developing supercells[J]. Journal of Advances in Modeling Earth Systems, 2022, 14(3): 1-25.

[11] Kazumori M. Satellite radiance assimilation in the JMA operational mesoscale 4DVAR system[J]. Monthly Weather Review, 2014, 142(3): 1361-1381.

[12] Saunders R, Hocking J, Turner E, et al. An update on the RTTOV fast radiative transfer model (currently at version 12)[J]. Geoscientific Model Development, 2018, 11(7): 2717-2737.

[13] Liu Q, Boukabara S. Community radiative transfer model (CRTM) applications in supporting the suomi national polar-orbiting partnership (SNPP) mission validation and verification[J]. Remote Sensing of Environment, 2014, 140: 744-754.

[14] Buehler S A, Mendrok J, Eriksson P, et al. ARTS, the atmospheric radiative transfer simulator-version 2.2, the planetary toolbox edition[J]. Geoscientific Model Development, 2018,

11(4): 1537-1556.

[15] Weng F, Johnson B T, Zhang P, et al. Preface for the special issue of radiative transfer models for satellite data assimilation[J]. Journal of Quantitative Spectroscopy and Radiative Transfer, 2020, 244: 106826.

[16] Barlakas V, Galligani V S, Geer A J, et al. On the accuracy of RTTOV-SCATT for radiative transfer at all-sky microwave and submillimeter frequencies[J]. Quarterly Journal of the Royal Meteorological Society, 2022, 283(3): 108137.

[17] Hoffmann L, G ü nther G, Li D, et al. From ERA-Interim to ERA5: The considerable impact of ECMWF’ s next-generation reanalysis on lagrangian transport simulations[J]. Atmospheric Chemistry and Physics, 2019, 19(5): 3097-3124.

[18] Shobeiri S, Sharafati A, Neshat A. Evaluation of different gridded precipitation products in trend analysis of precipitation features over Iran[J]. Acta Geophysica, 2021, 69(3): 959-974.

[19] Belmonte R M, Stoffelen A. Characterizing ERA-Interim and ERA5 surface wind biases using ASCAT[J]. Ocean Science, 2019, 15(3): 831-852.

[20] Hersbach H, Bell B, Berrisford P, et al. The ERA5 global reanalysis[J]. Quarterly Journal of the Royal Meteorological Society, 2020, 146(730): 1999-2049.

[21] Bell B, Hersbach H, Simmons A, et al. The ERA5 global reanalysis: Preliminary extension to 1950[J]. Quarterly Journal of the Royal Meteorological Society, 2021, 147(741): 4186-4227.

[22] Aires F, Marquisseau F, Prigent C, et al. A land and ocean microwave cloud classification algorithm derived from AMSU-A and -B, trained using MSG-SEVIRI infrared and visible observations[J]. Monthly Weather Review, 2011, 139(8): 2347-2366.

[23] Derrien M, Le Gléau H. MSG/SEVIRI cloud mask and type from SAFNWC[J]. International Journal of Remote Sensing, 2015, 26(21): 4707-4732.

[24] Derrien M, Le Gléau H. Improvement of cloud detection near sunrise and sunset by temporal-differencing and region-growing techniques with real-time SEVIRI[J]. International Journal of Remote Sensing, 2010, 31(7): 1765-1780.

[25] Hong F, Heygster G. Detection of tropical deep convective clouds from AMSU-B water vapor channels measurements[J]. Journal of Geophysical Research: Atmospheres, 2005, 110(D5): D05205.

[26] Alishouse J, Snyder S, Jennifer V, et al. Determination of oceanic total precipitable water from the SSM/I[J]. IEEE Transactions on Geoscience and Remote Sensing, 1990, 28(5): 811-816.

[27] Ferraro R, Weng F, Grody N, et al. An eight-year (1987 – 1994) time series of rainfall, clouds, water vapor, snow cover, and sea ice derived from SSMI/I measurements[J]. Bulletin of the American Meteorological Society, 1996, 77(5): 891-906.

[28] Weng F, Zhao L, Ferraro R, et al. Advanced microwave sounding unit cloud and precipitation algorithms[J]. Radio Science, 2003, 38(4): 8086-8096.

[29] Wentz F J, Spence R W. SSM/I rain retrievals within a unified all-weather ocean algorithm[J]. Journal of the Atmospheric Sciences, 1998, 55(9): 1613-1627.

第7章 微波探测仪反演温湿廓线的验证方法研究

7.1 引 言

基于被动微波观测的高精度大气温湿廓线的获取一直是各种气象和气候团体的研究热点，而反演温湿廓线的精度验证备受大气科学领域中的研究人员和用户单位的关注[1-4]。微波探测仪反演的温湿廓线需要使用温湿廓线的真实值进行验证。遗憾的是，在全球范围内温湿廓线的真实值是缺乏的。通常情况下，用同化系统产生的再分析数据集（如 ECMWF 再分析数据集、NCEP 再分析数据等）、温湿廓线的直接测量值（即 RAOB）和来自其他频段反演的温湿产品等作为参考数据来验证微波探测仪的反演结果是常用的验证方法，即求解参考数据与反演值之间的偏差和均方根误差作为评价温湿廓线反演结果的指标[5-7]。然而，作为参考数据的再分析数据、RAOB 或者其他波段反演的温湿产品等与温湿廓线的真实值之间是存在偏离的[8-11]。

对于再分析数据集而言，虽然它是由同化系统同化多种频段和观测方式的遥感数据和测量数据产生，但是同化系统的模式误差是固有存在的，因此其产生的再分析数据并不能表示真实的大气状态。无线电探空仪可使传感器进入到大气对压强、温湿和风等参数进行直接探测，但仪器的系统误差、探空气球的随风漂移、恶劣的天气条件等均会导致其探测数据和真实数据之间有大的偏差或无效，且在人迹罕至的沙漠和海洋区域缺乏无线电探空仪探测数据。另外，通过红外观测或者其他微波观测获取的温湿参数产品从本质上来讲也是基于反演算法得到的，与观测仪器相关的偏差、辐射传输模型误差和反演算法的不完美等都是导致反演参数偏离真实温湿廓线的因素[12,13]。

显然，当使用与真实大气状态有偏差的参考数据验证反演结果时，其验证结果的可靠性是受到质疑的。例如，当使用再分析数据某一特定压强层的温湿廓线验证相应温湿廓线的反演结果时，虽然能计算出两种温湿廓线间的偏离程度，但是不能确定到底是再分析数据还是反演数据更接近真实的温湿廓线。

要想获得可靠的微波探测仪反演温湿廓线的验证结果，参考数据的选择无疑是关键。微波探测仪通过测量大气成分在微波频段的发射、吸收和散射等实现对大气参数的探测[14-16]。虽然微波观测中包含了仪器系统误差、不完美的定标过程、不利的观测条件等带来的不确定性，但是微波探测仪的观测量是真实大气状态的直接体现。因此，本章研究以微波探测仪的观测本身作为验证反演结果的参考数据，开展了微波探测仪反演温湿廓线的验证方法研究。

本章的研究思路如下：首先，使用微波探测仪观测亮温和来自再分析数据的温湿廓线建立统计反演模型，并获取温湿廓线反演结果；然后，把温湿廓线的反演值和对应的再分析数据的温湿廓线分别输入到辐射传输模型计算模拟亮温，对比这两种模拟亮温与微波探测仪观测亮温的接近程度；最后，根据这两种模拟亮温的精度和微波探测仪通道的权重函数分布特征，验证在特定压强范围内是微波探测仪反演的温湿廓线还是再分析数据的温湿廓线更加接近真实数据。本章研究以 MWHTS 和 MWTS-II 的观测亮温为研究对象，分别开展了基于 MWTS-II 观测亮温的 MWTS-II 反演温度廓线的验证方法研究，以及基于 MWHTS 观测亮温的 MWHTS 反演温湿廓线的验证方法研究。

本章 7.2 节描述了研究中所使用的大气数据及预处理方法，分析了 MWTS-II 和 MWHTS 权重函数；7.3 节分析了反演验证方法的可行性，提出根据反演基模拟亮温和参考模拟亮温的对比结果，以及微波探测仪各通道的主要探测压强范围对反演温湿廓线进行精度验证的方法；7.4 节呈现了以再分析数据为参考数据的传统验证方法和本章提出的以微波探测仪观测为参考数据的验证方法分别对微波探测仪反演大气廓线的验证结果；7.5 节是对本章内容的总结。

7.2 通道权重函数和数据

7.2.1 MWTS-II 和 MWHTS 权重函数分析

根据第 2 章 2.5 节的描述，通道权重函数是描述微波探测仪各通道探测特征的重要工具，是仪器通道特征设置的理论基础，也是微波探测仪各通道对不同大气分层敏感性的指标[16,17]。从 MWTS-II 和 MWHTS 通道权重函数峰值的分布可以判断出各通道主要探测的压强范围，其中，MWTS-II 13 个通道和 MWHTS 通道 2～9 的权重函数峰值不均匀地分布在整个大气层，可实现表面到大气层顶之间温度信息的探测。MWHTS 通道 11～15 的权重函数峰值分布在中低层大气，主要用于探测 800～300 hPa 范围内的水汽分布，窗区通道 1 和 10 的权重函数峰值分布在地表，可以实现地表信息的探测。需要注意的是，通道权重函数的分布特征跟大气状态是密切相关的，例如，云雨的存在可能会导致通道权重函数的形状和峰值分布高度发生变化。因此，微波探测仪的通道权重函数对不同大气分层的敏感性需要根据大气状态进行判断。

7.2.2 大气数据

本章研究所需的大气参数来自再分析数据集，具体包括：温度廓线、湿度廓线、云液水廓线、云冰水廓线、雨水廓线、雪水廓线、地表温度、地表湿度、表面压强、10 m 风速，以上大气参数统称为参考大气数据。把参考大气数据输入到辐射传输模型可计算微波探测仪的通道权重函数和模拟亮温。参考大气数据中的温湿廓线可用于建立温湿廓线的统计反演模型，同时也可用于辅助验证温湿廓线的反演结果。选择 ECMWF ERA5 再分析数据集提供本章所需的大气参数。ERA5 作为验证遥感大气参数的常用参考数据源，由同化系统同化了地基探测、RAOB 和卫星观测等多种数据源产生，但并未同化 MWTS-II 和 MWHTS 观测[18,19]。因此，MWTS-II 和 MWHTS 的观测数据和 ERA5 再分析数据是相独立的。

7.2.3 数据预处理

本章使用 2020 年 1 月～2021 年 2 月的海洋区域(25° N～45° N, 160° E～200° E)上空的 MWTS-II 和 MWHTS 观测亮温开展温湿廓线的反演及验证研究。反演算法的建立、反演结果的验证以及微波探测仪的模拟均需要把 MWTS-II 观测和 MWHTS 观测分别与参考大气数据进行匹配，匹配规则是卫星观测数据和参考大气数据的距离差小于 10 km 且时间差小于 5 min。另外，本章把参考大气数据输入到 RTTOV 来计算微波探测仪的模拟亮温，即参考模拟亮温。通过卫星观测数据和参考大气数据的匹配以及 RTTOV 对微波探测仪观测数据的模拟，可以获得包含观测亮温、参考模拟亮温和参考大气数据的匹配数据。其中 2020 年 1～12 月的匹配数据形成分析数据集，用于反演算法的建立；2021 年 1～2 月的匹配数据形成验证数据集，用于温湿廓线的反演和辅助验证。

7.3 反演验证方法

7.3.1 反演验证方法的可行性分析

常用的验证反演大气参数的参考数据，如再分析数据、RAOB 和温湿廓线反演产品等，与真实大气数据之间的偏离是导致反演参数验证结果不可靠的原因。然而，当前的技术水平并不能获取高分辨率的全球大气参数的真实数据来满足对微波遥感大气参数的验证需求。使用多种参考数据进行交叉验证或者引入新的参考数据源有望使反演大气参数的验证结果更加可靠。

对于星载微波探测仪而言，60 GHz 和 118 GHz 频段可对氧气的微波辐射进行直接测量，183 GHz 频段的观测量主要由水汽参数的微波辐射产生，这三个频段的观测量可以体现大气温湿参数的真实分布特征[16]。由于卫星被动微波观测是实际大气状态在微波波段的真实体现，因此微波探测仪观测数据可以用来评价微波探测仪对大气廓线的反演结果。首先，把传统的参考大气数据输入到辐射传输模型计算微波探测仪的参考模拟亮温；然后，把大气廓线的反演值取代参考大气数据中的相应廓线后再次输入到辐射传输模型,获取微波探测仪的反演基模拟亮温；最后，判断是参考模拟亮温还是反演基模拟亮温更加接近观测亮温，精度更高的模拟亮温所对应的大气廓线更加接近真实的大气廓线。

需要注意的是，辐射传输模型计算的模拟亮温和卫星观测亮温之间总是存在偏差的，这些偏差主要包括传感器的自身误差、不利观测环境导致的偏差、不完美定标产生的误差、辐射传输模型的不完美建模以及参与辐射传输计算的大气参数精度差导致的误差等[20-23]。这些误差的存在是否会影响参考模拟亮温和反演基模拟亮温的精度对比结果，进而是否影响是参考大气廓线还是反演大气廓线更加接近真实大气廓线的判断。这是本章发展的基于微波探测仪观测的反演大气廓线验证方法是否可行的关键。

在本章研究中，把卫星观测亮温和辐射传输模型计算的模拟亮温之间的偏差分为三类：与仪器相关的误差、与辐射传输模型相关的误差和参与辐射传输计算的大气参数与真实参数之间的误差。参考模拟亮温和反演基模拟亮温是使用相同的辐射传输模型计算产生的，计算过程中与辐射传输模型有关的误差对两类模拟亮温的影响是相同的。参考模拟亮温和反演基模拟亮温是对相同的微波探测仪进行模拟产生，并与相同的微波探测仪观测亮温进行对比，与仪器有关的误差对这两类模拟亮温的影响也是相同的。显然，参考模拟亮温和反演基模拟亮温的唯一差别是由于计算参考模拟亮温所使用的参考大气廓线与真实大气廓线之间的误差以及计算反演基模拟亮温所使用的反演大气廓线与真实大气廓线之间的误差不同导致的。因此，当以观测亮温为基准，把这两类模拟亮温分别与观测亮温对比时，哪类模拟亮温与观测亮温之间的误差更小，其对应的大气廓线与真实大气廓线之间的误差就更小。

根据微波探测仪的通道权重函数分布，每个通道探测大气时有其主要的探测压强范围。根据各通道中参考模拟亮温和反演基模拟亮温之间的对比结果，可以确定在该通道主要探测的压强范围内是反演大气廓线还是参考大气廓线更接近真实的大气廓线，进而实现反演结果在该压强范围的验证。例如，当微波探测仪某一个通道的反演基模拟亮温相比参考模拟亮温的精度更高，同时该通道的主要探测压强范围是某些压强层，那么就可以判断出，在这些压强层，反演大气廓线相比参考大气廓线更加接近真实的大气廓线。基于以上分析，本章提出来的反演廓线的验证方法可分为两部分：反演廓线参与计算的反演基模拟亮温和参考大气数据所计算的参考模拟亮温的对比；根据微波探测仪各通道的主要探测压强范围对反演结果进行验证。

7.3.2　反演基模拟亮温和参考模拟亮温的对比

以 MWHTS 为例，反演基模拟亮温和参考模拟亮温的对比流程如下：首先，根据第 5 章中基于观测亮温的统计反演方案，利用 MWHTS 验证数据集中的观测亮温反演温湿廓线；然后，把温湿廓线的反演值取代 MWHTS 验证数据集中参考大气数据中的温湿廓线，建立反演基大气数据，把反演基大气数据输入到 RTTOV，计算反演基模拟亮温；最后，计算 MWHTS 各通道的反演基模拟亮温与观测亮温之间的均方根误差(即反演基 RMSE)，同时计算参考模拟亮温与观测亮温之间的均方根误差(即参考 RMSE)，对比哪类模拟亮温更接近观测亮温。MWHTS 反演基模拟亮温和参考模拟亮温的对比流程总结如图 7.1 所示。

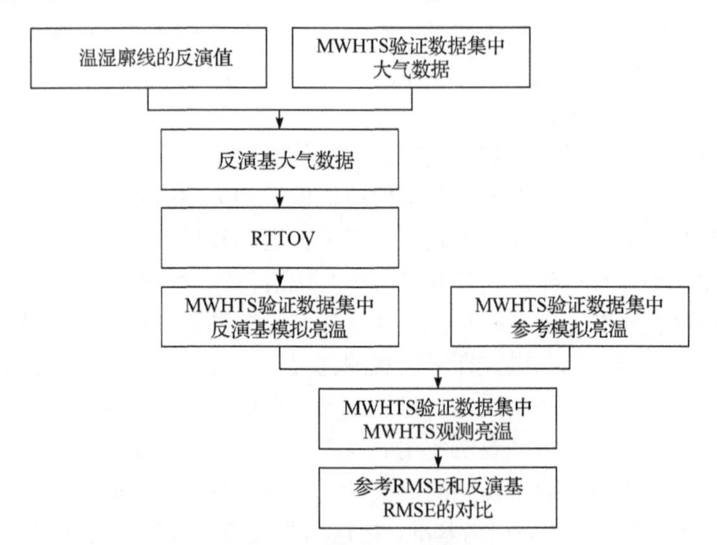

图 7.1　MWHTS 反演基模拟亮温和参考模拟亮温的对比

与 MWHTS 反演基模拟亮温和参考模拟亮温的对比操作相同，当使用 MWTS-II 反演的温度廓线取代 MWTS-II 验证数据集中参考大气数据中的温度廓线来建立反演基大气数据，可获得 MWTS-II 反演基模拟亮温，进而实现 MWTS-II 反演基模拟亮温与参考模拟亮温的对比。

7.3.3　根据微波探测仪各通道的主要探测范围验证反演结果

根据微波探测仪各通道的主要探测压强范围来验证反演结果的关键在于判断微波探测仪每个通道主要探测的压强分层，这可以通过统计微波探测仪的通道权重函数峰值的分布特征来实现。虽然第 1 章中图 1.3 和图 1.4 分别呈现了 MWHTS

和 MWTS-II 的权重函数分布，并可以判断每个通道的主要探测压强范围，然而该通道权重函数的计算结果是在晴空条件下计算产生的，并未考虑云和雨等水汽凝结物带来的影响。为了更加精确地统计在全天候条件下 MWTS-II 和 MWHTS 通道权重函数的峰值分布特征，本章使用分析数据集中的参考大气数据计算 MWTS-II 和 MWHTS 通道权重函数。

以 MWHTS 各通道主要探测压强范围的判定为例。具体操作为：把 MWHTS 分析数据集中的参考大气数据输入到 RTTOV 计算每个通道的通道权重函数，每组参考大气数据对应一组通道权重函数；统计每个通道权重函数的峰值分布的压强层，进而确定每个通道的主要探测压强范围。根据 MWHTS 各通道中反演基模拟亮温和参考模拟亮温的对比结果以及 MWHTS 各通道的主要探测压强范围，通过把反演温湿廓线与验证数据集中的参考温湿廓线进行对比，实现反演结果的验证。按照相同的操作，也可获取 MWTS-II 各通道的主要探测压强范围，进而实现对 MWTS-II 反演温度廓线的验证。根据微波探测仪各通道的主要探测压强范围验证反演结果的流程如图 7.2 所示。按照 7.3.2 和 7.3.3 节的操作，可以建立基于微波探测仪观测的反演大气廓线的验证方法，进而实现在特定的压强范围内，以参考大气廓线为辅助对反演大气廓线进行验证。

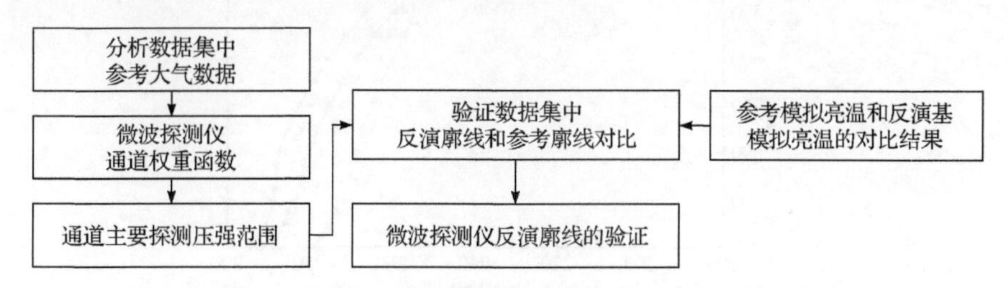

图 7.2　微波探测仪各通道主要探测范围的确定及其反演结果的验证

7.4　反演结果及其验证

为了实现基于微波探测仪观测的反演大气廓线的验证，主要开展了 MWTS-II 对温度廓线的反演实验、MWTS-II 反演结果的验证实验、MWHTS 对温湿廓线的反演实验及 MWHTS 反演结果的验证实验。本节主要呈现了以再分析数据为参考数据的传统验证方法和本章提出的以微波探测仪观测为参考数据的验证方法分别对微波探测仪反演大气廓线的验证结果，具体包括：以 ERA5 温度廓线为参考数据和以 MWTS-II 观测亮温为参考数据分别对 MWTS-II 反演温度廓线的验证结果，以及以 ERA5 温湿廓线为参考数据和以 MWHTS 观测亮温为参考数据分别对 MWHTS 反演温湿廓线的验证结果。

7.4.1　MWTS-II 反演温度廓线的验证

把 MWTS-II 验证数据集中的观测亮温输入到基于观测亮温的统计反演模型，可获得 MWTS-II 反演温度廓线。以 MWTS-II 验证数据集中 ERA5 温度廓线为参考值对温度廓线的反演值进行验证。随机选择三组温度廓线的反演值和相应的温度廓线参考值进行对比，如图 7.3 所示。随机选择的三条反演温度廓线可以捕捉到参考温度廓线在结构上的微小变化，例如，反演温度廓线在 100 hPa 处能够跟随参考温度廓线结构上的复杂变化。这说明本章采用的基于观测亮温的统计反演算法是可靠的，可以获取符合物理实际的反演廓线。同时每组反演廓线和参考廓线之间均存在一定程度的偏离，例如，反演廓线 3 与参考廓线 3 在 550 hPa 处存在约 3.6 K 的不一致。

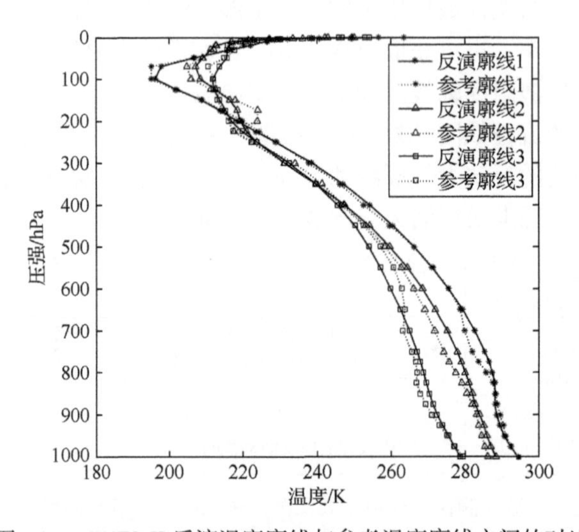

图 7.3　MWTS-II 反演温度廓线与参考温度廓线之间的对比

为了统计所有温度廓线的反演值与参考值之间的偏离情况，计算温度廓线参考值和反演值之间的平均偏差和均方根误差，如图 7.4 所示。

从图中看出，MWTS-II 反演温度廓线与参考温度廓线之间的偏差保持在 1 K 以内，其中在 5 hPa 附近的偏差最大，约为 0.9 K。对于反演值和参考值之间的均方根误差来说，除了在大气层顶附近较大外，在其余压强处均保持在 2 K 附近，其中在 200 hPa 附近的均方根误差最大，约为 2.7 K。需要注意的是，以上关于 MWTS-II 反演温度廓线的验证使用的参考数据是 ERA5 再分析数据，而非真实廓线。那么就存在反演温度廓线比 ERA5 温度廓线更加接近真实廓线的可能。因此，为了进一步验证 MWTS-II 对温度廓线的反演结果，使用 MWTS-II 观测亮温为参考数据对反演温度廓线进行了验证。

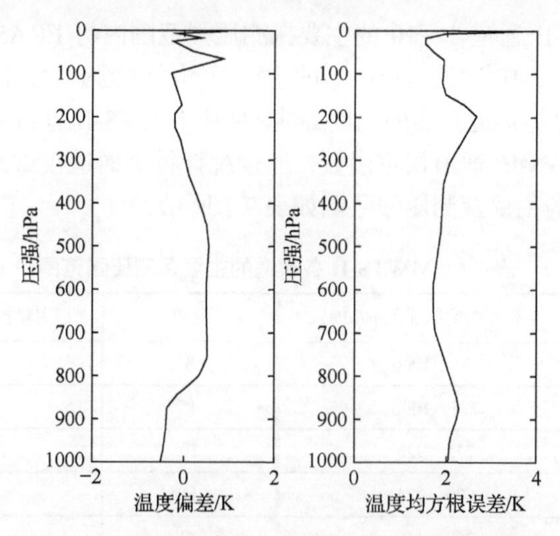

图 7.4　MWTS-II 反演温度廓线与参考廓线之间的偏差和均方根误差

根据 7.3 节中建立的验证方法，MWTS-II 反演温度廓线参与计算的反演基模拟亮温和参考大气数据所计算的参考模拟亮温分别与观测亮温之间的均方根误差如图 7.5 所示。

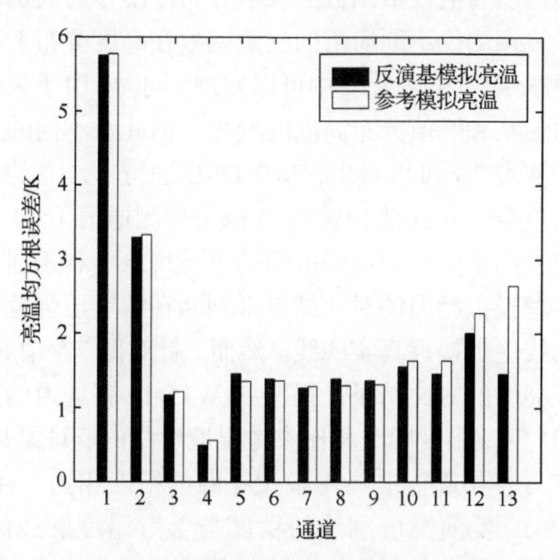

图 7.5　MWTS-II 反演基模拟亮温与参考模拟亮温的精度对比

从图中可以看出，MWTS-II 通道 1～10 的反演基模拟亮温和参考模拟亮温的精度相当，精度差异均保持在 0.1 K 以内。在 MWTS-II 通道 11～13 中，反演基模拟亮温的精度明显高于参考模拟亮温的精度，分别高约 0.18 K、0.26 K 和 1.20 K。根据反演基模拟亮温和参考模拟亮温的精度对比结果可以推断，反演温度廓线在 MWTS-II 通道 1～10 的主要探测压强范围内与 ERA5 温度廓线的精度相当，而在 MWTS-II 通道 11～13 的主要探测压强范围内，反演温度廓线相比 ERA5 温度廓线更加接近真实的温度廓线。使用 MWTS-II 分析数据集中的参考大气数据计算 MWTS-II 通道权重函数，通过统计每个通道权重函数的峰值分布高度，确定各通道的主要探测压强范围如表 7.1 所示。

表 7.1 MWTS-II 各通道的主要探测压强范围

通道	主要探测的压强范围/hPa	通道	主要探测的压强范围/hPa
1	775～1000	8	125～70
2	775～1000	9	70～30
3	775～925	10	30
4	600～775	11	10
5	250～450	12	5～7
6	175～250	13	3
7	125～175		

在本章研究中，以通道权重函数的峰值分布范围作为通道的主要探测压强范围。然而，星载微波探测仪不同通道的权重函数在高度分布上是有重叠的，这一现象在第 1 章中的图 1.13 和图 1.14 中可以发现。同时，由于天气条件的变化会导致通道权重函数的形状和峰值分布高度的变化，因此，不同的通道有可能会探测相同的压强范围。从表 7.1 可以看出，MWTS-II 通道 1～10 的主要探测压强范围存在着不同程度的重合，尤其是 MWTS-II 低空探测通道 1～4。

微波探测仪通道的主要探测压强范围的重叠现象不利于通过某一个通道的反演基模拟亮温和参考模拟亮温的对比结果来判断在特定压强范围内是反演温度廓线还是参考温度廓线更加接近真实廓线。然而，针对图 7.5 中 MWTS-II 反演基模拟亮温和参考模拟亮温的对比结果，根据 MWTS-II 各通道的主要探测压强范围可以获得 MWTS-II 反演温度廓线相比参考温度廓线的验证结果：由于 MWTS-II 通道 1～10 中反演基模拟亮温和参考模拟亮温的精度相当，在 30～1000 hPa 压强范围内，MWTS-II 反演温度廓线的精度与参考温度廓线的精度相当；由于 MWTS-II 通道 11～13 中反演基模拟亮温的精度明显高于参考模拟亮温的精度，在 3～30 hPa 压强范围内，MWTS-II 反演温度廓线的精度高于参考温度廓线的精度。

7.4.2 MWHTS 反演温湿廓线的验证

把 MWHTS 验证数据集中观测亮温输入到基于观测亮温的统计反演模型，可获得 MWHTS 反演温湿廓线，以 MWHTS 验证数据集中 ERA5 温湿廓线为参考值对温湿廓线的反演值进行验证。随机选择三组温湿廓线的反演值和相应的温湿廓线参考值进行对比，如图 7.6 所示。与 MWTS-II 反演温度廓线相似，随机选择的三条 MWHTS 反演温度廓线与参考温度廓线有相同的变化趋势，并可以捕捉到参考温度廓线在 100 hPa 附近结构上的变化。同样，反演温度廓线和参考温度廓线存在一定程度的偏离，例如，在 650 hPa 附近反演廓线 1 和参考廓线 1 之间存在约 3.8 K 的不一致。对于 MWHTS 反演湿度廓线而言，随机选择的三条反演湿度廓线虽然可以跟随参考湿度廓线的变化趋势，但是并不能捕捉参考湿度廓线在结构上的微小变化。例如，在 400～1000 hPa 范围内反演湿度廓线 2 和参考湿度廓线 2 有相同的变化趋势，但这两条廓线也存在着很大的不一致，在 700 hPa 附近的偏离程度最大，约为 28%。

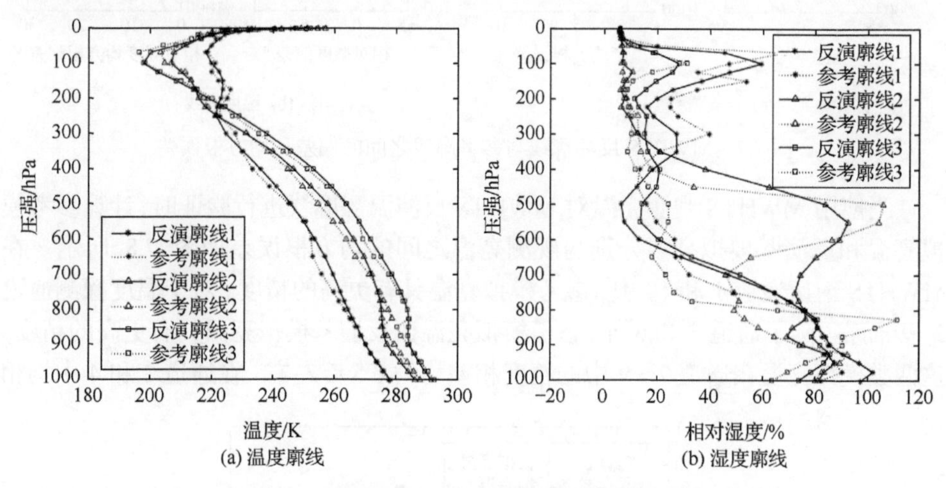

(a) 温度廓线　(b) 湿度廓线

图 7.6　MWHTS 反演廓线和参考廓线的对比

对比温度廓线和湿度廓线的反演个例可以发现，从捕捉廓线结构上细微变化的角度而言，湿度廓线的反演难度更高，其主要原因在于温度的时空变化通常情况下是平稳的，而湿度廓线具有剧烈的时空变化特征，反演算法对这些剧烈变化的时空特征的描述是困难的。为了统计 MWHTS 反演温湿廓线与参考温湿廓线之间的偏离情况，计算温湿廓线参考值和反演值之间的平均偏差和均方根误差，如图 7.7 所示。对于温度廓线而言，MWHTS 反演温度廓线与参考温度廓线之间的偏差除了在大气层顶较大外，在其余压强层处均保持在 3 K 以内。温度廓线反演值和参考值之间的均方根误差在两处较大，即大气层顶附近约 6 K 以及 400 hPa 附近约 4 K，而在其余压强层处均保持在 3 K 以内。对于湿度廓线而言，湿度廓线的反演值和参考值除了在 150～225 hPa 范围内有约 6%的偏差外，在其余压强层处的偏差均保持在 4%以内。湿度廓线的反演值与参考值之间的均方根误差均保持在 20%以内。需要注意的是，以上对 MWHTS 反演温湿廓线的验证使用的同样是 ERA5 再分析数据，而非真实廓线。

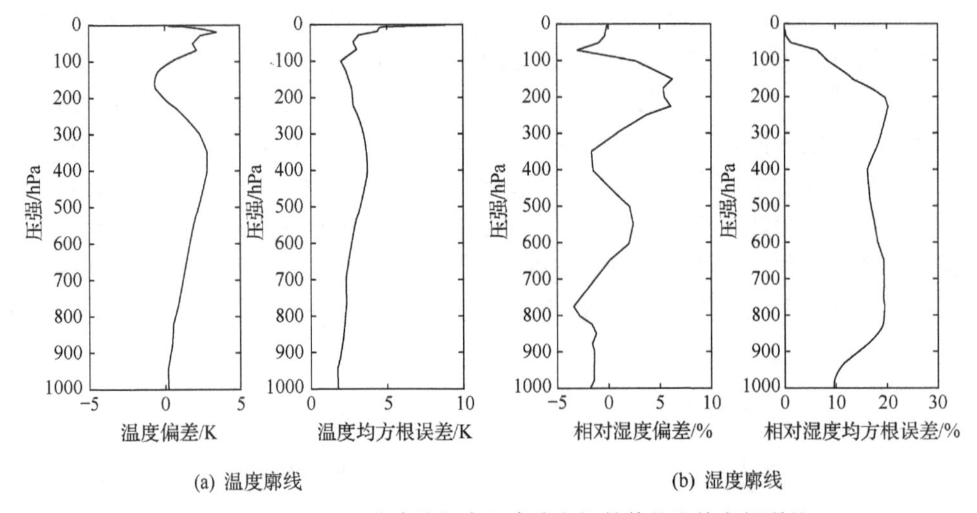

图 7.7　MWHTS 反演廓线与参考廓线之间的偏差和均方根误差

当使用 MWHTS 观测亮温对 MWHTS 反演温湿廓线进行验证时，计算参考模拟亮温和反演基模拟亮温分别与观测亮温之间的均方根误差如图 7.8 所示。在 MWHTS 窗区通道 1 和 10 中，参考模拟亮温具有更高的精度。对于温度探测通道 2～9 而言，除了通道 3 和 6 外，参考模拟亮温比反演基模拟亮温具有更高的精度。这两类模拟亮温在通道 7～9 中的精度相差均约 0.5 K 左右，在通道 2 和 4 中均相

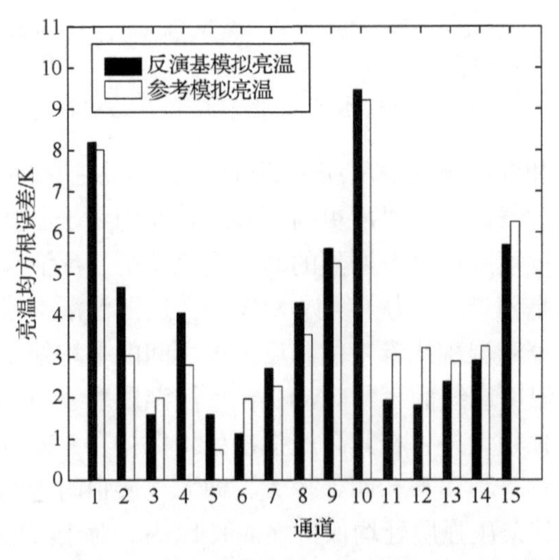

图 7.8　MWHTS 反演基模拟亮温与参考模拟亮温的精度对比

差 1 K 以上。在湿度探测通道 11～15 中，反演基模拟亮温比参考模拟亮温的精度更高，这两类模拟亮温在通道 11 和 12 中的精度差异最为明显，分别为 1.18 K 和 1.35 K。根据反演基模拟亮温和参考模拟亮温的精度对比可以推断出，反演温度廓线在通道 3 和 6 的主要探测压强范围比参考温度廓线更接近真实的温度廓线，而在其余压强范围内不如参考温度廓线更加接近真实的温度廓线。反演湿度廓线在通道 11～15 的主要探测压强范围比参考湿度廓线更加接近真实的湿度廓线。

通过统计使用 MWHTS 分析数据集计算的通道权重函数的峰值分布来确定 MWHTS 各通道的主要探测压强范围，进而可从压强的角度呈现 MWHTS 反演温湿廓线的验证结果。MWHTS 各通道的主要探测压强范围如表 7.2 所示。根据 MWHTS 反演基模拟亮温和参考模拟亮温的对比结果，MWHTS 通道 6 的反演基模拟亮温的精度更高，而该通道的主要探测压强范围为 250～775 hPa，这一主要探测压强范围与 MWHTS 通道 5 和 7～9 的主要探测压强范围均有重合。然而，在 MWHTS 通道 5 和 7～9 中反演基模拟亮温的精度低于参考模拟亮温的精度。因此并不能针对 MWHTS 通道 6 中参考模拟亮温和反演基模拟亮温的对比结果来评价温度廓线的反演精度。根据 MWHTS 通道 3 的反演基模拟亮温的精度更高，同时该通道的主要探测压强范围为 50 hPa 这一结果可以推断出，反演温度廓线在 50 hPa 附近比参考温度廓线更加接近真实的温度廓线，而在其余压强处不如 ERA5 温度廓线更加接近真实的温度廓线。由于 MWHTS 反演基模拟亮温的精度在湿度探测通道 11～15 中均高于参考模拟亮温的精度，因此在通道 11～15 的主要探测压强范围 350～925 hPa 内，MWHTS 反演的湿度廓线比参考湿度廓线更加接近真实的湿度廓线。

表 7.2　MWHTS 各通道主要探测压强范围

通道	主要探测的压强范围/hPa	通道	主要探测的压强范围/hPa
1	850～1000	9	775～1000
2	30	10	775～1000
3	50	11	350～750
4	100	12	350～850
5	250	13	450～850
6	250～775	14	500～925
7	775～1000	15	550～925
8	775～1000		

根据以上分析，当以微波探测仪观测亮温为参考数据来验证微波探测仪的反演结果时，在以再分析数据为参考数据的验证结果的基础上可以提供更多的参考，

具体为：以 MWTS-II 观测亮温验证 MWTS-II 反演温度廓线时，在 30～1000 hPa 压强范围内 MWTS-II 反演温度廓线精度与 ERA5 温度廓线的精度相当，而在 3～30 hPa 范围内 MWTS-II 反演温度廓线的精度高于 ERA5 温度廓线的精度；以 MWHTS 观测亮温验证 MWHTS 反演温湿廓线时，在 50 hPa 附近 MWHTS 反演温度廓线的精度高于 ERA5 温度廓线的精度，而在其余压强处反演温度廓线的精度不如 ERA5 温度廓线的精度，在 350～925 hPa 范围内 MWHTS 反演湿度廓线精度高于 ERA5 湿度廓线精度。

7.5 本章小结

本章使用微波探测仪观测为参考数据对微波探测仪反演的温湿廓线开展了验证研究。通过对反演廓线参与辐射传输计算产生的模拟亮温和再分析数据 ERA5 提供的大气参数所计算的模拟亮温的对比，以及微波探测仪各通道的主要探测压强范围的判断，实现了在特定压强范围内对反演廓线和 ERA5 廓线的对比评价，为微波探测仪反演大气廓线的应用提供了更多参考。当以 MWTS-II 观测亮温为参考数据验证 MWTS-II 反演结果时，MWTS-II 反演温度廓线在 3～30 hPa 范围内的精度高于 ERA5 温度廓线的精度，而在其余压强范围内两类温度廓线的精度相当。当以 MWHTS 观测亮温为参考数据验证 MWHTS 反演结果时，MWHTS 反演温度廓线的精度在 50 hPa 附近高于 ERA5 温度廓线的精度，而在其余压强处不如 ERA5 温度廓线的精度，MWHTS 反演湿度廓线的精度在 350～925 hPa 范围内高于 ERA5 湿度廓线的精度。

需要注意的是，本章开展的基于微波探测仪观测的微波探测仪反演大气廓线的验证研究从本质上来讲是反演大气廓线与 ERA5 大气廓线的对比验证，如果引入更多的参考数据，如 RAOB 或者其他卫星反演产品等，有可能会获得更多有价值的验证结果。因此引入更多类型的大气数据验证微波探测仪的反演廓线是下一步的工作重点。另外，本章开展的微波探测仪反演廓线的验证研究是在全天候条件下进行的，根据天气条件分类开展大气参数的反演及验证，有望获取更多有价值的验证结果，这也是接下来的重点研究方向。

参考文献

[1] Yang Z, Lu N, Shi J, et al. Overview of FY-3 payload and ground application system[J]. IEEE Transactions on Geoscience and Remote Sensing, 2012, 50(12): 4846-4853.

[2] Yang J X, Lee Y K, Grassotti C, et al. Atmospheric humidity and temperature sounding from the CubeSat tropics mission: Early performance evaluation with MiRS[J]. Remote Sensing of

Environment, 2023, 287: 113479.

[3] Sivira R G, Brogniez H, Mallet C, et al. A layer-averaged relative humidity profile retrieval for microwave observations: Design and results for the Megha-Tropiques payload[J]. Atmospheric Measurement Techniques, 2015, 8(3): 1055-1071.

[4] Newman S, Carminati F, Lawrence H, et al. Assessment of new satellite missions within the framework of numerical weather prediction[J]. Remote Sensing, 2020, 12(10): 1580.

[5] Zhang Q, Ye J, Zhang S, et al. Precipitable water vapor retrieval and analysis by multiple data sources: Ground-based GNSS, radio occultation, radiosonde, microwave satellite, and NWP reanalysis data[J]. Journal of Sensors, 2018, 2018: 1-13.

[6] Dee D P, Uppala S M, Simmons A J, et al. The ERA - Interim reanalysis: Configuration and performance of the data assimilation system[J]. Quarterly Journal of the Royal Meteorological Society, 2011, 137(656): 553-597.

[7] Chen B, Liu Z. Global water vapor variability and trend from the latest 36 year (1979 to 2014) data of ECMWF and NCEP reanalyses, radiosonde, GPS, and microwave satellite[J]. Journal of Geophysical Research: Atmospheres, 2016, 121(19): 11442-11462.

[8] 何杰颖. 微波/毫米波大气温湿度探测定标与反演的理论和方法研究[D]. 北京：中国科学院大学, 2012.

[9] 王寅虎, 孙龙祥. 应用 ATOVS 资料反演大气温湿廓线[J]. 气象科学, 2001, 21(3): 348-354.

[10] 马舒庆, 李峰, 邢毅. 从毛里求斯国际探空系统对比看全球探空技术的发展[J]. 气象科技, 2006, 34(5): 606-609.

[11] Rosenkranz P W. Retrieval of temperature and moisture profiles from AMSU-A and AMSU-B measurements[J]. IEEE Transactions on Geoscience and Remote Sensing, 2001, 39(11): 2429-2435.

[12] Chen X, Valencia R, Soleymani A, et al. Predicting sea ice concentration with uncertainty quantification using passive microwave and reanalysis data: A case study in Baffin Bay[J]. IEEE Transactions on Geoscience and Remote Sensing, 2023, 61:1-13.

[13] Papa M, Mattioli V, Montopoli M, et al. Investigating spaceborne millimeter-wave ice cloud imager geolocation using landmark targets and frequency-scaling approach[J]. IEEE Transactions on Geoscience and Remote Sensing, 2021, 60: 1-17.

[14] Andronache C. Remote Sensing of Clouds and Precipitation[M]. Berlin: Springer, 2018.

[15] Ulaby F T, Moore R K, Fung A K. Microwave Remote Sensing: Active and Passive[M]. MA: Addison-Wesley, 1981.

[16] Blackwell W J, Chen F W. Neural Networks in Atmospheric Remote Sensing[M]. Norwood: Artech House, 2009.

[17] Marzano F S, Visconti G. Remote Sensing of Atmosphere and Ocean from Space: Models, Instruments and Techniques[M]. Berlin: Springer, 2003.

[18] Belmonte R M, Stoffelen A. Characterizing ERA-Interim and ERA5 surface wind biases using ASCAT[J]. Ocean Science, 2019, 15(3): 831-852.

[19] Hersbach H, Bell B, Berrisford P, et al. The ERA5 global reanalysis[J]. Quarterly Journal of the Royal Meteorological Society, 2020, 146(730): 1999-2049.

[20] 贺秋瑞. FY-3C 卫星微波湿温探测仪反演大气温湿廓线研究[D]. 北京: 中国科学院大学, 2017.

[21] Aulign é T, McNally A P, Dee D P. Adaptive bias correction for satellite data in a numerical weather prediction system[J]. Quarterly Journal of the Royal Meteorological Society, 2007, 133(624): 631-642.

[22] Zhu Y, Derber J, Collard A, et al. Enhanced radiance bias correction in the national centers for environmental prediction's gridpoint statistical interpolation data assimilation system[J]. Quarterly Journal of the Royal Meteorological Society, 2014, 140(682): 1479-1492.

[23] Chandramouli K, Wang X, Johnson A, et al. Online nonlinear bias correction in ensemble Kalman filter to assimilate GOES-R all-sky radiances for the analysis and prediction of rapidly developing supercells[J]. Journal of Advances in Modeling Earth Systems, 2022, 14(3): 1-25.

第 8 章 MWHTS 和 MWTS-II 融合反演海面气压

8.1 引言

海面气压作为描述大气状态的基本参数，在数值天气预报、热带气旋分析和预报以及气候学研究等应用领域发挥了重要作用[1-5]。同时，海面气压在大气遥感领域的各种理论研究中的地位举足轻重，例如，海面气压作为微波辐射传输路径的端点，对微波探测仪的模拟观测量的计算有直接影响，进而影响微波观测数据的应用效果。由于海面气压在各种理论和应用研究中的重要性，高精度海面气压的获取一直是大气科学领域的研究热点。

目前，海面气压数据获取的传统方式主要是浮标、商船、机载平台下投探空仪等直接测量手段。直接测量的数据存在空间分辨率低、探测成本高、探测精度不统一等缺点，限制了海面气压在大气科学中的应用效果和范围[6]。在海面气压的众多遥感测量手段中，如光栅光谱仪、机载差分吸收雷达、全球定位系统(global position system，GPS)掩星探测等，星载微波遥感观测具有探测区域广、水平分辨率高、可密集观测等优势，可获得连续的、高时空分辨率的海面气压数据[7-9]。星载微波散射计目前是获取海面气压数据的重要手段，通过对海面风场的测量实现海面气压数据的获取[10,11]。微波散射计把测量到的海面风场数据转换为海面气压数据的过程中需要可靠的海面气压测量值以及可靠的大气温湿廓线进行订正，对第三方数据源的依赖性影响了其探测海面气压的精度[12,13]。

星载微波探测仪作为一种被动微波遥感仪器，可通过测量氧气垂直柱的总吸收实现对海面气压的探测[14,15]。在微波波段，氧气吸收谱线具有明显的频率分区特征，有一条共振吸收线位于 118.75 GHz，而其余 45 条谱线形成一个以 60 GHz 为中心的共振吸收带[16]。目前，设置在 118 GHz 频段的 MWHTS，设置在 60 GHz 频段的 MWTS-II、AMSU、ATMS 等星载微波探测仪均可实现海面气压的探测。张子瑾等已开展了基于 ATMS 观测亮温的海面气压反演研究，其实验结果表明了星载微波探测仪在晴空和有云条件下可分别获得精度为 2 hPa 和 3 hPa 的海面气压数据，该精度可满足大气科学领域对海面气压的应用需求。同时，他们通过 MWHTS 反演海面气压实验证明了 183 GHz 通道对海面气压的反演有显著贡献[17,18]。然而，虽然 60 GHz、118 GHz、183 GHz 均具有海面气压的探测能力，但是基于 60 GHz、118 GHz、183 GHz 多频段观测数据融合反演海面气压的研究鲜有报道。

通常情况下，多种遥感平台或多频段的联合探测，有望获得更为丰富的大气参数信息，进而实现对大气参数的高精度反演[19-21]。设置在 118 GHz 和 183 GHz 频段的 MWHTS 和设置在 60 GHz 频段的 MWTS-II 均搭载于 FY-3 卫星，为融合 60 GHz、118 GHz 和 183 GHz 频段的遥感数据反演海面气压提供了机会。本章针对 60 GHz、118 GHz 和 183 GHz 遥感数据，开展了 MWHTS 和 MWTS-II 融合反演海面气压研究，具体包括被动微波遥感海面气压的理论分析，以及 MWHTS 和 MWTS-II 对海面气压的敏感性测试实验,在此基础上提出了 MWHTS 和 MWTS-II 融合反演海面气压方案，通过反演实验建立了 MWHTS 和 MWTS-II 融合反演海面气压的最优通道组合，实现了 MWHTS 和 MWTS-II 融合反演高精度海面气压的目的。

本章 8.2 节描述了研究中所使用的数据和数据预处理方法；8.3 节阐述了星载微波遥感海面气压原理，并开展了 MWHTS 和 MWTS-II 对海面气压的敏感性测试；8.4 节建立了 MWHTS 和 MWTS-II 融合反演海面气压的理论通道组合和最优理论通道组合,并设计了海面气压的融合反演实验;8.5 节是 MWHTS 和 MWTS-II 融合反演海面气压的实验结果；8.6 节是对本章内容的总结。

8.2　数据及预处理

本章使用的研究数据包括：MWTS-II 和 MWHTS 观测亮温数据，以及由 ECMWF ERA-Interim 再分析数据集中的廓线数据和地表参数组成的大气数据集。大气数据集中的廓线数据包括：温度廓线、湿度廓线、云水廓线，从地面到高空分为 37 层；地表参数包括：2 m 温度、2 m 湿度、表面压强、表皮温度、10 m 风速。廓线数据和地表参数的空间分辨率为 0.5°×0.5°，时间采样点为 00:00、06:00、12:00 和 18:00 UTC 四个时刻。研究数据所选择的时间范围为 2018 年 9 月～2019 年 8 月，地理范围为随机选择的海洋区域(25°N～45°N，160°E～220°E)。

数据预处理流程为：首先，把 MWHTS 和 MWTS-II 的观测亮温按照经纬度误差均小于 0.1°，且时间误差小于 2 s 的匹配规则进行匹配，形成亮温匹配对；其次，把亮温匹配对与大气数据集按照经纬度误差均小于 0.1°，且时间误差小于 0.5 h 的匹配规则再进行匹配，形成匹配数据集；然后，把匹配数据集中的大气参数输入到 RTTOV，计算 MWHTS 和 MWTS-II 的模拟亮温；最后，在包含 MWHTS 和 MWTS-II 观测亮温、模拟亮温和大气数据集的匹配数据集中，选择 2018 年 9 月～2019 年 6 月的匹配数据形成分析数据集，剩下匹配数据形成验证数据集。数据预处理流程如图 8.1 所示。

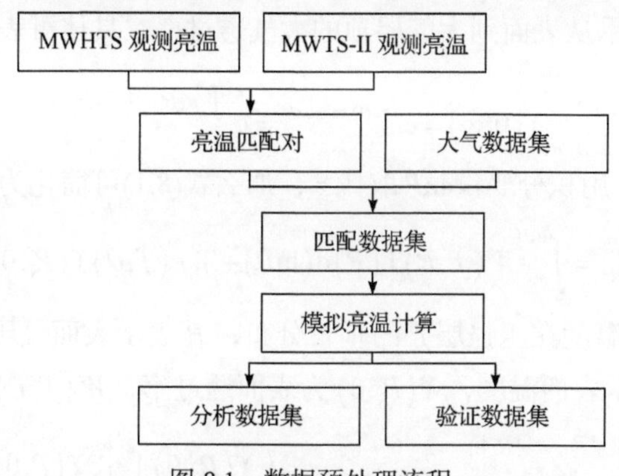

图 8.1　数据预处理流程

8.3　星载微波遥感海面气压原理

本节从海面气压和大气透过率之间关系的角度分析了被动微波遥感海面气压的理论原理，利用基于辐射传输模型的 MWHTS 和 MWTS-II 对海面气压的敏感性测试方法测试了微波观测与海面气压之间的关系。除此之外，为了充分利用 MWHTS 和 MWTS-II 观测中有关海面气压的探测信息，开展了 MWHTS 和 MWTS-II 通道观测间的相关性分析。

8.3.1　微波遥感海面气压理论基础

根据第 2 章所述，星载微波探测仪的观测亮温表示为[16,22]

$$T_{\mathrm{B}}=T_{\mathrm{UP}}(f,\theta)+T_{\mathrm{SKY}}(f,\theta)\Gamma\Upsilon(0,\infty)+T_{\mathrm{SE}}\Upsilon(0,\infty) \tag{8.1}$$

式中，$T_{\mathrm{UP}}(f,\theta)$ 和 $T_{\mathrm{SKY}}(f,\theta)$ 分别表示在频率 f 和观测角 θ 时的上行和下行辐射亮温，并可进一步的表示为

$$T_{\mathrm{UP}}(f,\theta)=\sec\theta\int_0^{\infty}\kappa_{\mathrm{a}}(f,z)T(z)\mathrm{e}^{-\tau_0(z,\infty)\sec\theta}\mathrm{d}z \tag{8.2}$$

$$T_{\mathrm{SKY}}(f,\theta)=T_{\mathrm{EXTRA}}\mathrm{e}^{-\tau_0(0,\infty)\sec\theta}+\sec\theta\int_0^{\infty}\kappa_{\mathrm{a}}(f,z)T(z)\mathrm{e}^{-\tau_0(0,z)\sec\theta}\mathrm{d}z \tag{8.3}$$

式中，$\kappa_{\mathrm{a}}(f,z)$ 为在高度 z 处的吸收系数，通常包含三部分：氧气吸收系数、水汽吸收系数和液水吸收系数；$T(z)$ 表示温度廓线；T_{EXTRA} 表示冷空背景辐射；T_{SE} 表示表面亮温；Γ 表示表面反射率；$\tau_0(0,z)$ 表示从表面到高度 z 处的光学厚度，具体可表示为

$$\tau_0(0,z)=\int_0^{z}\kappa_{\mathrm{a}}(f,z')\mathrm{d}z' \tag{8.4}$$

另外，$\Upsilon(0,\infty)$ 表示从表面到大气层顶的大气透过率，具体可表示为

$$\Upsilon(0,\infty)=\mathrm{e}^{-\tau_0(0,\infty)\sec\theta}=\mathrm{e}^{-\int_0^{\infty}\kappa_{\mathrm{a}}(f,z)\sec\theta\mathrm{d}z} \tag{8.5}$$

根据式(8.5)，用积分变量 $\ln P$ 取代 z，那么式(8.1)可简化为

$$T_{\mathrm{B}}=\int_{-\infty}^{\ln P_{\mathrm{S}}}W(f,P)\mathrm{T}(P)\mathrm{d}(\ln P)+\mathrm{T_S}\varepsilon(f,\theta)\Upsilon(P_{\mathrm{S}},0) \tag{8.6}$$

式中，$T(P)$ 表示温度在压强层 P 的垂直分布，P_{S} 表示表面气压，$\varepsilon(f,\theta)$ 表示表面发射率，T_{S} 表示表面温度，$\Upsilon(P_{\mathrm{S}},0)$ 为表面透过率，$W(f,P)$ 具体表示为

$$W(f,P)=\left[1+\left(1-\varepsilon(f,\theta)\right)\left(\frac{\Upsilon(P_{\mathrm{S}},0)}{\Upsilon(P,0)}\right)^2\right]\frac{\partial\Upsilon(P,0)}{\partial(\ln P)} \tag{8.7}$$

根据式(8.6)可以发现，大气透过率 Υ 直接影响卫星的观测亮温，同时海面气压作为星载微波探测仪探测路径的端点，不仅参与了大气吸收辐射的计算，而且对表面辐射的传输有重要影响。然而，尽管海面气压作为式(8.6)的一个积分限建立了与卫星观测亮温的联系，但是当表面透过率 $\Upsilon(P_{\mathrm{S}},0)$ 为 0 时，海面气压对观测亮温的影响较小或者没有影响。那么根据微波遥感海面气压理论分析可以得出结论：海面气压对具有非零表面透过率的通道观测有重要影响，而对具有零值表面透过率的通道观测影响较小。

把分析数据集中的大气参数输入到 RTTOV 分别计算 MWHTS 和 MWTS-II 各通道的表面透过率，每个通道表面透过率的平均值如图 8.2 所示。MWHTS 通

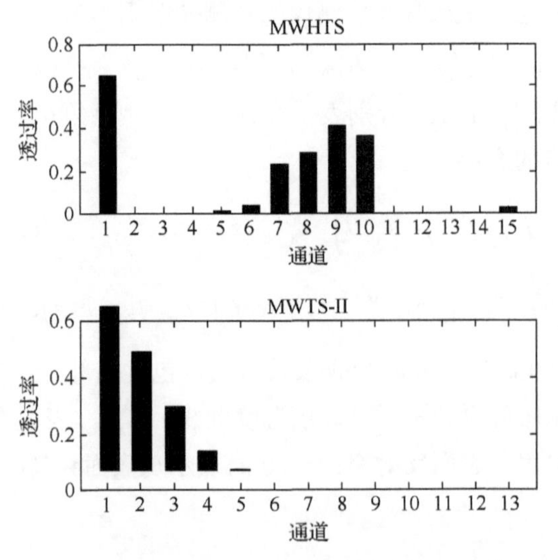

图 8.2　MWHTS 和 MWTS-II 各通道表面透过率的平均值

道 1、5～10 和 15 的表面透过率不为零，MWTS-II 通道 1～5 的表面透过率不为零。因此，MWHTS 通道 1，5～10 和 15 对海面气压敏感，而 MWHTS 其余通道可能对海面气压不敏感；MWTS-II 通道 1～5 对海面气压敏感，而 MWTS-II 其余通道可能对海面气压不敏感。

然而，从 MWHTS 和 MWTS-II 通道权重函数分布可以发现，不同的通道有可能探测相同的大气分层或者地表信息，那么通道间的观测有可能存在相关性。因此可以推断：具有非零表面透过率的通道观测中包含海面气压信息，而由于通道间的相关性，具有零值表面透过率的通道观测中也可能包含海面气压信息。为了验证这一推论，计算分析数据集中 MWHTS 和 MWTS-II 非零值表面透过率的通道观测和零值表面透过率的通道观测之间的相关性，计算结果如表 8.1 所示。其中 H-n(n = 1, 2, 3, …, 15)表示 MWHTS 通道，T-m(m = 1, 2, 3, …, 13)表示 MWTS-II 通道。

表 8.1　零值表面透过率通道与非零值表面透过率通道观测之间的相关性

通道	相关系数												
	H-1	H-5	H-6	H-7	H-8	H-9	H-10	H-15	T-1	T-2	T-3	T-4	T-5
H-2	0.38	−0.22	−0.17	0.22	0.28	0.36	0.32	−0.10	0.39	0.38	0.21	−0.09	−0.16
H-3	−0.03	−0.09	−0.23	−0.25	−0.20	−0.09	−0.15	−0.40	0.02	−0.06	−0.41	−0.35	−0.21
H-4	−0.31	0.15	−0.09	−0.47	−0.45	−0.38	−0.41	−0.49	−0.30	−0.41	−0.56	−0.28	−0.06
H-11	−0.18	0.38	0.40	0.08	−0.01	−0.13	−0.08	0.62	−0.26	−0.20	0.12	−0.32	0.37
H-12	−0.12	0.42	0.47	0.18	0.10	−0.04	0.01	0.74	−0.24	−0.16	0.22	−0.26	0.43
H-13	−0.06	0.42	0.49	0.25	0.17	0.02	0.08	0.83	−0.20	−0.11	0.30	−0.22	0.46
H-14	−0.01	0.44	0.54	0.32	0.24	0.09	0.15	0.90	−0.20	−0.09	0.37	−0.17	0.50
T-6	−0.19	0.98	0.91	0.16	0.04	−0.11	−0.03	0.29	−0.67	−0.60	0.10	0.76	0.92
T-7	−0.42	0.68	0.45	−0.33	−0.39	−0.43	−0.40	−0.20	−0.65	−0.67	−0.42	0.18	0.47
T-8	−0.15	−0.10	−0.29	−0.40	−0.35	−0.23	−0.29	−0.44	−0.05	−0.17	−0.54	−0.42	−0.26
T-9	0.22	−0.20	−0.25	−0.01	0.05	0.16	0.10	−0.22	0.26	0.21	−0.06	−0.27	−0.23
T-10	0.47	−0.27	−0.19	0.30	0.37	0.45	0.41	−0.06	0.47	0.48	0.29	−0.07	−0.18
T-11	0.50	−0.34	−0.20	0.38	0.44	0.51	0.49	0.08	0.52	0.54	0.38	−0.03	−0.19
T-12	0.47	−0.28	−0.12	0.40	0.44	0.48	0.48	0.16	0.46	0.50	0.42	0.06	−0.11
T-13	0.37	−0.02	0.13	0.41	0.41	0.40	0.42	0.25	0.26	0.32	0.44	0.25	0.11

尽管 MWHTS 通道 2、3 和 4 对海面气压不敏感，但它们的观测与对海面气压敏感的 MWTS-II 通道 1、MWTS-II 通道 3 和 MWTS-II 通道 3 的观测具有相关性，相关系数分别为 0.39、−0.41 和−0.56。MWHTS 通道 11～14 的观测与 MWHTS

通道 15 的观测具有很强的相关性，相关系数分别为 0.62、0.74、0.83 和 0.90。MWTS-II 通道 6 和 7 的观测与 MWHTS 通道 5 的观测也有很强的相关性，相关系数分别为 0.98 和 0.68。MWTS-II 通道 8～13 对海面气压不敏感，但是它们的观测分别与 MWTS-II 通道 4、通道 2、通道 2、通道 2 和通道 3 的观测相关，相关系数分别是−0.54、−0.27、0.48、0.54、0.50 和 0.44。另外，需要注意的是，主要用于探测湿度信息的 MWHTS 通道 15 与温度探测通道，如 MWHTS 通道 2、MWHTS 通道 3 和 MWTS-II 通道 8 也表现出了相关性。这可能是由于大气参数之间的相关性导致的。在实际大气中，大气参数之间是存在相关性的，如温度、湿度、压强等[23]。因此，除了不同的通道探测相同的大气参数信息外，大气参数之间的相关性也可能是导致通道间具有相关性的主要原因。

基于 MWHTS 和 MWTS-II 通道观测之间的相关性分析可提出理论假设：表面透过率为 0 的通道观测也包含海面气压信息，也可用来反演海面气压。因此，根据微波遥感海面气压的理论分析，为了充分利用 MWHTS 和 MWTS-II 观测中的海面气压信息，建立了一个包含 MWHTS 所有 15 个通道和 MWTS-II 所有 13 个通道的理论通道组合。然而，对于 MWHTS 和 MWTS-II 融合反演而言，MWHTS 和 MWTS-II 中每个通道是否对海面气压反演有贡献，需要通过海面气压的反演实验进行验证。

8.3.2 MWHTS 和 MWTS-II 对海面气压的敏感性测试

把人工扰动的大气参数输入到辐射传输模型计算模拟亮温，进而获得模拟亮温与大气参数之间的关系是微波遥感大气中传统的敏感性测试方法，尤其是测试被动微波观测对温度、湿度或云参数的敏感性[24-26]。在本章研究中，使用这一传统的敏感性测试方法来测试 MWHTS 和 MWTS-II 对海面气压的敏感性，其中辐射传输模型选择 RTTOV。区别于传统的敏感性测试方法，本章对敏感性测试所使用的大气参数来自 ERA-Interim 再分析数据集，而非人工扰动的大气数据，这样可使参与辐射传输计算的大气参数更加接近实际的大气状态。根据 8.3.1 节的理论分析，MWHTS 和 MWTS-II 中具有非零值表面透过率的通道和零值表面透过率的通道均对海面气压敏感，因此，本节对 MWHTS 和 MWTS-II 中所有通道对海面气压的敏感性进行测试。

本章开展的 MWHTS 和 MWTS-II 对海面气压的敏感性测试方法是把除了海面气压不同而其他参数相同的大气参数输入到 RTTOV，获得模拟亮温随海面气压的变化关系。然而，由于 MWHTS 和 MWTS-II 中每个通道在不同的压强层对温度、湿度和云水参数等具有不同的敏感性，因此需要为每个通道建立一个敏感性测试数据集，而该数据集需要满足除了海面气压外的其他大气参数对该通道的模拟亮温没有影响或者影响很小。与 8.2 节中大气数据集的建立方法相同，基于

2014 年 9 月～2019 年 8 月的大气数据集为 MWHTS 和 MWTS-II 每个通道建立敏感性测试数据集。

敏感性测试数据集的建立流程如下：首先，为了尽可能减小云和降水对模拟亮温的影响，同时考虑到可用数据的数据量，选择云水含量小于 0.01 mm 作为云滤除标准，只使用大气数据集中云水含量小于 0.01 mm 所对应的大气参数来建立敏感性测试数据集；然后，由于每个通道的亮温只在一些压强层受到大气参数的影响，因此需要确定 MWHTS 和 MWTS-II 每个通道的受影响压强层，而受影响压强层的确定是通过把扰动的大气参数输入到 RTTOV 计算模拟亮温来确定的；最后，计算大气数据集中的平均大气参数和每个通道的平均表面发射率，选择除了海面气压外与平均大气参数相近的大气参数。选择标准是：大气参数中的温度和平均温度值在受影响压强层之间的差异需要小于温度阈值，而根据温度阈值被选择的大气参数产生的模拟亮温与平均大气参数产生的模拟亮温相等。按照与温度阈值确定方法相同的操作，湿度阈值也可被确定。需要注意的是温度阈值和湿度阈值的确定需要综合考虑温度和湿度的差异对敏感性测试的影响以及可用数据样本。另外，为了减小表面发射率对表面探测通道的模拟亮温的影响，只有表面发射率与平均表面发射率的绝对值之差在 0.001 内的大气参数才会被使用。敏感性测试数据集的建立流程如图 8.3 所示。

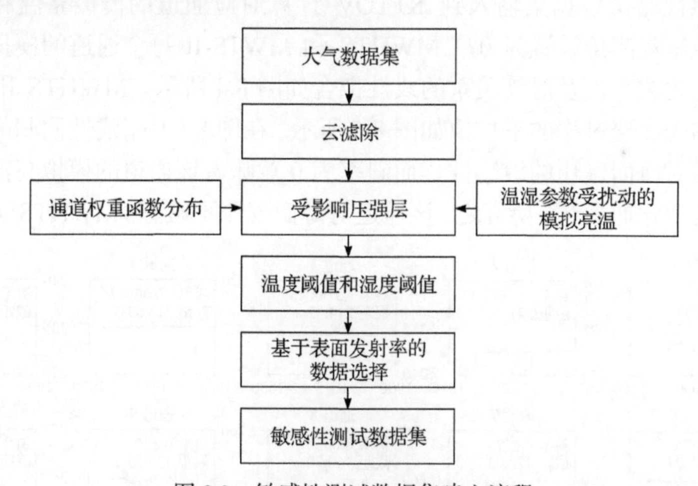

图 8.3　敏感性测试数据集建立流程

根据以上步骤，可为 MWHTS 和 MWTS-II 每个通道建立敏感性测试数据集。表 8.2 列出了每个通道的敏感性测试数据集所使用的受影响压强层、温度阈值、湿度阈值及数据集样本数目。其中，受影响压强层相同的通道使用相同的敏感性测试数据集，如 H-1，H-7，H-8，H-9，H-10，T-1 和 T-2 使用的敏感性测试数据集相同。

表 8.2　建立敏感性测试数据集所需的参数配置

通道	受影响压强层/hPa	温度阈值/K	湿度阈值/K	样本数目
H-1, H-7, H-8, H-9, H-10, T-1, T-2	825～1000	1.20	8	468
H-2, T-10	3～150	0.45	—	163
H-3, H-4, T-8, T-9	5～225	0.50	—	152
H-5, H-6	100～1000	1.20	25	181
T-3, T-4	200～975	0.95	—	115
T-5, T-6	50～825	0.85	—	212
T-7	5～550	0.65	—	133
T-11	2～100	0.45	—	148
T-12	2～50	0.40	—	188
T-13	1～10	0.35	—	265
H-11, H-12	150～650	1.50	3	238
H-13, H-14, H-15	200～950	1.80	5	260

把敏感性测试数据集输入到 RTTOV 计算对应通道的模拟亮温和表面透过率，其中卫星观测角设置为 0°。MWHTS 和 MWTS-II 每个通道的模拟亮温随海面气压的变化关系以及对该关系的线性拟合如图 8.4 所示。MWHTS 和 MWTS-II 每个通道的表面透过率的平均值如图 8.5 所示。在图 8.4 中，线性回归的斜率可用来表示通道对海面气压的敏感性，而斜率为 0 意味着该通道的模拟亮温几乎不随海面气压的变化而变化，换言之，该通道对海面气压不敏感。MWHTS 通道 1、5～

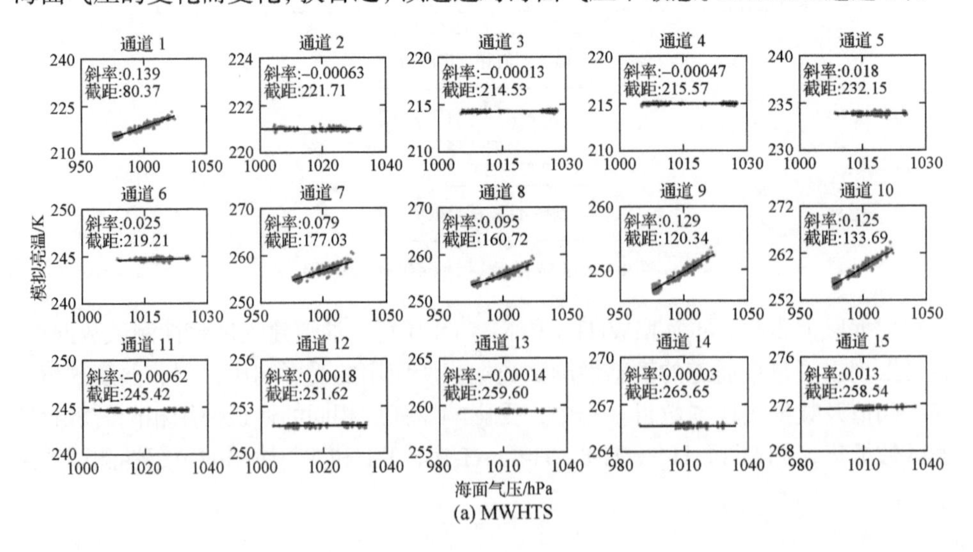

(a) MWHTS

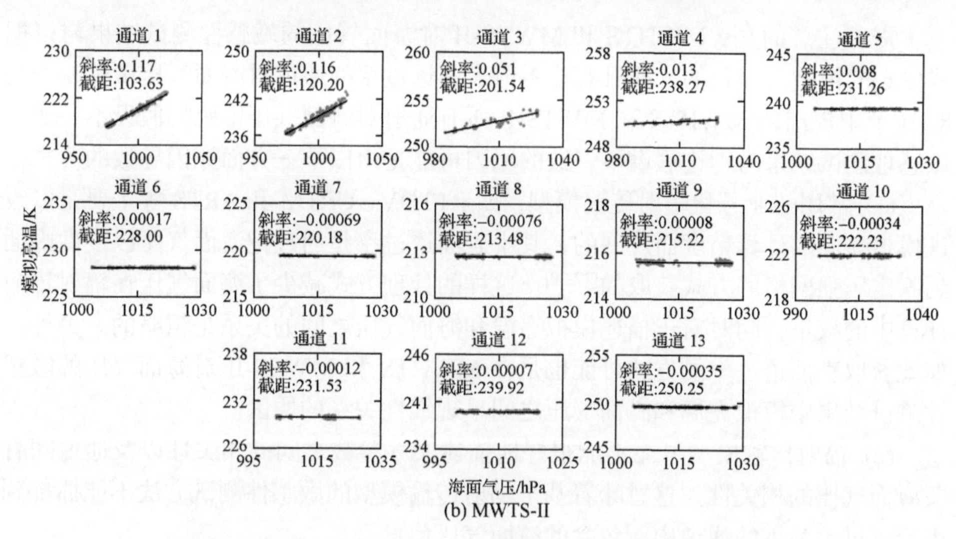

(b) MWTS-II

图 8.4　MWHTS 和 MWTS-II 对海面气压的敏感性测试结果

10 和 15 中的线性拟合斜率不为 0，同时表面透过率也不为 0，因此这些通道对海面气压敏感，其中，MWHTS 通道 1 和 5～10 的模拟亮温与海面气压呈现明显的线性关系。MWHTS 湿度通道 11～14 中的线性拟合斜率为 0，且表面透过率也为 0，因此这些通道对海面气压不敏感。对于 MWTS-II 对海面气压的敏感性测试而言，MWTS-II 通道 1～5 中的线性拟合斜率不为 0，表面透过率也不为 0，因此这些通道对海面气压敏感，且这些通道的模拟亮温与海面气压之间呈现明显的线性关系。MWTS-II 通道 6～13 中的线性拟合斜率为 0，且表面透过率为 0，因此这些通道对海面气压不敏感。

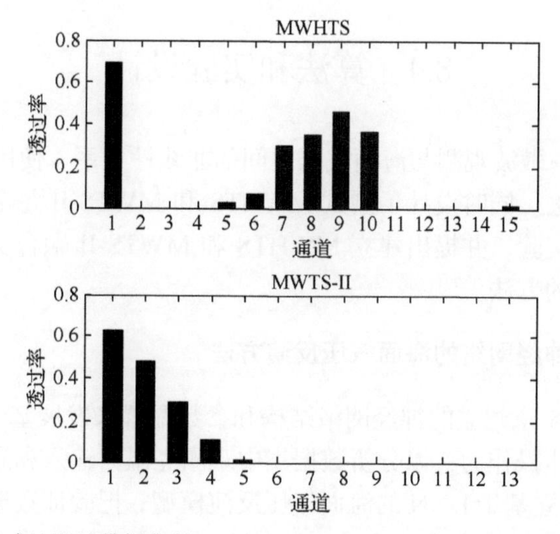

图 8.5　基于敏感性测试数据集的 MWHTS 和 MWTS-II 各通道表面透过率的平均值

需要注意的是，MWHTS 和 MWTS-II 对海面气压的敏感性测试结果与根据式(8.6)的推断是一致的，即具有非零值表面透过率的通道对海面气压敏感，而与 8.3.1 节中提出的 MWHTS 和 MWTS-II 所有通道对海面气压敏感的假设不一致。敏感性测试结果与理论假设不一致的原因可能是由以下三方面原因导致的。

(1) 常用的业务化辐射传输模型，如 RTTOV、CRTM 和 ARTS 等主要是以改进模拟亮温的计算精度而发展的，其中表面透过率是通过把海面气压以线性内插到固定压强网格的方式获取的[27-29]。这样的处理方式减少了海面气压在辐射传输计算中的权重，同时对于描述模拟亮温和海面气压之间的关系是粗略的。另外，如此获取表面透过率的方式可能也是在 MWHTS 和 MWTS-II 对海面气压的敏感性测试结果中模拟亮温和海面气压之间呈现线性关系的原因。

(2) 辐射传输模型可能不能很好地描述大气参数之间的相关性以及通道间有关海面气压的相关性。这意味着基于辐射传输模型的敏感性测试方法不能捕捉到表面透过率为零的通道中所包含的海面气压信息。

(3) 非建模的物理过程、电离层信号失真以及光谱误差等导致的辐射传输模型计算的模拟亮温的误差对敏感性测试结果是不利的。另外，敏感性测试数据集中大气参数是否具有代表性以及取值范围也是影响敏感性测试结果的重要因素。

显然，基于辐射传输模型的敏感性测试方法虽然已在其他大气参数，如温度、湿度和云参数等敏感性测试中成功应用，但是并不适用于海面气压。在本章研究中，基于辐射传输模型的敏感性测试方法不能验证 8.3.1 节中提出的具有零值表面透过率的通道对海面气压敏感的理论假设。幸运的是，这一理论假设可以通过在反演实验中测试通道对海面气压反演的贡献来进行验证。

8.4　算法和实验设计

根据式(8.6)中微波观测与海面气压之间的非线性关系，使用 DNN 建立了海面气压的反演算法。同时设计了测试 MWHTS 和 MWTS-II 每个通道对海面气压反演贡献的反演实验，并提出建立 MWHTS 和 MWTS-II 融合反演海面气压的最优理论通道组合的方法。

8.4.1　基于深度神经网络的海面气压反演方法

本章使用第 5 章建立的神经网络结构和参数配置来发展基于 DNN 的海面气压反演算法，具体操作为：以分析数据集中观测亮温为输入和海面气压为输出，训练 DNN，并建立基于 DNN 的海面气压反演模型；把验证数据集中的观测亮温输入到基于 DNN 的海面气压反演模型反演海面气压，以验证数据集中的海面气压为参考值验证海面气压的反演值。具体反演流程如图 8.6 所示。根据反演需求，观测亮温可为 MWHTS 观测亮温或 MWTS-II 观测亮温，当融合反演海面气压时可同时为 MWHTS 和 MWTS-II 观测亮温。

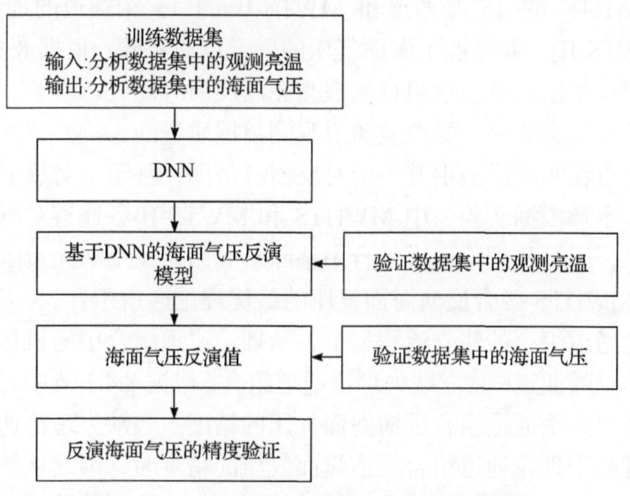

图 8.6　基于 DNN 的海面气压反演算法流程

8.4.2　反演实验设计

针对 8.3.2 节中基于辐射传输模型的敏感性测试结果与 8.3.1 节中根据微波遥感海面气压理论分析所提出的具有零值表面透过率的通道对海面气压敏感的理论假设不一致的情况，为了进一步验证 MWHTS 和 MWTS-II 每个通道对海面气压的反演是否有帮助，设计了海面气压反演实验测试每个通道对海面气压反演的贡献。根据微波遥感海面气压的理论分析建立了融合反演海面气压的理论通道组合，同时基于通道对海面气压反演贡献的测试结果建立了融合反演海面气压的最优理论通道组合，并设计了 MWHTS 和 MWTS-II 融合反演海面气压实验。以上两类实验的设计如下。

(1) 实验一：MWHTS 和 MWTS-II 每个通道对海面气压反演贡献的测试实验。具体操作如下：以 MWHTS 为例，首先，根据 8.4.1 节中海面气压的反演流程，获取 MWHTS 对海面气压的反演值；然后，从 MWHTS 的 15 个通道中移除一个通道，建立缺失通道组合，利用缺失通道组合的观测亮温反演海面气压，那么针对 MWHTS 的 15 个通道可分别建立 15 个缺失通道组合，并获取 15 组缺失通道组合对海面气压的反演结果；最后，通过对比 MWHTS 反演海面气压的精度和缺失通道组合反演海面气压的精度来判断该缺失的通道是否对海面气压的反演有贡献。按照相同的操作，也可对 MWTS-II 中每个通道对海面气压反演的贡献进行测试。

(2) 实验二：MWHTS 和 MWTS-II 融合反演海面气压实验。为了充分利用 MWHTS 和 MWTS-II 观测中的海面气压信息，进而获得比 MWHTS 或 MWTS-II 反演海面气压更高的反演精度，基于 8.3.1 节中微波遥感海面气压的理论分析，建立了包含 MWHTS 的 15 个通道和 MWTS-II 的 13 个通道的理论通道组合(即 MWHTS+MWTS-II)，并开展了海面气压的融合反演实验。根据 8.4.1 节中海面气压的反演流程，使用理论通道组合的观测亮温反演海面气压。

然而，需要注意的是，受微波通道观测数据质量的影响，一些理论上对大气参数敏感的通道在实际反演中并不会对反演有帮助，甚至会对反演精度产生不利影响。因此，本章根据实验一中 MWHTS 和 MWTS-II 各通道对海面气压反演贡献的测试结果，通过从理论通道组合中移除对海面气压反演无贡献的通道来建立 MWTS-II 和 MWHTS 融合反演海面气压的最优理论通道组合。

最优理论通道组合的建立流程如下：从理论通道组合中随机移除一个对海面气压反演无贡献的通道，建立缺失理论通道组合。根据 8.4.1 节中海面气压的反演流程，获取缺失理论通道组合反演海面气压的精度。当缺失理论通道组合反演海面气压的精度高于理论通道组合反演海面气压的精度时，继续从缺失理论通道组合中随机移除一个对海面气压反演无贡献的通道，建立新的缺失理论通道组合，并获取新的缺失理论通道组合反演海面气压的精度。对比新的缺失理论通道组合和缺失理论通道组合反演海面气压的精度，根据精度对比结果来决定是否继续从新的理论通道组合中再移除一个对海面气压反演无贡献的通道，直至所有对海面气压反演无贡献的通道从理论通道组合中移除，此时该缺失理论通道组合为最优理论通道组合。对建立的最优理论通道组合能否获得最高海面气压反演精度的验证是有必要的，主要开展两种验证：当任意一个或多个对海面气压反演无贡献的通道加入到最优理论通道组合中时，相比最优理论通道组合，所获得的反演海面气压的精度降低；当任意一个或者多个通道从最优理论通道组合中移除时，相比最优理论通道组合，所获得的反演海面气压的精度降低。

8.5 实验结果

本节分别呈现了实验一中 MWHTS 和 MWTS-II 各通道对反演海面气压贡献的测试结果和实验二中理论通道组合和最优理论通道组合分别对海面气压的反演结果。其中使用 ERA-Interim 的海面气压作为参考数据对反演海面气压的精度进行验证，即计算参考数据和反演值之间的均方根误差，同时也计算了参考数据和反演值之间的相关系数和平均偏差来辅助解释反演结果。

8.5.1 通道对反演海面气压的贡献测试结果

根据实验一的设计，使用验证数据集中 MWHTS 观测亮温反演海面气压的结果如图 8.7 所示。MWHTS 的 15 个通道分别对应 15 个缺失通道组合，并可分别获得 15 组相应的海面气压反演结果。15 个缺失通道组合对海面气压的反演精度分别与 MWHTS 对海面气压的反演精度作差，如图 8.8 所示。MWHTS 对海面气压的反演值与海面气压参考值之间的相关系数较高，为 0.848；而 MWHTS 反演海面气压的精度较低，为 3.903 hPa。根据 MWHTS 与缺失通道组合海面气压反演精度的对比，当分别从 MWHTS 中移除通道 3、通道 4、通道 5、通道 7、通道 8、通道 10、通道 13、通道 14 和通道 15 时，海面气压的反演精度下降幅度均超过

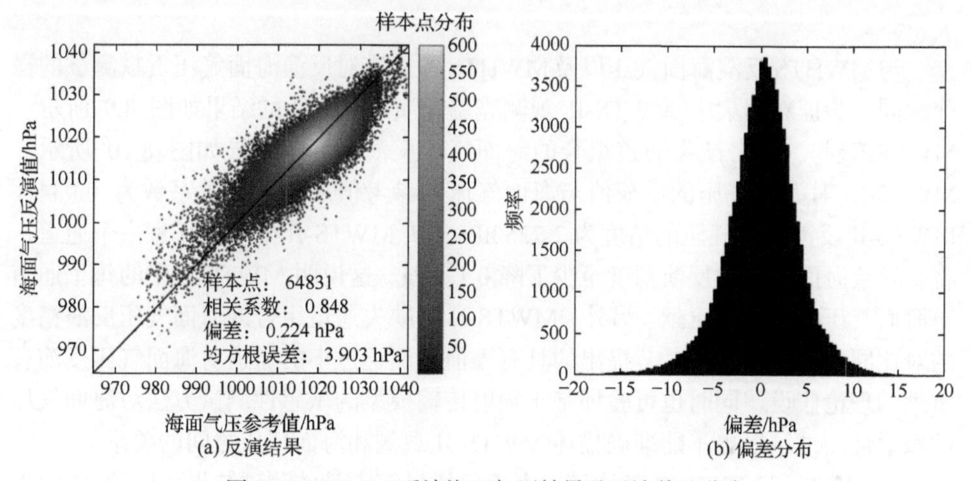

图 8.7 MWHTS 反演海面气压结果及反演偏差分布

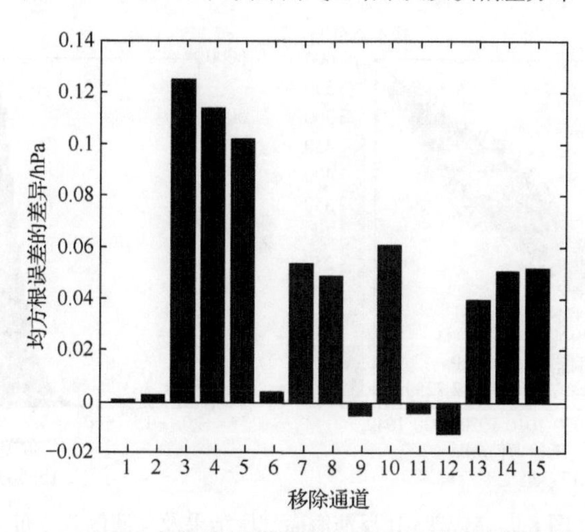

图 8.8 MWHTS 与缺失通道组合的海面气压反演精度的差异

0.04 hPa。这一现象说明以上这些通道对海面气压的反演有重要贡献。

然而，受观测条件、定标误差和仪器误差等影响，微波探测仪每个通道的数据质量不同。针对特定大气参数的探测，一些数据质量差的通道可能在实际反演过程中对大气参数的反演精度并无贡献，甚至会降低反演精度。在海面气压的反演中，当通道 1、2、6、9、11、12 分别从 MWHTS 中移除时，MWHTS 反演海面气压的精度几乎不受影响。这可能是由于这些通道的数据质量不满足海面气压反演的需求导致的，而具体原因有待进一步研究。根据 MWHTS 每个通道对海面气压反演贡献的测试结果还可发现，具有零值表面透过率的通道，如通道 3、4、13 和 14 对海面气压反演有贡献。这也验证了基于辐射传输模型的敏感性测试方法对海面气压的敏感性测试结果并不能准确描述 MWHTS 观测和海面气压之间的关系。

与 MWHTS 反演海面气压以及 MWHTS 各通道对反演海面气压贡献测试的操作相同，验证数据集中 MWTS-II 观测亮温反演海面气压的结果如图 8.9 所示。MWTS-II 与 13 个缺失通道组合的海面气压反演精度的差异如图 8.10 所示。MWTS-II 对海面气压的反演值与海面气压的参考值之间的相关系数为 0.934，MWTS-II 反演海面气压的精度为 2.725 hPa。从 MWTS-II 中移除任意一个通道，将会导致海面气压的反演精度至少下降 0.1 hPa。这说明 MWTS-II 中的每个通道对海面气压的反演有贡献。另外，MWTS-II 与缺失通道组合的海面气压反演精度的对比同样可验证 8.3.1 节提出的具有零值表面透过率的通道对海面气压反演有贡献的理论假设，同时也可验证基于辐射传输模型的敏感性测试方法对海面气压的敏感性测试结果也不能准确描述 MWTS-II 观测和海面气压之间的关系。

MWHTS 和 MWTS-II 各通道对海面气压反演贡献的测试结果可以验证 8.3.1

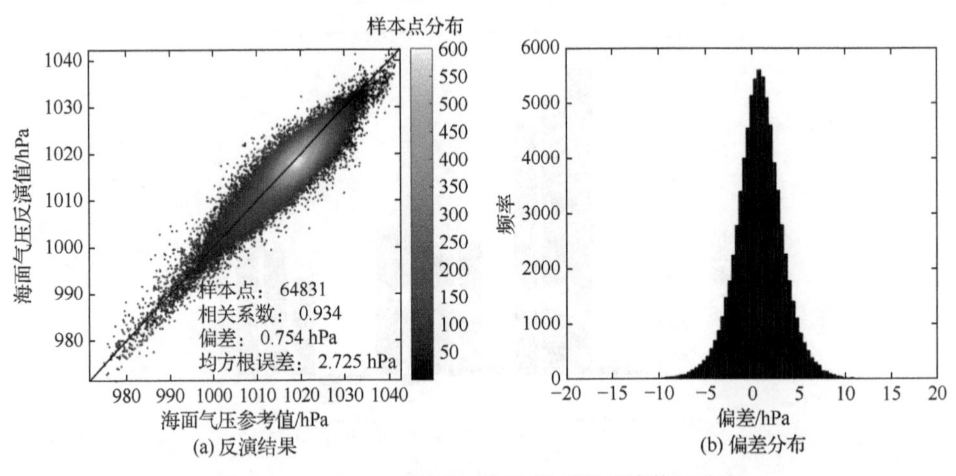

图 8.9　MWTS-II 反演海面气压结果及反演偏差分布

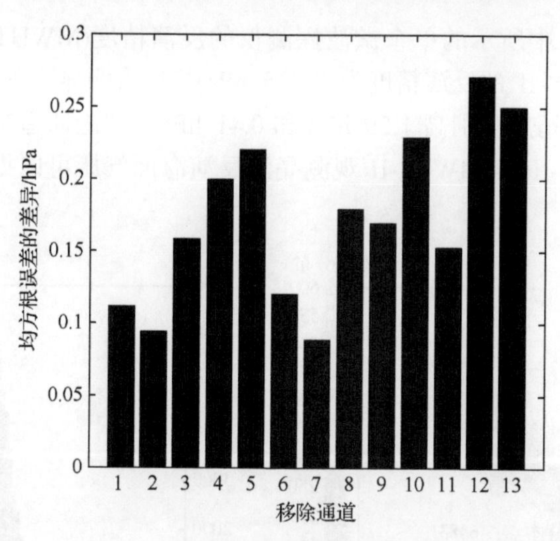

图 8.10　MWTS-II 与缺失通道组合的海面气压反演精度的差异

节中提出的理论假设，以及基于辐射传输模型的敏感性测试方法不适用于微波探测仪反演海面气压。因此，8.3.2 节中的基于辐射传输模型的敏感性测试结果不能应用于海面气压的融合反演。对于 MWHTS 和 MWTS-II 融合反演海面气压而言，根据实验二设计中描述的建立最优理论通道组合的流程及 MWHTS 和 MWTS-II 各通道对海面气压反演贡献的测试结果，通过移除在理论通道组合中对海面气压反演没有贡献的 MWHTS 通道 1、2、6、9、11 和 12 来建立最优理论通道组合。因此，接下来将分别使用理论通道组合和最优理论通道组合的观测亮温开展海面气压的融合反演实验，这两种通道组合的配置如表 8.3 所示。

表 8.3　MWHTS 和 MWTS-II 融合反演海面气压通道组合

通道组合	通道
理论通道组合	MWHTS 通道：1～15
	MWTS-II 通道：1～13
最优理论通道组合	MWHTS 通道：3～5、7～8、10、13～15
	MWTS-II 通道：1～13

8.5.2　MWHTS 和 MWTS-II 融合反演海面气压结果

根据实验二的设计，使用验证数据集中理论通道组合的观测亮温和最优理论通道组合的观测亮温分别反演海面气压，反演结果分别如图 8.11 和图 8.12 所示。理论通道组合(即 MWHTS + MWTS-II)反演的海面气压与参考海面气压之间的相关系数为 0.950，反演精度为 2.314 hPa。理论通道组合反演海面气压的精度与

图 8.7 和图 8.9 中所示的单个微波探测仪的反演精度(MWHTS 的反演精度为 3.903 hPa，MWTS-II 的反演精度为 2.725 hPa)相比有明显改善，比 MWHTS 和 MWTS-II 的反演精度分别高 1.59 hPa 和 0.41 hPa。理论通道组合的反演结果表明，融合 MWTS-II 和 MWTS-II 观测亮温反演海面气压可以提高海面气压的反演精度。

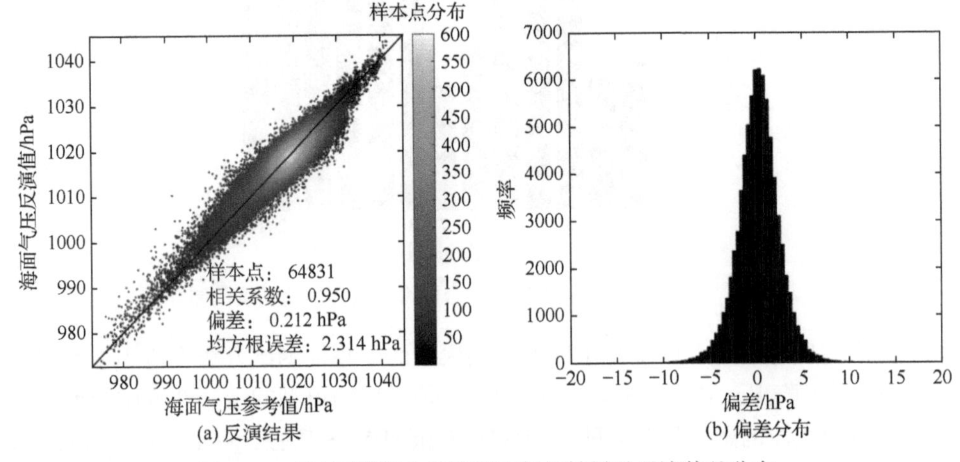

图 8.11 理论通道组合反演海面气压结果及反演偏差分布

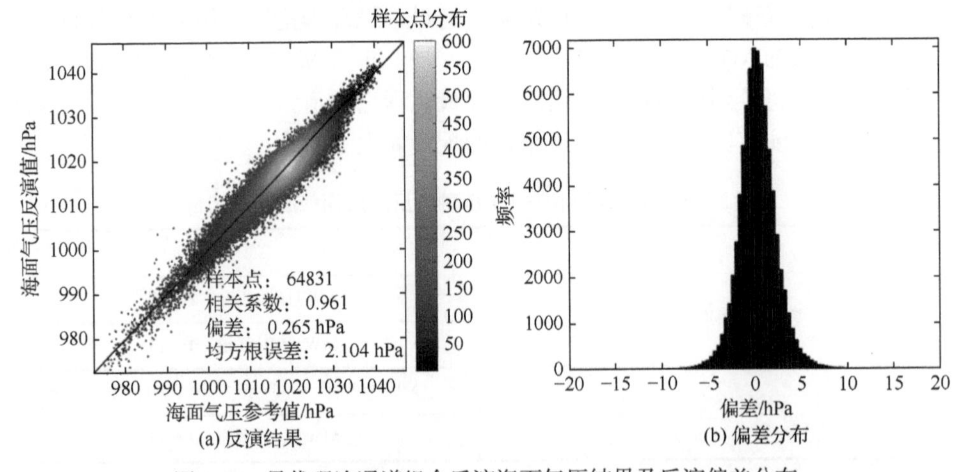

图 8.12 最优理论通道组合反演海面气压结果及反演偏差分布

与理论通道组合相比，最优理论通道组合对海面气压的反演结果可得到进一步的改善。从图 8.12 可以看出，最优理论通道组合对海面气压的反演值与参考值之间的相关系数为 0.961，对海面气压的反演精度为 2.104 hPa。相比理论通道组合，最优理论通道组合对海面气压的反演精度可提高 0.21 hPa。这验证了通过移除理论通道组合中对海面气压反演无贡献的通道来建立 MWHTS 和 MWTS-II 融合反演海面气压的最优理论通道组合的方法是有效的，能够进一步提高海面气压的反演精度。

从理论上来说，更多通道的观测数据有可能包含更多关于海面气压的探测信息，进而会获得更高的海面气压反演精度。然而，从反演实验的结果来看，最优理论通道组合(22 个通道)的反演精度高于理论通道组合(28 个通道)的反演精度。其主要原因可能是当使用相同的海面气压反演算法时，通道观测的数据质量是影响海面气压反演精度的重要因素，同时也可能与本章建立的反演方法并不能充分利用这些通道中的海面气压信息有关。

需要注意的是，对海面气压反演没有贡献的通道并不一定对大气温湿廓线反演没有贡献，已有大量文献表明 MWHTS 通道 1、2、6、9、11 和 12 在温湿参数探测中发挥了重要作用[30-33]。另外，更优化的反演算法可能能够从数据质量较差的观测中提取关于海面气压的信息，从而进一步优化微波观测反演海面气压的性能。因此，反演算法的持续优化对海面气压的反演也很重要。

综上所述，虽然基于辐射传输模型的敏感性测试方法不能准确描述微波观测与海面气压之间的关系，且敏感性测试结果也不能应用于海面气压的融合反演，但通过测试 MWHTS 和 MWTS-II 各通道对海面气压反演的贡献，可以建立融合反演的最优理论通道组合，从而获得高精度的海面气压数据，并实现获得比单一仪器(MWHTS 或 MWTS-II)更高反演精度的目的。另外，通过开展 MWHTS 和 MWTS-II 融合反演海面气压的实验可以发现，MWHTS 的观测虽然包含了 118 GHz 和 183 GHz 两个频段的观测信息，但其对海面气压的反演精度仍不如只包含 60 GHz 观测信息的 MWTS-II，其原因可能与频段特性、仪器通道设置和大气观测条件等多种因素有关。因此，对于被动微波遥感海面气压的理论发展，以及不同波段对海面气压探测能力的比较研究还有待进一步开展工作。

8.6　本 章 小 结

本章为了融合 MWHTS 和 MWTS-II 观测亮温反演高精度的海面气压，详细分析了被动微波遥感海面气压的理论原理，并开展了基于辐射传输模型的 MWHTS 和 MWTS-II 对海面气压的敏感性测试实验。同时，测试了 MWHTS 和 MWTS-II 各通道对反演海面气压的贡献。根据微波遥感海面气压的理论分析，建立了理论通道组合并开展了海面气压的反演实验，实验结果表明，理论通道组合可以实现融合 60 GHz、118 GHz 和 183 GHz 频段观测数据反演高精度海面气压的目的，其反演精度比单独使用 MWHTS 和 MWTS-II 分别提高了 1.59 hPa 和 0.41 hPa。另外，从理论通道组合中移除对海面气压反演无贡献的通道后，反演精度可进一步提高 0.21 hPa。

本章基于微波辐射传输方程建立了卫星观测亮温与海面气压之间的直接联系，并推导出具有非零表面透过率的通道对海面气压敏感。同时，基于通道间的相关性和大气参数间的相关性，提出了具有零值表面透过率的通道也包含海面气压的探测信息，可用于反演海面气压的理论假设。这一理论假设通过 MWHTS 和 MWTS-II 各通道对反演海面气压贡献的测试实验得到了验证。

在本章研究中，不依赖于微波探测仪对海面气压的敏感性测试结果实现了融合MWHTS和MWTS-II反演高精度海面气压的目的，并通过MWHTS和MWTS-II各通道对海面气压反演贡献的测试实验验证了基于辐射传输模型的敏感性测试方法不适用于海面气压反演。然而，继续开展被动微波观测对海面气压的敏感性研究不仅可为微波遥感大气参数理论的发展提供重要参考，而且对后续多频段融合反演或高光谱遥感数据的应用具有重要意义。因此，寻找新的微波观测对海面气压的敏感性测试方法是必要的，这是今后的工作重点。另外，不同微波频段对海面气压的探测能力对比，以及微波遥感海面气压的算法改进对反演海面气压理论的发展具有重要意义，这也是后续的研究方向。

参 考 文 献

[1] Flasar F M, Baines K H, Bird M K, et al. Atmospheric Dynamics and Meteorology[M]. Berlin: Springer, 2009.

[2] Lorenc A C. Analysis methods for numerical weather prediction[J]. Quarterly Journal of the Royal Meteorological Society, 2010, 112(474): 1177-1194.

[3] Min Q, Gong W, Lin B, et al. Application of surface pressure measurements from O_2-band differential absorption radar system in three-dimensional data assimilation on hurricane: Part I. An observing system simulation experiments study[J]. Journal of Quantitative Spectroscopy and Radiative Transfer, 2011, 150: 148-165.

[4] Min Q, Gong W, Lin B, et al. Application of surface pressure measurements from O_2-band differential absorption radar system in three-dimensional data assimilation on hurricane: Part II. A quasi-observational study[J]. Journal of Quantitative Spectroscopy and Radiative Transfer, 2015, 150: 166-174.

[5] Holton J R, Hakim G J. An Introduction to Dynamic Meteorology[M]. New York: Academic Press, 2013.

[6] Lin B, Hu Y, Harrah S, et al. The feasibility of radar-based remote sensing of barometric pressure[R]. NASA Langley Research Center, 2006.

[7] Liu H, Duan M, L ü D, et al. Algorithm for retrieving surface pressure from hyper-spectral measurements in oxygen A-band[J]. Chinese Science Bulletin, 2014, 59: 1492-1498.

[8] O'Brien D M, Mitchell R M, English S A, et al. Airborne measurements of air mass from O_2 A-

band absorption spectral[J]. Journal of Atmospheric and Oceanic Technology, 1998, 15(6): 1272-1286.

[9] Healy S B. Surface pressure information retrieved from GPS radio occultation measurements[J]. Quarterly Journal of the Royal Meteorological Society, 2013, 139(677): 2108-2118.

[10] Hsu C S, Liu W T. Wind and pressure fields near tropical cyclone oliver derived from scatterometer observations[J]. Journal of Geophysical Research: Atmospheres, 1996, 101(D12): 17021-17027.

[11] Patoux J, Foster R C, Brown R A. An evaluation of scatterometer-derived oceanic surface pressure fields[J]. Journal of Applied Meteorology and Climatology, 2008, 47(3): 835-852.

[12] Zhang L, Huang S, Du H. A new method of retrieving typhoon’s sea level pressure fields and central positions from scatterometer-derived sea surface winds[J]. Acta Physica Sinica, 2011, 60(11): 119202.

[13] Van Zadelhoff G J, Stoffelen A, Vachon P W, et al. Retrieving hurricane wind speeds using C-band measurements[J]. Atmospheric Measurement Techniques, 2014, 7(2): 437-449.

[14] Kidder S Q, Goldberg M D, Zehr R M, et al. Satellite analysis of tropical cyclones using the advanced microwave sounding unit (AMSU)[J]. Bulletin of the American Meteorological Society, 2000, 81(6): 1241-1260.

[15] Elachi C, van Zyl J. Introduction to the Physics and Techniques of Remote Sensing[M]. Hoboken: John Wiley & Sons Inc. 2006.

[16] Ulaby F T, Moore R K, Fung A K. Microwave Remote Sensing: Active and Passive[M]. MA: Addison-Wesley, 1981.

[17] 张子瑾. 基于被动微波探测的海面气压反演理论和方法研究[D]. 北京：中国科学院大学, 2019.

[18] Zhang Z, Dong X, Liu L, et al. Retrieval of barometric pressure from satellite passive microwave observations over the oceans[J]. Journal of Geophysical Research: Oceans, 2018, 123(6): 4360-4372.

[19] Ebell K, Orlandi E, Hunerbein A, et al. Combining ground-based with satellite-based measurements in the atmospheric state retrieval: Assessment of the information content[J]. Journal of Geophysical Research: Atmospheres, 2013, 118(13): 6940-6956.

[20] Liu C, Li J, Ho S, et al. Retrieval of atmospheric thermodynamic state from synergistic use of radio occultation and hyperspectral infrared radiances observations[J]. IEEE Journal of Selected Topics in Applied Earth Observations and Remote Sensing, 2016, 9(2): 744-756.

[21] Che Y, Ma S, Xing F, et al. Research on retrieval of atmospheric temperature and humidity profiles from combined ground-based microwave radiometer and cloud radar observations[J]. Atmospheric Measurement Techniques Discussions, 2016: 1-24.

[22] Wang J R, Chang L A. Retrieval of water vapor profiles from microwave radiometric measurements near 90 and 183 GHz[J]. Journal of Applied Meteorology and Climatology, 1990, 29(10): 1005-1013.

[23] Boukabara S A, Garrett K, Chen W, et al. MiRS: An all-weather 1DVAR satellite data assimilation and retrieval system[J]. IEEE Transactions on Geoscience and Remote Sensing,

2011, 49(9): 3249-3272.
[24] Weng F, Zou X, Qin Z. Uncertainty of AMSU-A derived temperature trends in relationship with clouds and precipitation over ocean[J]. Climate Dynamics, 2014, 43:1439-1448.
[25] Moradi I, Ferraro R R, Soden B J, et al. Retrieving layer-averaged tropospheric humidity from advanced technology microwave sounder water vapor channels[J]. IEEE Transactions on Geoscience and Remote Sensing, 2015, 53(12): 6675-6688.
[26] Navas-Guzmán F, Stähli O, Kämpfer N. An integrated approach toward the incorporation of clouds in the temperature retrievals from microwave measurements[J]. Atmospheric Measurement Techniques, 2014, 7(6): 1619-1628.
[27] Saunders R, Hocking J, Turner E, et al. An update on the RTTOV fast radiative transfer model (currently at version 12)[J]. Geoscientific Model Development, 2018, 11(7): 2717-2737.
[28] Liu Q, Boukabara S. Community radiative transfer model (CRTM) applications in supporting the suomi national polar-orbiting partnership (SNPP) mission validation and verification[J]. Remote Sensing of Environment, 2014, 140: 744-754.
[29] Buehler S A, Mendrok J, Eriksson P, et al. ARTS, the atmospheric radiative transfer simulator-version 2.2, the planetary toolbox edition[J]. Geoscientific Model Development, 2018, 11(4): 1537-1556.
[30] Lawrence H, Bormann N, Lu Q, et al. An evaluation of FY-3C MWHTS-2 at ECMWF[R]. European Centre for Medium-Range Weather Forecasts, 2015.
[31] Carminati F, Migliorini S. All-sky data assimilation of MWTS-2 and MWHS-2 in the met office global NWP system[J]. Advances in Atmospheric Sciences, 2021, 38(10): 1682-1694.
[32] Niu Z, Zhang L, Dong P, et al. Impact of assimilating FY-3D MWTS-2 upper air sounding data on forecasting typhoon lekima[J]. Remote Sensing, 2021, 13(9): 1841.
[33] Kan W, Han Y, Weng F, et al. Multisource assessments of the fengyun-3D microwave humidity sounder (MWHS) on-orbit performance[J]. IEEE Transactions on Geoscience and Remote Sensing, 2020, 58(10): 7258-7268.

第 9 章　MWTS-II 对海面气压的敏感性测试研究

9.1 引　　言

反演可实现微波遥感观测数据到大气参数的转换，而微波遥感观测对特定大气参数具有敏感性，是反演成功的前提[1-4]。微波遥感观测对大气参数的敏感性研究是大气微波遥感领域中的重要研究方向。一方面，敏感性测试结果可为微波遥感大气理论的研究提供重要支撑；另一方面，微波探测仪观测数据对大气参数的敏感性测试可优化反演通道组合，为反演高精度大气参数提供理论依据，同时也可为多平台或者多频段观测数据的融合反演提供重要参考[5-9]。

目前，基于物理基辐射传输模型测试微波观测对大气参数的敏感性是传统的敏感性测试方法，即把人工扰动的大气参数输入到物理基辐射传输模型，计算扰动模拟亮温，进而获取模拟亮温随大气参数的变化关系[10]。前期使用传统的敏感性测试方法开展了 MWTS-II 和 MWHTS 对海面气压的敏感性研究，实验结果表明具有非零值表面透过率的通道对海面气压敏感，而在反演试验中对海面气压反演有贡献且具有零值表面透过率的通道对海面气压不敏感，同时指出传统的敏感性测试方法中使用的物理基辐射传输模型可能是造成敏感性测试结果与海面气压反演结果不一致的主要原因[11]。

正如第 8 章所分析，目前常用的物理基辐射传输模型，如 ARTS、RTTOV 和 CRTM 等，通过把海面气压线性插值到固定压强网格的方式计算近地表层的大气透过率[12-14]。这种粗略的计算方式带来的误差可能会降低海面气压在辐射传输计算中的权重。另外，与微波探测仪仪器相关的误差以及与辐射传输模型有关的误差也是导致传统的敏感性测试方法不能准确描述微波观测与海面气压之间关系的重要原因[11]。因此，如果能改进海面气压参与辐射传输计算的方式或模拟亮温的计算精度，有望获得更准确的微波观测对海面气压的敏感性测试结果。

考虑到物理基辐射传输模型的改进难度，在传统的敏感性测试方法中使用第 6 章建立的统计基辐射传输模型取代物理基辐射传输模型无疑是一个新的研究思路。本章以 MWTS-II 观测资料为研究对象，建立了基于 DNN 的 MWTS-II 对海面气压的敏感性测试方法，即把基于 DNN 的辐射传输模型取代传统的敏感性测试方法中的物理基辐射传输模型开展 MWTS-II 对海面气压的敏感性研究。

本章 9.2 节描述了研究中所使用的数据和辐射传输模型；9.3 节详细介绍了基

于 DNN 的 MWTS-II 对海面气压的敏感性测试方法；9.4 节是为了验证基于 DNN 的 MWTS-II 对海面气压敏感性测试方法的可行性所设计的海面气压反演实验；9.5 节是 MWTS-II 反演海面气压实验结果；9.6 节开展了 DNN 应用于敏感性测试实验的稳定性测试；9.7 节是对本章内容的总结。

9.2 数据和模型

本章研究中所使用的 MWTS-II 观测亮温与第 8 章相同，同样也建立如第 8 章所述的大气数据集。根据统计基辐射传输模型的建模、海面气压反演和验证需求，需要建立 MWTS-II 亮温和大气参数的匹配数据集，即开展 MWTS-II 亮温与大气数据集在时间和空间上的匹配，匹配规则是它们之间的时间误差小于 10 min，经度误差和纬度误差分别小于 0.1°。选择 2018 年 9 月～2019 年 6 月的匹配数据建立分析数据集，用于统计基辐射传输模型的建立；选择 2019 年 7～8 月的匹配数据作为验证数据集，用于海面气压的反演验证。

本章研究所使用的统计基辐射传输模型为基于 DNN 的辐射传输模型，建立方法与 8.3 节相同。即以分析数据集中的大气参数和卫星观测角作为输入，MWTS-II 观测亮温作为输出，训练 DNN；以预测样本和真实样本之间的均方根误差为评价标准，获得具有最优预测性能的 DNN 模型，建立基于 DNN 的辐射传输模型；把验证数据集中的大气参数和卫星观测角输入到基于 DNN 的辐射传输模型，获取 MWTS-II 模拟亮温。

9.3 基于 DNN 的 MWTS-II 对海面气压的敏感性测试方法

本章使用基于 DNN 的辐射传输模型取代物理基辐射传输模型开展 MWTS-II 对海面气压的敏感性测试研究，即把人工扰动的海面气压数据输入到 9.2 节中建立的基于 DNN 的辐射传输模型计算扰动模拟亮温，获得扰动模拟亮温随海面气压的变化关系，具体操作如下。

首先，构建人工扰动的海面气压数据，即海面气压的起始值为 980 hPa，并以 0.05 hPa 为步长将其增加至 1030 hPa，可获得 2001 组海面气压数据；然后，在 9.2 节构建的分析数据集中随机选择一组大气参数，将该组大气参数中的海面气压依次替换为 2001 组人工扰动的海面气压数据，建立了一个包含 2001 组大气参数的人工扰动的大气数据集，那么在该数据集中，除了海面气压数据不同外，所有的大气参数均相同；最后，将人工扰动的大气数据集中大气参数输入到基于 DNN 的辐射传输模型，计算 MWTS-II 模拟亮温，获得 MWTS-II 每个通道的模拟亮温随海面气压的变化关系。基于 DNN 的 MWTS-II 对海面气压的敏感性测试方法建立流程如图 9.1 所示。

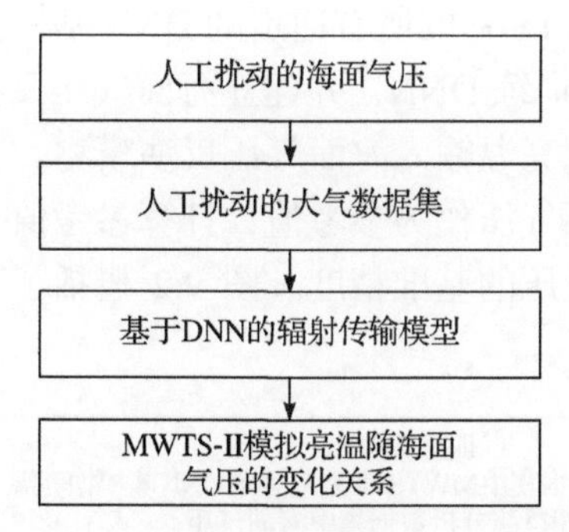

图 9.1 基于 DNN 的 MWTS-II 对海面气压的敏感性测试流程

9.4 实验设计

为了验证本章提出的基于 DNN 的 MWTS-II 对海面气压的敏感性测试方法能够准确描述微波观测与海面气压之间的关系，以及其测试结果能够与 8.3 节中微波遥感海面气压的理论分析相一致，共设计以下四个实验。

(1) 实验一：基于 DNN 的辐射传输模型的验证。根据第 6 章中基于 DNN 的辐射传输模型的建立流程，建立基于 DNN 的辐射传模型，把验证数据集中的大气参数输入基于 DNN 的辐射传输模型，获得 MWTS-II 的 DNN 基模拟亮温。区别于第 6 章中不同天气条件下的基于 DNN 的辐射传输模型，本章基于 DNN 的辐射传输模型是在全天候天气条件下建立的。另外，为了与物理基辐射传输模型对比，把与输入基于 DNN 的辐射传输模型相同的大气数据输入 RTTOV，获得 RTTOV 基模拟亮温。

(2) 实验二：MWTS-Ⅱ对海面气压的敏感性测试实验。为了增加敏感性测试结果的可靠性，根据 9.3 节所述的人工扰动的大气数据集的建立方法，随机建立三个人工扰动的大气数据集。将这三个数据集中的大气参数分别输入到基于 DNN 的辐射传输模型和 RTTOV，计算 DNN 基模拟亮温和 RTTOV 基模拟亮温，那么，可分别获得三组基于 DNN 的 MWTS-II 对海面气压的敏感性测试结果和三组基于 RTTOV 的 MWTS-II 对海面气压的敏感性测试结果。

(3) 实验三：基于 DNN 基模拟亮温的海面气压反演实验。设计该实验的目的是进一步验证实验二中基于 DNN 的 MWTS-II 对海面气压的敏感性测试结果。首先，将 9.2 节建立的验证数据集中的大气参数输入基于 DNN 的辐射传输模型，获得 DNN 基模拟亮温；其次，选择 2019 年 6 月 1 日～2019 年 8 月 10 日的验证数据集中的匹配数据形成反演分析数据集，用于训练反演算法中的 DNN，而验证数据集中的其余匹配数据形成反演验证数据集，用于反演结果的验证；然后，分别把反演分析数据集中 MWTS-II 的所有通道的 DNN 基模拟亮温和海面气压分别作为 DNN 的输入和输出，训练 DNN，并建立海面气压反演模型；最后，把反演验证数据集中 DNN 基模拟亮温输入海面气压反演模型，获得海面气压的反演值。以反演验证数据集中海面气压作为参考值，计算参考值与反演值之间的均方根误差，将其作为反演海面气压的基准精度。图 9.2 概括了获取反演海面气压的基准精度的流程。

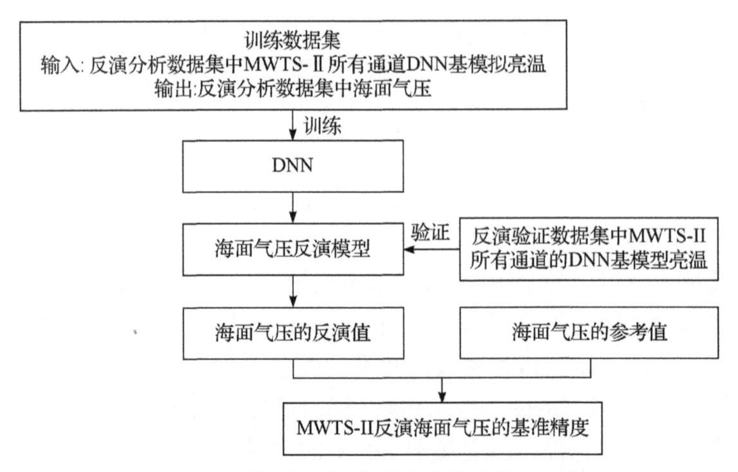

图 9.2　反演海面气压的基准精度获取流程

为了验证 MWTS-II 每个通道对海面气压反演的贡献，与第 8 章的测试方法相似，首先，通过每次移除 MWTS-II 中的一个通道来建立缺失通道组合，那么可以建立 13 个缺失通道组合；其次，将反演分析数据集中缺失通道组合的 DNN 基模拟亮温和海面气压分别作为 DNN 的输入和输出，建立相应的海面气压反演模型；然后，使用反演验证数据集中缺失通道组合的 DNN 基模拟亮温输入相应的海面气压反演模型，获得缺失通道组合反演海面气压的精度；最后，通过对比缺失通道组合反演海面气压的精度和 MWTS-II 反演海面气压的基准精度，评估 MWTS-II 特定通道对海面气压反演的贡献。

(4) 实验四：基于 MWTS-II 观测亮温的海面气压反演实验。设计该实验的目的是在实际反演中验证基于 DNN 的 MWTS-II 对海面气压的敏感性测试结果。基于 MWTS-II 观测亮温的反演实验测试每个通道对海面气压的反演贡献的操作与实验三的过程相同，但需要用 MWTS-II 观测亮温取代实验三中 MWTS-II 的 DNN 基模拟亮温后建立海面气压的反演模型，并开展相应的海面气压反演实验，进而获得 MWTS-II 反演海面气压的实际反演基准精度和缺失通道组合实际反演精度。

在实际反演中，特定通道是否有助于海面气压的反演可以通过比较 MWTS-II 的实际反演基准精度和缺失通道组合的实际反演精度来判断。

9.5　实验结果

本节呈现了基于 DNN 的辐射传输模型对 MWTS-II 模拟亮温的计算结果，该计算结果通过 MWTS-II 观测亮温与 DNN 基模拟亮温之间的均方根误差进行描述。分析了基于 DNN 的 MWTS-II 对海面气压的敏感性测试结果，同时也呈现了为了验证敏感性测试结果而开展的海面气压反演实验的实验结果，并以 ECMWF 海面气压为参考数据，使用海面气压参考值和反演值之间的均方根误差、相关系数和平均偏差对反演结果进行解释。

9.5.1　MWTS-II 模拟亮温的计算结果

将验证数据集中的大气参数分别输入到基于 DNN 的辐射传输模型和 RTTOV，可分别获得 DNN 基模拟亮温和 RTTOV 基模拟亮温，分别计算这两种模拟亮温与 MWTS-II 观测亮温之间的均方根误差，对比如图 9.3 所示。

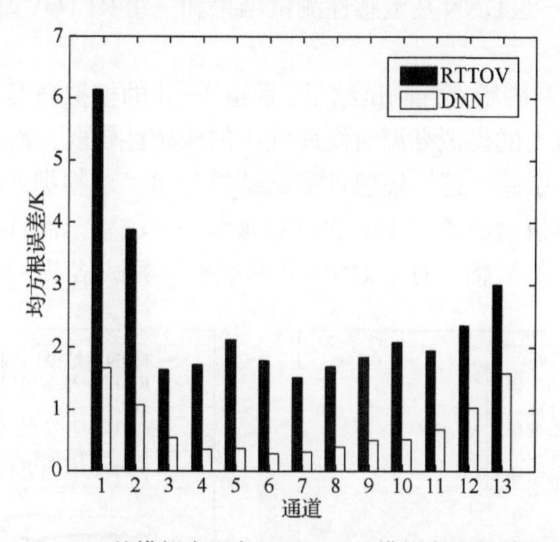

图 9.3　DNN 基模拟亮温与 RTTOV 基模拟亮温的精度对比

对于 RTTOV 基模拟亮温而言，通道 1 和 2 中模拟亮温的精度较差，分别为 6.13 K 和 3.89 K，其主要原因可能是这两个通道的通道权重函数峰值高度分布接近地表，其观测主要来自近地表的温度、水汽和地表参数的微波辐射；而观测亮温与观测参数之间的非线性关系相对复杂，建模难度大。通道权重函数峰值分布高度远离地表的通道 3～12 的观测辐射主要来自温度参数，其模拟亮温的计算精度较高，均保持在 2 K 附近。虽然通道 13 主要探测高空大气的温度，但该通道中的模拟亮温精度较差，约为 3 K，其原因可能与该通道的仪器误差有关。对于 DNN 基模拟亮温而言，通道 1 和 2 中的模拟亮温精度分别为 1.67 K 和 1.07 K。在通道权重函数峰值高度分布远离地表的通道 3～12 中的模拟亮温精度均保持在 1 K 以内。与 RTTOV 的计算结果相似，由于其较差的在轨灵敏度，通道 13 的模拟亮温精度也较差，约为 1.6 K。

与 RTTOV 相比，基于 DNN 的辐射传输模型计算模拟亮温的精度在 MWTS-II 所有 13 个通道中均显著提高。在观测亮温与大气参数之间关系相对复杂的通道 1 和 2 中，基于 DNN 的辐射传输模型可明显改善模拟亮温的精度，在通道 1 中的改进幅度最显著，约为 4.5 K。在 MWTS-II 通道 3～13 中，基于 DNN 的辐射传输模型对模拟亮温的计算精度提高幅度均在 1.2 K 以上。通过比较发现，基于 DNN 的辐射传输模型可获得比 RTTOV 更高的模拟亮温计算精度。

9.5.2 MWTS-II 对海面气压的敏感性测试结果

根据 MWTS-Ⅱ对海面气压敏感性测试的实验设计，把建立的三个人工扰动的大气数据集分别输入基于 DNN 的辐射传输模型和 RTTOV 计算 MWTS-II 模拟亮温，可分别获得三组 DNN 基敏感性测试结果和三组 RTTOV 基敏感性测试结果，如图 9.4 所示。

对于 RTTOV 基的敏感性测试结果，通道 1～4 的模拟亮温对海面气压具有很强的敏感性，通道 5 的模拟亮温对海面气压的敏感性较弱，而通道 6～13 的模拟亮温对海面气压不敏感。这一敏感性测试结果与 8.3 节根据式(8.6)的理论分析相一致，即具有非零值表面透过率的通道对海面气压敏感，而具有零值表面透过率的通道对海面气压不敏感。对于 DNN 基的敏感性测试结果，MWTS-II 所有通道

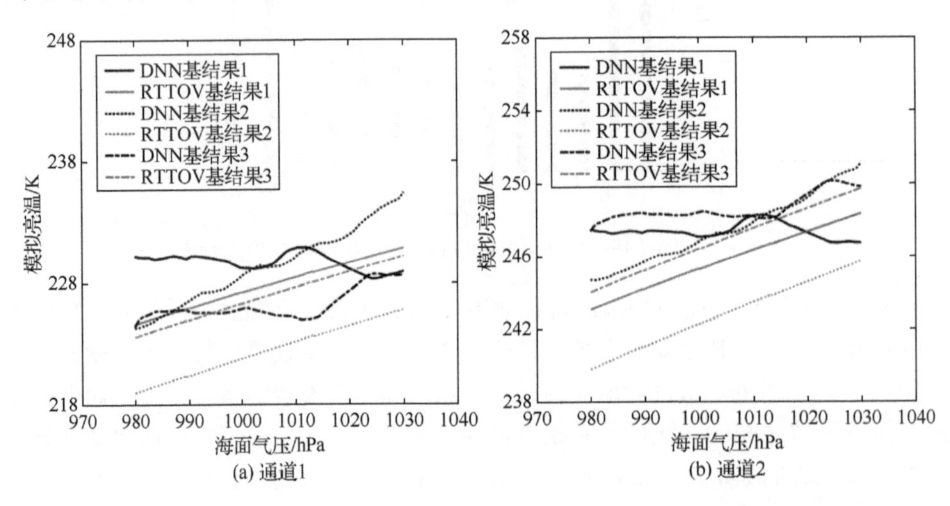

(a) 通道1
(b) 通道2

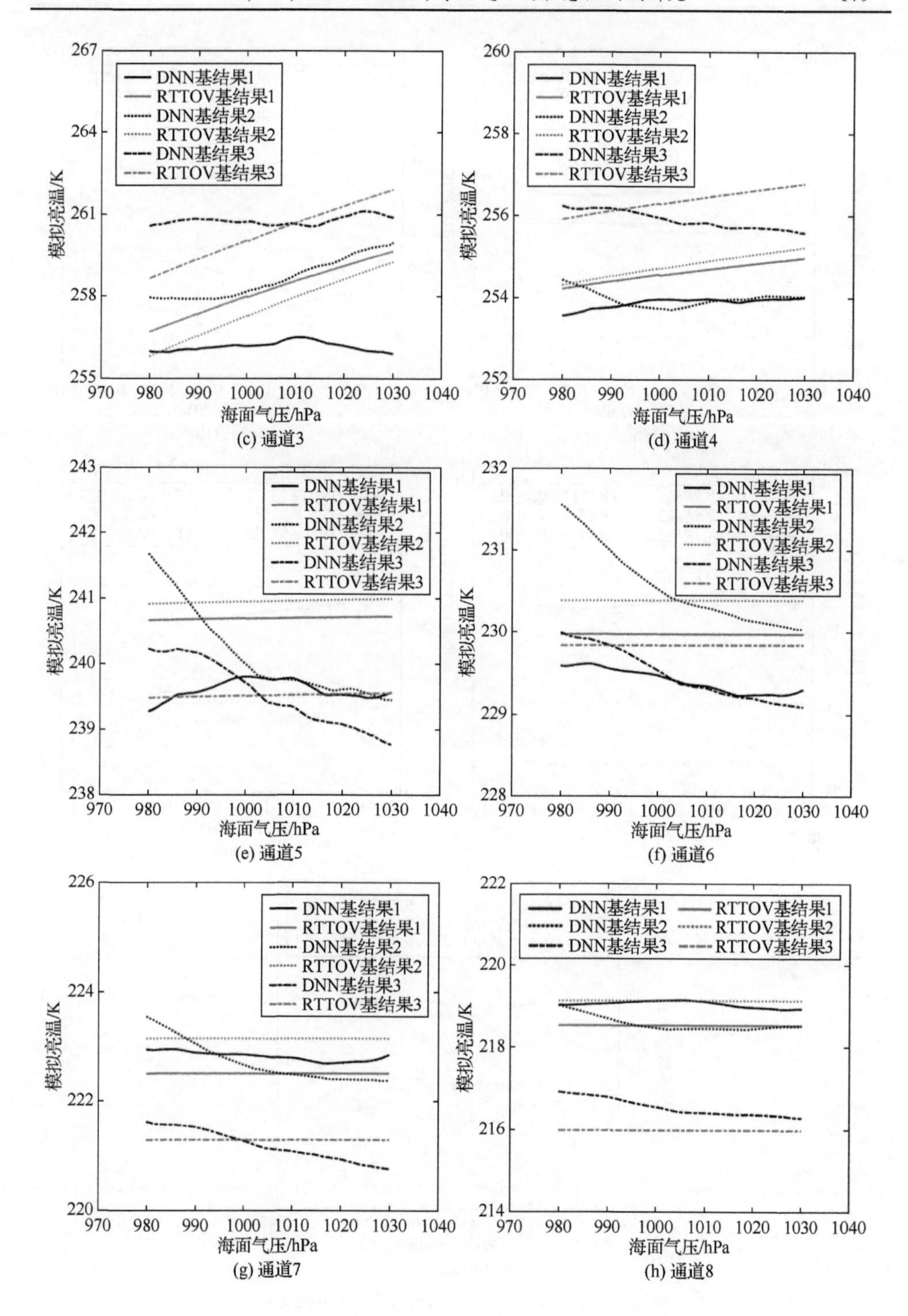

(c) 通道3

(d) 通道4

(e) 通道5

(f) 通道6

(g) 通道7

(h) 通道8

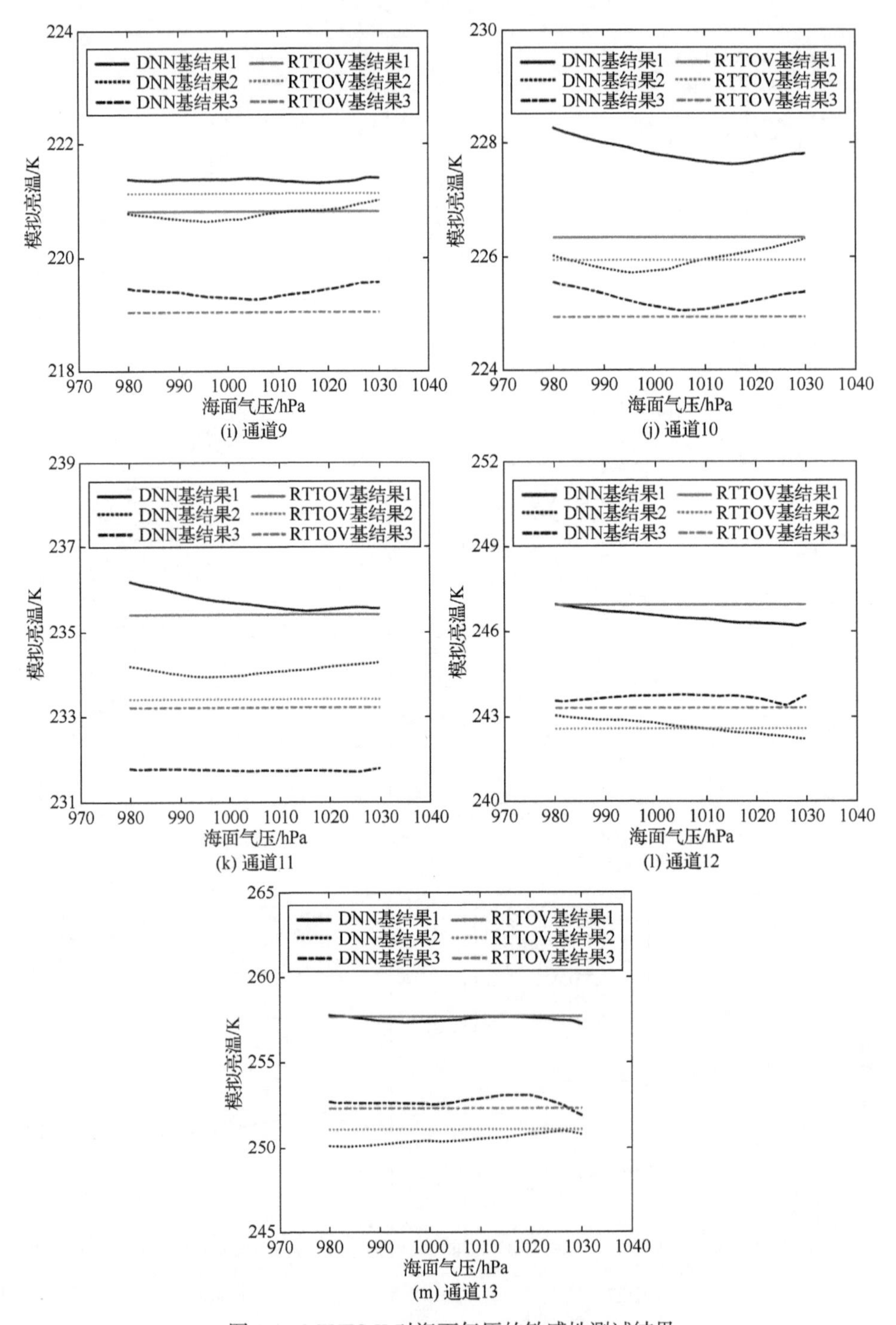

图 9.4　MWTS-II 对海面气压的敏感性测试结果

的模拟亮温均随海面气压的变化而变化，即 MWTS-II 的 13 个通道对海面气压均敏感。这一敏感性测试结果验证了 8.3 节根据微波遥感海面气压理论分析所提出的理论假设，即 MWTS-II 各通道对海面气压敏感，均可用于海面气压的反演计算。

另外，在 RTTOV 基的敏感性测试结果中，通道 1～5 的模拟亮温均随海面气压的增加而增加。这一现象可解释为：在其他大气参数相同的情况下，卫星的探测路径长度随着海面气压的增大而增加，从而使微波探测仪的观测随大气辐射的增加而增加。然而，在 DNN 基的敏感性测试结果中，MWTS-II 每个通道的模拟亮温随着海面气压的变化所呈现出的变化趋势差异较大。这可能是由于基于 DNN 的辐射传输模型对不同大气参数的敏感性不同、大气参数的差异等因素导致的。

值得注意的是，本章建立的基于 DNN 的辐射传输模型与物理基辐射传输模型的本质不同。基于 DNN 的辐射传输模型是描述大气参数和卫星观测亮温之间关系的统计模型，不涉及任何物理概念，只要大气参数满足 DNN 对输入样本的要求，就可用来计算模拟亮温。例如，9.3 节中构造的人工扰动的大气数据集满足 DNN 对输入大气参数的要求，就可预测出对应的 MWTS-II 模拟亮温，尽管该人工扰动的大气数据不是实际的大气参数。物理基辐射传输模型是基于辐射传输方程开发的，其本质是对电磁波在大气中物理传输过程的建模。辐射传输模型建模的前提是要求大气应处于静力学平衡状态，辐射传输计算所使用的大气参数应尽可能符合实际物理状态。在第 8 章中，已使用实际物理大气参数开展了基于 RTTOV 的 MWTS-II 对海面气压的敏感性测试，实验结果表明，使用实际大气参数的敏感性测试结果与本章研究中使用人工扰动的大气参数的敏感性测试结果相一致。

基于 MWTS-II 对海面气压的敏感性测试结果分析，可以得出结论：RTTOV 基敏感性测试结果只能发现具有非零值表面透过率的通道对海面气压的敏感性，而 DNN 基敏感性测试结果可以得到与 8.3 节中理论分析结果相一致的结论，即 MWTS-II 所有通道对海面气压均敏感。

9.5.3　基于模拟亮温的海面气压反演结果

为了验证 MWTS-II 每个通道对海面气压敏感，即 MWTS-II 每个通道对海面气压反演都有贡献，按照实验三的设计，使用反演验证数据集中 MWTS-II 所有通道的 DNN 基模拟亮温对海面气压进行反演，获得 MWTS-II 反演海面气压的基准精度，反演结果如图 9.5 所示。海面气压的反演值和参考值之间的相关系数和偏差分别为 0.956 hPa 和 0.159 hPa，MWTS-II 反演海面气压的基准精度为 2.115 hPa。使用反演验证数据集中 MWTS-II 缺失通道组合的 DNN 基模拟亮温对海面气压反演，并获得 13 个缺失通道组合反演海面气压的精度。缺失通道组合反演海面气压的精度与基准精度之间的差异如图 9.6 所示。另外，对缺失通道组合的 DNN 基模拟亮温反演海面气压的完整验证结果如表 9.1 所示。通过将缺失通道组合的反演精度与基准精度进行比较可以发现，所有缺失通道组合的反演精度都低于基准精度，并且海面气压反演值和参考值之间的相关系数都低于使用 MWTS-II 所有通道 DNN 基模拟亮温反演海面气压所对应的相关系数。对比结果表明，当从 MWTS-II 中移除任何一个通道时，海面气压的反演精度降低，降低幅度都在 0.14 hPa 以上。可见，基于 DNN 基模拟亮温的海面气压反演结果可以验证基于 DNN 的 MWTS-II 对海面气压的敏感性测试结果，即 MWTS-II 所有通道对海面气压均敏感。值得注意的是，尽管 MWTS-II 通道 12 和 13 主要探测高空大气，但这两个通道中任一通道的移除会使基准精度降低约 0.3 hPa。

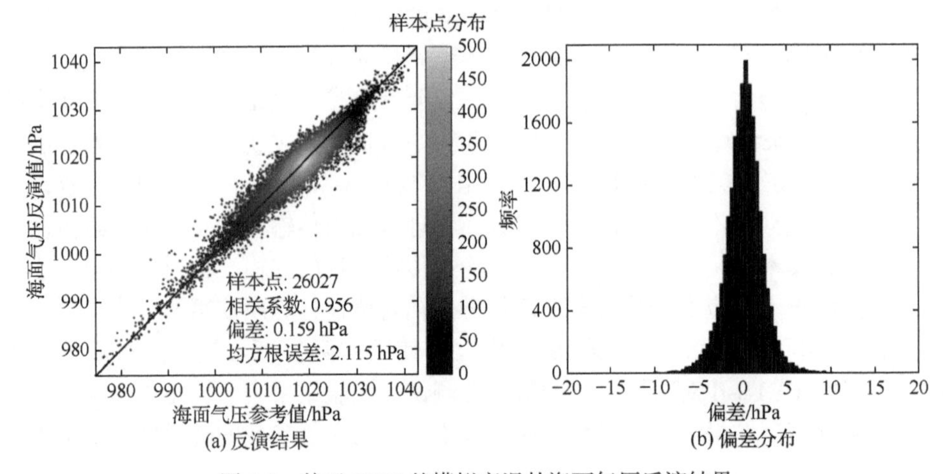

(a) 反演结果　　(b) 偏差分布

图 9.5　基于 DNN 基模拟亮温的海面气压反演结果

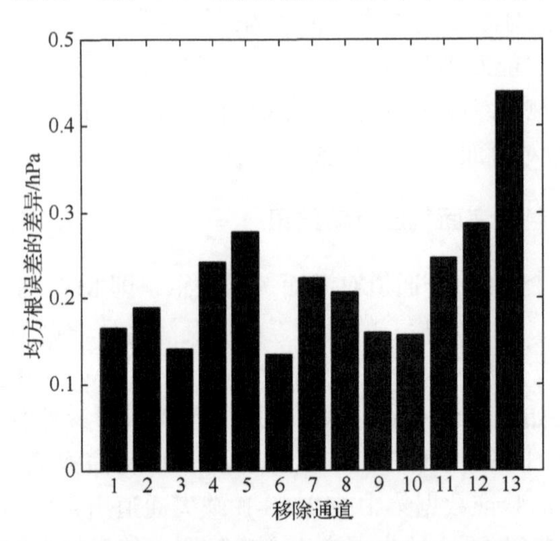

图 9.6　MWTS-II 反演的基准精度与缺失通道组合反演精度之间的差异

表 9.1　缺失通道组合的 DNN 基模拟亮温反演海面气压结果

移除通道	相关系数	偏差/hPa	均方根误差/hPa	移除通道	相关系数	偏差/hPa	均方根误差/hPa
1	0.9487	−0.064	2.281	8	0.9482	−0.388	2.323
2	0.9476	−0.107	2.305	9	0.9489	−0.036	2.276
3	0.9518	−0.445	2.257	10	0.9494	0.205	2.273
4	0.9454	0.181	2.358	11	0.9461	−0.348	2.362
5	0.9435	0.069	2.393	12	0.9467	0.616	2.402
6	0.9510	−0.317	2.251	13	0.9352	−0.088	2.555
7	0.9460	0.055	2.339				

9.5.4　基于观测亮温的海面气压反演结果

实验三使用基于模拟亮温的反演实验验证了基于 DNN 的 MWTS-II 对海面气压的敏感性测试方法的可行性。然而，DNN 基模拟亮温虽然具有较高的精度，但其与 MWTS-II 观测亮温之间存在偏差。因此，使用 MWTS-II 观测亮温开展海面气压的实际反演，进一步验证基于 DNN 的 MWTS-II 对海面气压的敏感性测试方法的可行性是必要的。根据实验四的设计，利用反演验证数据集中 MWTS-II 所有通道的观测亮温反演海面气压，反演结果如图 9.7 所示。图中，海面气压的反演值和参考值之间的相关系数和偏差分别为 0.917、−0.018 hPa，MWTS-II 反演海面气压的实际反演基准精度为 2.885 hPa。与图 9.5 所示的基于 DNN 基模拟亮温的海面气压反演结果相比，模拟亮温与观测亮温之间的偏差使 MWTS-II 观测亮温反演海面气压的精度降低了约 0.8 hPa。

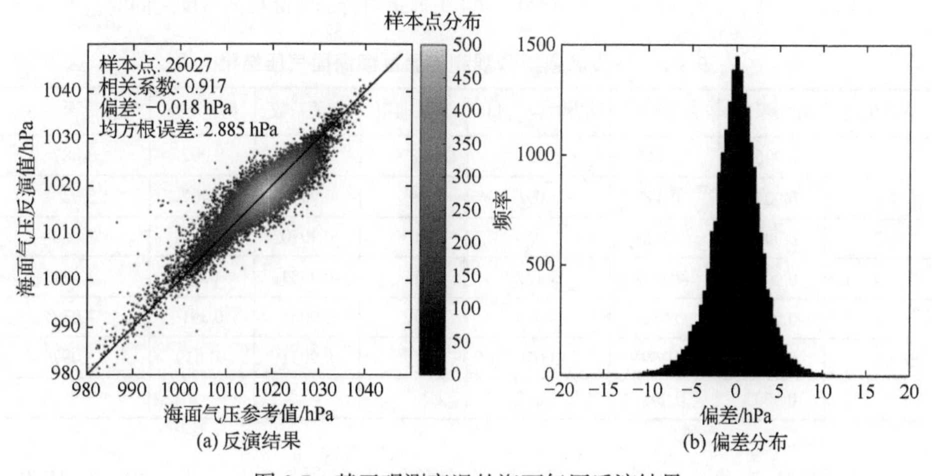

图 9.7　基于观测亮温的海面气压反演结果

使用反演验证数据集中 MWTS-II 缺失通道组合的观测亮温对海面气压反演，并获得 13 个缺失通道组合的实际反演精度。缺失通道组合的实际反演精度与 MWTS-II 的实际反演基准精度之间的差异如图 9.8 所示。另外，缺失通道组合观测亮温反演海面气压的完整验证结果如表 9.2 所示。在 MWTS-II 中移除任何一个通道都会降低实际反演基准精度，其中，移除 MWTS-Ⅱ通道 9 或 12 对实际反演基准精度的影响相对较小，约为 0.13 hPa，而当移除 MWTS-II 通道 2、8 和 13 中任一通道时会使实际反演基准精度降低 0.2 hPa 以上。另外，与表 9.1 中去除 MWTS-II 通道 13 后的反演结果相似，从表 9.2 可以看出，从 MWTS-II 中移除通道 13 后的反演精度会明显降低。因此，在实际反演中 MWTS-II 通道 13 对海面气压反演具有重要贡献。

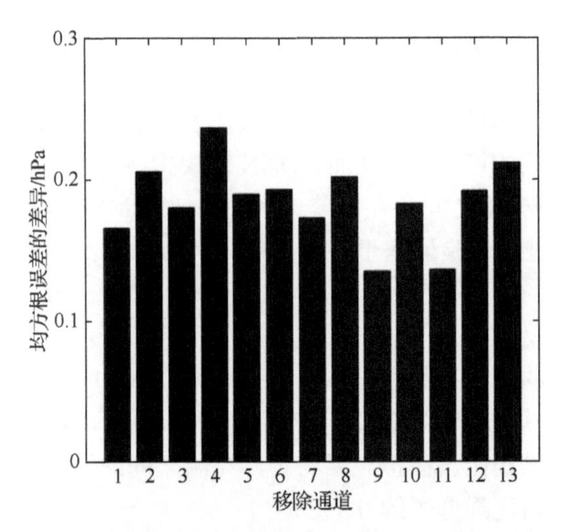

图 9.8 MWT-II 的实际反演基准精度与缺失通道组合的实际反演精度之间的差异

表 9.2 缺失通道组合观测亮温反演海面气压结果

移除通道	相关系数	偏差/hPa	均方根误差/hPa	移除通道	相关系数	偏差/hPa	均方根误差/hPa
1	0.9062	−0.145	3.051	8	0.9037	0.002	3.087
2	0.9061	−0.492	3.091	9	0.9098	0.407	3.020
3	0.9060	0.258	3.066	10	0.9070	0.445	3.068
4	0.9013	−0.019	3.122	11	0.9083	−0.050	3.021
5	0.9045	0.030	3.075	12	0.9065	0.391	3.077
6	0.9062	0.269	3.078	13	0.9031	−0.039	3.097
7	0.9057	0.005	3.058				

MWTS-II 观测亮温反演海面气压的实验结果表明，在实际反演中 MWTS-II

各通道对海面气压反演都有贡献，这与 MWTS-II 的 DNN 基模拟亮温反演海面气压的实验结果一致，同时也验证了 DNN 基敏感性测试结果的可靠性，以及本章提出的基于 DNN 的 MWTS-II 对海面气压的敏感性测试方法的可行性。

9.6 算法稳定性评估

本章使用 DNN 建立了辐射传输模型和反演模型，对基于 DNN 所建立的模型进行稳定性分析具有重要意义。因为 DNN 的稳定性可能直接影响 MWTS-II 对海面气压的敏感性测试结果以及 MWTS-II 通道对反演海面气压的贡献测试结果，进而会影响基于 MWTS-II 反演海面气压实验所得出的结论。由于 DNN 训练时所使用的初始偏差和权重是随机设置的，一个性能稳定的 DNN 配置几乎不受训练时初始条件的影响。

以缺失通道组合的观测亮温反演海面气压为例，对本章建立的基于 DNN 的海面气压反演模型的稳定性进行测试。根据实验四中获得缺失通道组合的实际反演精度的操作，针对某一个缺失通道组合，对 DNN 进行三次独立的训练，建立三个海面气压反演模型，并可以获取该缺失通道组合的三个实际反演精度。对于 MWTS-II 的 13 个缺失通道组合，每个缺失通道组合均可获得三个实际反演精度。统计每个缺失通道组合的三个实际反演精度分别与实验四中相应缺失通道组合的实际反演精度的差异，如图 9.9 所示。

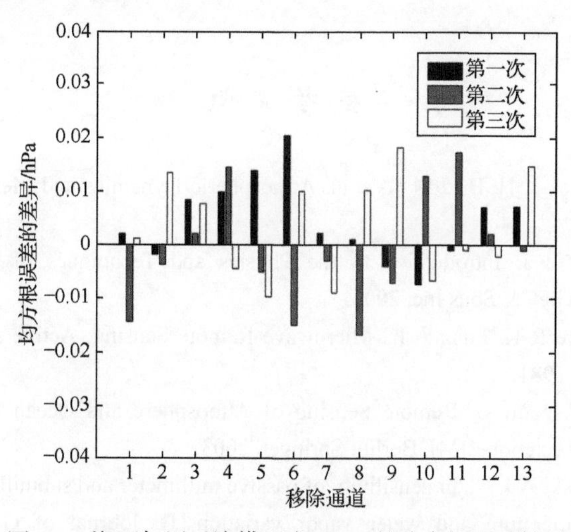

图 9.9　海面气压反演模型中 DNN 的稳定性测试结果

对于 MWTS-II 的 13 个缺失通道组合而言，DNN 的独立训练虽然会导致不同的反演精度，但是三次独立的训练及反演与实验四中缺失通道组合的实际反演精度之间的差异均保持在 0.02 hPa 以内。由于 DNN 稳定性导致的 0.02 hPa 的海面气压反演精度差异对于图 9.8 中判断某一个通道对海面气压反演是否有贡献是不影响的。因此，本章基于 DNN 所建立的辐射传输模型和反演模型是稳定的，根据实验结果得到的实验结论也是可靠的。

9.7 本章小结

本章建立了基于 DNN 的 MWTS-II 对海面气压的敏感性测试方法，相比传统的基于物理基辐射传输模型的敏感性测试方法，能够更准确地描述 MWTS-II 观测与海面气压之间的关系。分别使用 DNN 基模拟亮温和观测亮温对海面气压进行了反演实验，同时测试了 MWTS-II 每个通道对海面气压的反演贡献，两类实验结果均验证了本章建立的基于 DNN 的 MWTS-II 对海面气压的敏感性测试方法的可行性；同时，也验证了基于 DNN 的 MWTS-II 对海面气压的敏感性测试结果与微波遥感海面气压的理论分析结果相一致。

基于 DNN 的 MWTS-II 对海面气压的敏感性测试方法不仅适用于海面气压，而且在温度、湿度、云和表面参数等大气参数的反演中也有潜在的应用价值。把基于 DNN 的敏感性测试方法应用于其他大气参数的微波遥感中是后续的研究方向。另外，为了更加深入了解微波探测仪在探测海面气压中的表现，提高微波探测海面气压的应用能力，不同微波频段探测海面气压的能力对比也是接下来的工作重点。

参考文献

[1] Flasar F M, Baines K H, Bird M K, et al. Atmospheric Dynamics and Meteorology[M]. Berlin: Springer, 2009.

[2] Elachi C, van Zyl J. Introduction to the Physics and Techniques of Remote Sensing[M]. Hoboken: John Wiley & Sons Inc, 2006.

[3] Ulaby F T, Moore R K, Fung A K. Microwave Remote Sensing: Active and Passive[M]. MA: Addison-Wesley, 1981.

[4] Marzano F S, Visconti G. Remote Sensing of Atmosphere and Ocean from Space: Models, Instruments and Techniques[M]. Berlin: Springer, 2003.

[5] Klein M, Gasiewski A J. Nadir sensitivity of passive millimeter and submillimeter wave channels to clear air temperature and water vapor variations[J]. Journal of Geophysical Research: Atmospheres, 2000, 105(D13): 17481-17511.

[6] Zhang K, Gasiewski A J. Multiband simulations of multistream polarimetric microwave radiances over aspherical hydrometeors[J]. Journal of Geophysical Research: Atmospheres, 2018, 123(22):

12738-12761.

[7] Ebell K, Orlandi E, Hunerbein A, et al. Combining ground-based with satellite-based measurements in the atmospheric state retrieval: Assessment of the information content[J]. Journal of Geophysical Research: Atmospheres, 2013, 118(13): 6940-6956.

[8] Liu C, Li J, Ho S, et al. Retrieval of atmospheric thermodynamic state from synergistic use of radio occultation and hyperspectral infrared radiances observations[J]. IEEE Journal of Selected Topics in Applied Earth Observations and Remote Sensing, 2016, 9(2): 744-756.

[9] Che Y, Ma S, Xing F, et al. Research on retrieval of atmospheric temperature and humidity profiles from combined ground-based microwave radiometer and cloud radar observations[J]. Atmospheric Measurement Techniques Discussions, 2016: 1-24.

[10] Navas-Guzmán F, Stähli O, Kämpfer N. An integrated approach toward the incorporation of clouds in the temperature retrievals from microwave measurements[J]. Atmospheric Measurement Techniques, 2014, 7(6): 1619-1628.

[11] He Q, Wang Z, Li J. Fusion retrieval of sea surface barometric pressure from the microwave humidity and temperature sounder and microwave temperature sounder-II onboard the fengyun-3 satellite[J]. Remote Sensing, 2022, 14(2): 276.

[12] Saunders R, Hocking J, Turner E, et al. An update on the RTTOV fast radiative transfer model (currently at version 12)[J]. Geoscientific Model Development, 2018, 11(7): 2717-2737.

[13] Liu Q, Boukabara S. Community radiative transfer model (CRTM) applications in supporting the suomi national polar-orbiting partnership (SNPP) mission validation and verification[J]. Remote Sensing of Environment, 2014, 140: 744-754.

[14] Buehler S A, Mendrok J, Eriksson P, et al. ARTS, the atmospheric radiative transfer simulator-version 2.2, the planetary toolbox edition[J]. Geoscientific Model Development, 2018, 11(4): 1537-1556.

第 10 章　60 GHz 和 118 GHz 的海面气压探测能力对比

10.1　引　　言

60 GHz 和 118 GHz 用于星载微波遥感大气温度廓线已有超过 50 年的历史，目前仍是获取大气温度信息的主要频段[1-4]。早在 1971 年，Croom 对 60 GHz 和 118 GHz 各自在探测大气温度廓线方面的表现进行了详细的讨论，主要包括：①在特定的天线尺寸下，118 GHz 的空间分辨率是 60 GHz 的两倍；②118 GHz 是一条独立的氧气吸收线，其接收机设计更加简单；③118 GHz 具有更简单的 Zeeman 效应，探测高空温度时更具优势；④与 60 GHz 相比，118 GHz 对水汽凝结物更加敏感，在反演应用时更容易受到云参数的影响[5]。然而，由于 118 GHz 观测量包含了有关云参数的信息，可用于云信息的探测。针对这两个频段对云参数敏感性的不同而导致对温度探测性能的差异，大量使用模拟数据和机载平台的遥感数据已开展了相关研究，表明了这两个频段在非降水条件下的探测能力相当[6-8]。目前，60 GHz 和 118 GHz 在大气温度廓线的探测中应用成熟，在大气科学领域的各种应用中发挥了重要作用[9-11]。

根据微波遥感海面气压的理论分析和验证，60 GHz 和 118 GHz 作为被动微波遥感海面气压的重要频段，均可用于星载微波辐射计的海面气压探测[12-15]。然而，与温度探测相似，60 GHz 频段和 118 GHz 频段的频段特性以及它们对大气中水汽凝结物的敏感性不同，可能会导致这两个频段在不同的天气条件下对海面气压的探测能力发生变化[10,16]。系统地研究 60 GHz 和 118 GHz 在各种大气条件下对海面气压的探测能力，进而深入了解这两个频段在探测海面气压方面的表现，可进一步推动被动微波遥感海面气压理论和应用的发展。

MWHTS 在 118 GHz 频段设置了 8 个通道，MWTS-II 在 60 GHz 频段设置了 13 个通道，两个载荷在同一个卫星平台的运行，为在相同的观测场景和观测条件下对比 60 GHz 和 118 GHz 对海面气压的探测能力提供了条件[9]。本章以 MWTS-II 和 MWTS-II 观测资料为研究对象，基于 DNN 建立了海面气压的反演模型，分别开展了 60 GHz 和 118 GHz 在晴空、有云和有雨条件下的海面气压反演实验，对 60 GHz 和 118 GHz 在不同天气条件下的海面气压探测能力进行了对比和分析。

本章 10.2 节对研究中所使用的数据根据天气条件分类，并对分类效果进行验证；10.3 节建立了 MWTS-II 和 MWHTS 通道间的对应关系，并分别设计了基于 60 GHz 和 118 GHz 观测数据的海面气压反演实验、高空探测通道对海面气压反演的贡献测试实验和 MWHTS 和 MWTS-II 反演海面气压实验；10.4 节根据海面气压反演结果评价 60 GHz 和 118 GHz 对海面气压的探测能力、MWTS-II 高空探测通道对海面气压反演的贡献，以及 MWTS-II 和 MWHTS 对海面气压的探测能力；10.5 节是对本章内容的总结。

10.2　数据分类及验证

本章研究使用的 MWTS-II 和 MWHTS 观测亮温及大气数据集与第 8 章中 MWTS-II 和 MWHTS 融合反演海面气压所使用的数据相同，并使用相同的匹配规则建立 MWHTS 和 MWTS-II 观测亮温的亮温匹配对，以及亮温匹配对与大气数据的匹配数据集。然而，与第 8 章中数据预处理流程不同的是，本章为了在不同天气条件下对比 60 GHz 和 118 GHz 的海面气压探测能力，需要对匹配数据集按照天气条件进行分类。本章与第 6 章所采用的数据分类方法相同，即使用云水参数对匹配数据集进行分类，而本章进一步对使用云水参数进行数据分类的原因和效果进行了详细的阐述及验证。

辐射传输方程是对微波与大气成分相互作用(如吸收和散射等)的数学描述，是微波遥感大气的物理基础[10,17]。基于辐射传输方程开发的辐射传输模型是对微波在大气中传输的物理过程的建模[18]。在微波遥感领域，微波辐射传输模型不管是对于微波遥感理论的发展还是微波探测数据的应用都至关重要[17]。例如，微波遥感大气参数理论的验证、微波探测仪器的通道指标的合理性评估、微波遥感仪器数据质量的评价等均需要以辐射传输模型为基础开展相关研究。另外，微波辐射传输模型的计算精度也与卫星观测数据的反演或同化应用效果直接相关[19]。

然而，微波辐射传输模型对模拟亮温的计算精度在不同的天气条件下是有差别的。与晴空相比，微波在有云或有雨大气中的辐射传输过程相对复杂，建模难度也会增加。通常情况下，由于一些非建模的物理过程、物理建模不精确以及参与辐射传输计算的大气参数的精度较差等原因会导致辐射传输模型的精度在有云或者有雨大气条件下较差[20]。另外，云和降水的存在会增加微波辐射的衰减，进而可能减小微波观测对大气参数的敏感性。

考虑到微波在不同天气条件下的辐射传输过程的差别，以及辐射传输模型对模拟亮温计算精度的差别，对被动微波观测数据按照天气条件进行分类，在不同的大气场景下开展 60 GHz 和 118 GHz 对海面气压探测能力的对比研究是有必要的。鉴于辐射传输模型对模拟亮温的计算精度在不同天气条件下是不同的，本章使用辐射传输模型的计算精度对数据分类效果进行验证。

有关晴空和降水场景的判断方法在第 6 章已详细描述过，在此不再赘述。本章的研究目的是对比 118 GHz 和 60 GHz 的海面气压探测能力，而非基于卫星观测数据的海面气压反演应用，因此选择使用 ERA-Interim 再分析数据集中的云水含量对已建立的匹配数据集进行晴空、有云和有雨条件下的数据分类，同时开展了使用 RTTOV 对模拟亮温的计算精度对数据分类效果的评价。由于 ERA-Interim 再分析数据集中缺少云冰和降水等的准确信息，使用 RTTOV 计算 MWTS-II 和 MWHTS 模拟亮温时并未考虑云冰和降水等参数引起的吸收或散射辐射的影响。

根据天气条件对数据分类的效果评价流程如下：首先，把匹配数据集中的大气参数输入到 RTTOV 计算 MWHTS 和 MWTS-II 模拟亮温；然后，以云水含量为 0 作为起始点，每 0.01 mm 为一个区间且为步长，增加至 0.69mm，而云水含量大于 0.7 mm 的数据量较少，把云水含量大于 0.7 mm 的数据归为一个区间；最后，把 MWHTS 和 MWTS-II 的模拟亮温划分至区间内，计算每个区间内 MWHTS 和 MWTS-II 各通道的模拟亮温和观测亮温之间的均方根误差。统计 MWHTS 和 MWTS-II 模拟亮温的精度随云水参数的变化关系，如图 10.1 所示。

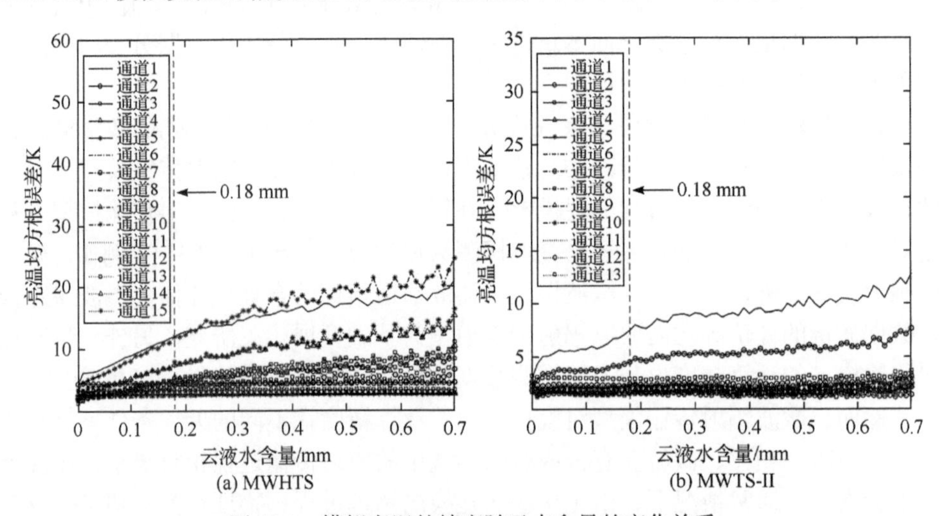

图 10.1　模拟亮温的精度随云水含量的变化关系

MWHTS 温度探测通道 2～6 的模拟亮温精度不受云水含量的影响，主要是因为这几个通道的权重函数峰值分布高度在 350 hPa 以上，主要探测中高空的大气温度信息，对水汽不敏感，且降水主要发生在 400 hPa 以下的中低空。然而，探测路径中云水含量的增加或者降水的发生均会影响权重函数峰值分布高度接近地表的 MWHTS 温度探测通道 7～9 及窗区通道 1 和 10，因此，随着云水含量的增加，这些通道中的模拟亮温精度变差。MWHTS 湿度探测通道 11～15 由于对水汽敏感，其观测亮温均会受到云水含量的影响，随着云水含量的增加，这些通道的模拟亮温精度较差。根据湿度探测通道中模拟亮温的精度随云水含量的变化关系可以发现，MWHTS 通道 15 受云水含量的影响最大，而通道 11 受云水含量的影响最小。由于 60 GHz 氧气吸收频段对水汽的敏感性较弱，云水含量或降水只影响了权重函数峰值分布高度接近地表通道的 MWTS-II 通道 1～3 的观测亮温，而其他通道几乎不受云水含量的影响。MWTS-II 通道 1 对云水含量的敏感性较强，通道 2 和 3 对云水含量的敏感性较弱。

根据以上分析可以发现，辐射传输方程的非线性度随着云水含量的增加而增加，进而导致辐射传输建模难度增加，辐射传输模型对模拟亮温的计算精度变差。因此，可使用 RTTOV 对模拟亮温的计算精度来辅助评价微波观测是否受云或降水的影响。在图 10.1 中，对于受云水含量影响的 MWHTS 通道 1、7～15 以及 MWTS-II 通道 1～3 而言，这些通道的模拟亮温精度在云水含量为 0 mm 时最高，因此，把云水含量为 0 作为选择晴空数据的标准。另外，对水汽敏感的 MWHTS 通道 11～15 的模拟亮温精度在 0.18 mm 附近存在一个明显的下降趋势，因此，选择使用 0.18 mm 的云水含量作为降水标识来判断降水场景，即云水含量大于 0.18 mm 作为降水数据的选择标准。

根据以上分析所建立的数据分类标准，可以把匹配数据集分为晴空数据集、有云数据集和有雨数据集。由于海面气压的反演实验是在不同天气条件下开展的，分别选择晴空数据集、有云数据集和有雨数据集中 2018 年 9 月～2019 年 6 月的匹配样本建立晴空分析数据集、有云分析数据集和有雨分析数据集，数据集中剩余的匹配数据分别建立晴空验证数据集、有云验证数据集和有雨验证数据集。总结本章研究数据的预处理流程如图 10.2 所示。

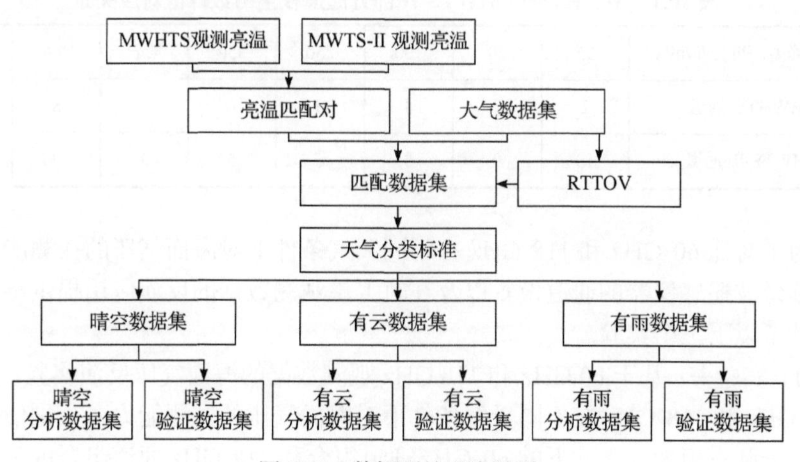

图 10.2　数据预处理流程图

10.3　算法和实验设计

本章为了对比 60 GHz 和 118 GHz 对海面气压的探测能力所开展的海面气压反演实验均选择 DNN 反演算法，具体反演算法的建立流程与 8.4.1 节相同。以晴空条件下 MWTS-II 反演海面气压为例，具体操作为：以晴空分析数据集中 MWTS-II 观测亮温为输入，海面气压为输出，训练 DNN，并建立基于 DNN 的海面气压反演模型；把晴空验证数据集中的 MWTS-II 观测亮温输入到基于 DNN 的海面气压反演模型反演海面气压，以晴空验证数据集中的海面气压为参考数据验证海面气压的反演值。当使用 MWHTS 观测亮温取代 MWTS-II 观测亮温时，可获得 MWHTS 对海面气压的反演结果。按照与晴空条件下反演海面气压的相同操作，即可分别获得有云和有雨条件下海面气压的反演结果。

需要注意的是，本章的目的是基于 MWTS-II 和 MWHTS 观测亮温对比 60 GHz 和 118 GHz 对海面气压的探测能力。然而，MWTS-II 在 60 GHz 频段内设置了 13 个通道，而 MWHTS 在 118 GHz 频段内设置了 8 个通道，频段内设置的通道数目和权重函数分布的差异不利于这两个频段的对比。因此，需要从 MWTS-II 中选择出与 MWHTS 相对应的通道，选择标准是通道权重函数峰值高度分布在相同或相近的压强层。根据 MWTS-II 和 MWHTS 各通道权重函数分布高度，建立了 60 GHz 通道组合(MWTS-II 通道 1～3 和 5～10)和 118 GHz 通道组合(MWHTS 通道 2～9)用于对比 60 GHz 和 118 GHz 的海面气压探测能力。60 GHz 通道组合和 118 GHz 通道组合中各通道权重函数峰值高度分布的对应关系如表 10.1 所示。

表 10.1　MWHTS 和 MWTS-II 部分通道权重函数峰值对应关系

WF 峰值高度分布/hPa	25	50	100	250	350	地表	地表	地表
MWHTS 通道	2	3	4	5	6	7	8	9
MWTS-II 通道	10	9	8	6	5	3	2	1

为了对比 60 GHz 和 118 GHz 在不同天气条件下对海面气压的探测能力，并为后续微波遥感仪器的通道设置以及在轨卫星观测数据的反演应用提供参考，本章设计了以下三个实验。

(1) 实验一：基于 60 GHz 和 118 GHz 观测数据的海面气压反演实验。为了对比 60 GHz 和 118 GHz 在不同天气条件下对海面气压的探测能力，分别使用了晴空、有云和有雨大气条件下的 60 GHz 通道组合和 118 GHz 通道组合的观测亮温开展海面气压的反演实验。以晴空大气条件下 60 GHz 通道组合和 118 GHz 通道组合的观测亮温反演海面气压为例。分别把晴空分析数据集中 60 GHz 通道组合和 118 GHz 通道组合的观测亮温作为 DNN 的输入，相应的海面气压为输出，对 DNN 进行训练，可分别建立 60 GHz 晴空反演模型和 118 GHz 晴空反演模型。把晴空验证数据集中 60 GHz 通道组合和 118 GHz 通道组合的观测亮温分别输入相应的晴空反演模型，可获得晴空海面气压的反演值。按照相同的操作可获得 60 GHz 通道组合和 118 GHz 通道组合在有云和有雨天气条件下的海面气压反演值。

(2) 实验二：高空探测通道对海面气压反演的贡献测试。为了测试表面透过率为 0 的 MWTS-II 高空探测通道 11～13 对海面气压的探测能力，进而为后续微波遥感仪器的研制提供实测数据参考，在 60 GHz 通道组合中加入 MWTS-II 通道 11～13，建立 60 GHz 扩展通道组合，使用 60 GHz 扩展通道组合开展海面气压的反演实验。在实验一中，用 60 GHz 扩展通道组合的观测亮温取代 60 GHz 通道组合的观测亮温开展 DNN 的训练及海面气压反演，可分别获得 60 GHz 扩展通道组合在晴空、有云和有雨天气条件下对海面气压的反演结果。

(3) 实验三：MWHTS 和 MWTS-II 反演海面气压实验。为了对比 MWHTS 和 MWTS-II 对海面气压的探测能力，进而为在轨卫星观测数据在海面气压反演应用中提供参考，使用 MWHTS 所有 15 个通道和 MWTS-II 所有 13 个通道的观测亮温开展海面气压的反演实验。具体的反演实验操作与实验一相同，即在实验一中分别用 MWTS-II 的 13 个通道取代 60 GHz 通道组合，MWHTS 的 15 个通道取代 118 GHz 通道组合，建立相应的海面气压反演模型并反演海面气压，可获得 MWHTS 和 MWTS-II 分别在晴空、有云和有雨天气条件下对海面气压的反演结果。

10.4 实验结果

10.4.1 60 GHz 通道组合和 118 GHz 通道组合反演结果对比

根据 10.3 节实验一的设计，分别使用晴空验证数据集、有云验证数据集和有雨验证数据集中 60 GHz 通道组合观测亮温和 118 GHz 通道组合观测亮温反演海面气压。晴空条件下 60 GHz 通道组合和 118 GHz 通道组合反演海面气压的结果分别如图 10.3 和图 10.4 所示。在晴空条件下，60 GHz 通道组合的海面气压反演值与参考值之间的相关系数、偏差和均方根误差分别为 0.877、0.032 hPa 和 2.552 hPa，118 GHz 通道组合的海面气压反演值与参考值之间的相关系数、偏差和均方根误差分别为 0.786、–0.033 hPa 和 3.275 hPa。在晴空条件下，60 GHz 通道组合可获得比 118 GHz 通道组合高约 0.7 hPa 的海面气压反演精度，因此，60 GHz 通道组合具有更强的海面气压探测能力。

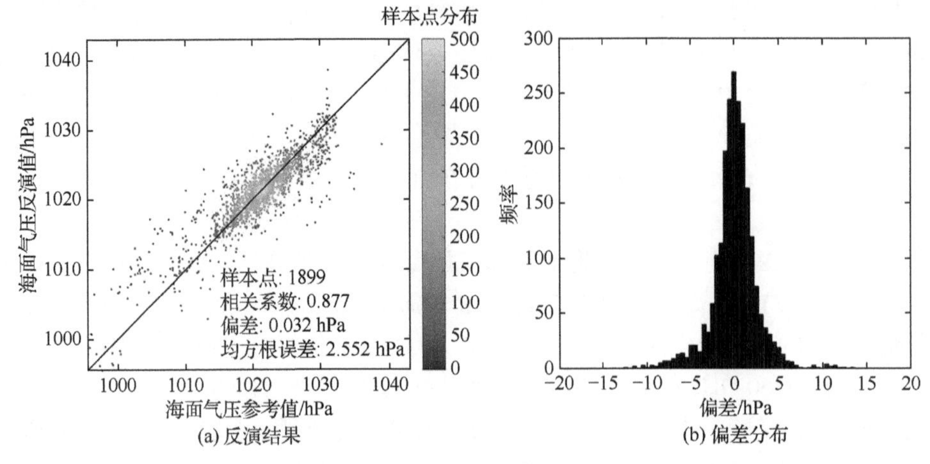

(a) 反演结果　(b) 偏差分布

图 10.3　晴空条件下 60 GHz 通道组合对海面气压的反演

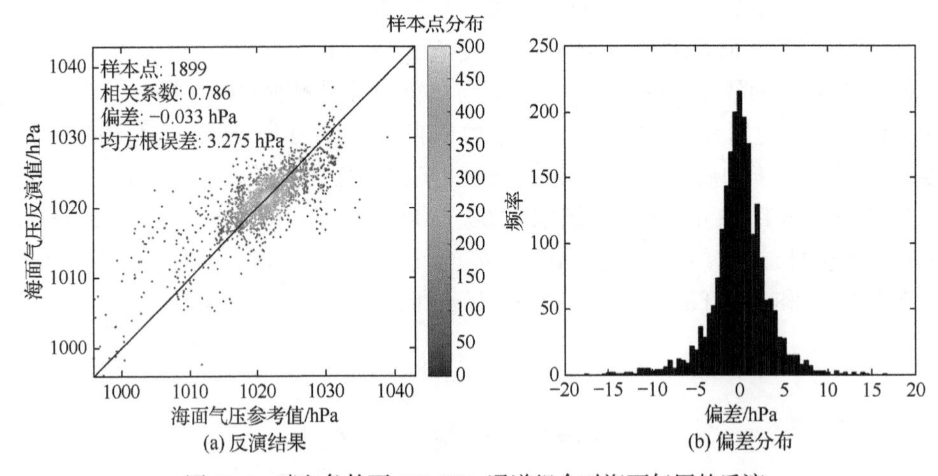

(a) 反演结果　(b) 偏差分布

图 10.4　晴空条件下 118 GHz 通道组合对海面气压的反演

有云条件下 60 GHz 通道组合和 118 GHz 通道组合反演海面气压的结果分别如图 10.5 和图 10.6 所示。60 GHz 通道组合的海面气压反演值与参考值之间的相关系数、偏差和均方根误差分别为 0.874、0.733 hPa 和 3.640 hPa，118GHz 通道组合的海面气压反演值与参考值之间的相关系数、偏差和均方根误差分别为 0.773、−0.692 hPa 和 4.712 hPa。与晴空条件下的反演结果相似，在有云条件下，60 GHz 通道组合可获得比 118 GHz 通道组合高约 1.1 hPa 的海面气压反演精度，因此，60GHz 在有云条件下同样具有更高的海面气压探测能力。

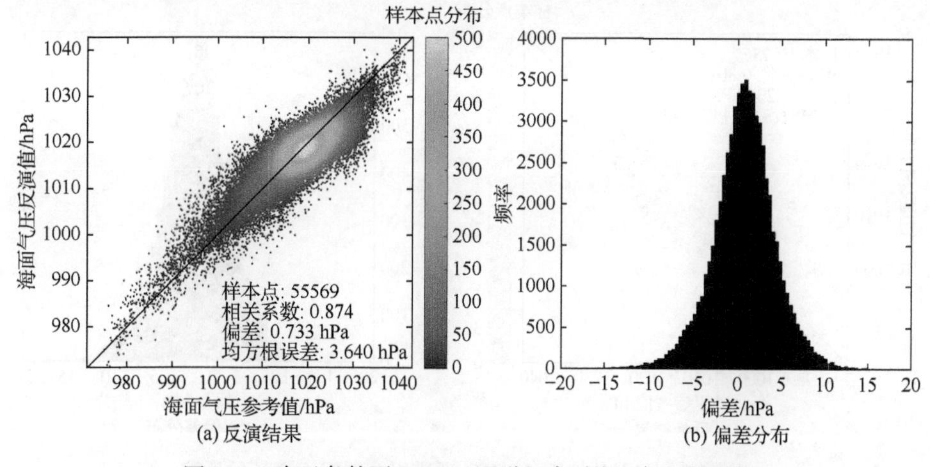

(a) 反演结果　(b) 偏差分布

图 10.5　有云条件下 60 GHz 通道组合对海面气压的反演

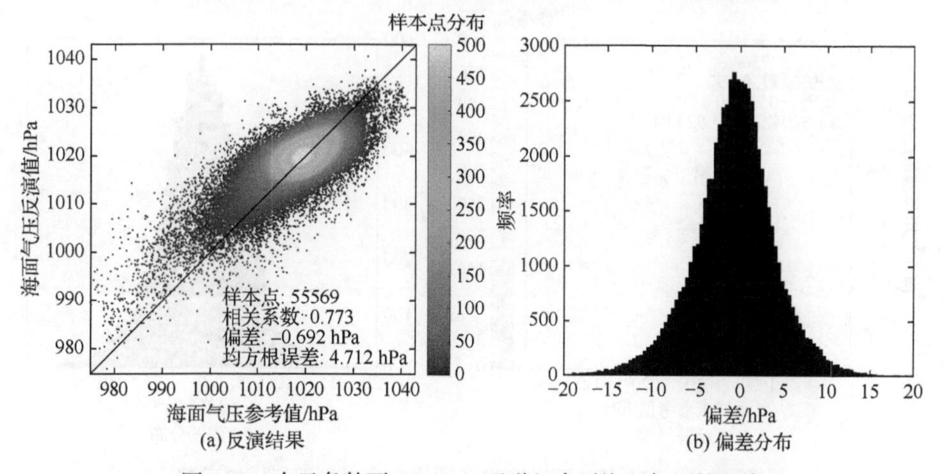

(a) 反演结果　(b) 偏差分布

图 10.6　有云条件下 118 GHz 通道组合对海面气压的反演

有雨条件下 60 GHz 通道组合和 118 GHz 通道组合反演海面气压的结果分别如图 10.7 和图 10.8 所示。60 GHz 通道组合的海面气压反演值与参考值之间的相关系数、偏差和均方根误差分别为 0.801、0.235 hPa 和 4.066 hPa，118 GHz 通道组合的海面气压反演值与参考值之间的相关系数、偏差和均方根误差分别是 0.692、−0.207 hPa 和 4.902 hPa。在有雨条件下，60 GHz 通道组合可获得比 118 GHz 通道组合高约 0.8 hPa 的海面气压反演精度，因此，60 GHz 在有雨条件下同样具有更高的海面气压探测能力。

通过对比 60 GHz 通道组合和 118 GHz 通道组合分别在晴空、有云和有雨天气条件下对海面气压的反演结果可以发现，与 118 GHz 通道组合相比，60 GHz 通道组合在各种大气条件下均具有更强的海面气压探测能力。另外，对比 60 GHz

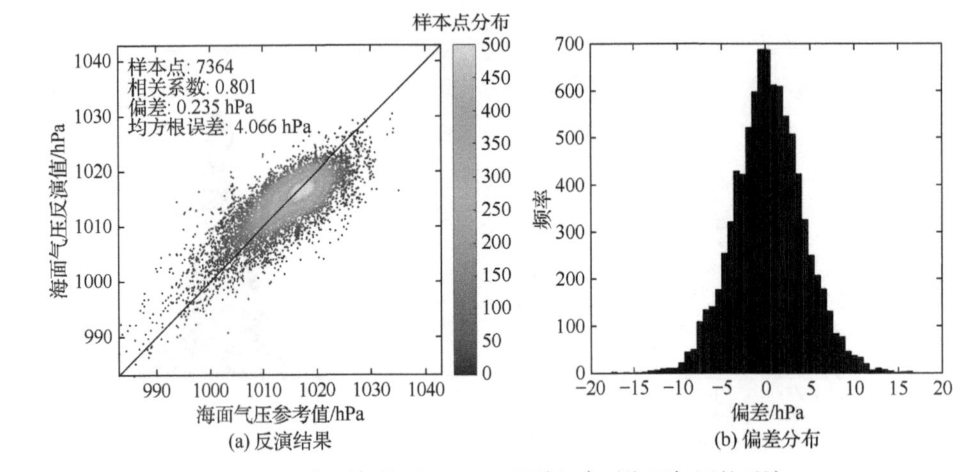

(a) 反演结果　(b) 偏差分布

图 10.7　有雨条件下 60 GHz 通道组合对海面气压的反演

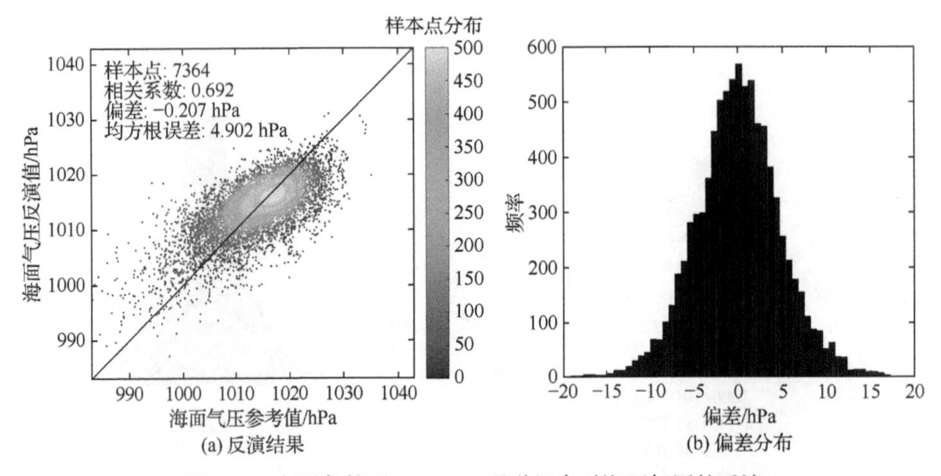

(a) 反演结果　(b) 偏差分布

图 10.8　有雨条件下 118 GHz 通道组合对海面气压的反演

或 118 GHz 通道组合在三种大气条件下的反演结果可以发现，探测路径中的云水含量越多反演精度越差。

10.4.2　60 GHz 扩展通道组合反演结果

根据 10.3 节实验二的设计，分别使用晴空验证数据集、有云验证数据集和有雨验证数据集中 60 GHz 扩展通道组合的观测亮温反演海面气压，反演结果分别如图 10.9～图 10.11 所示。晴空条件下的 60 GHz 扩展通道组合的海面气压反演值与参考值之间的相关系数、偏差和均方根误差分别是 0.937、−0.358 hPa 和 1.893 hPa。与图 10.3 中 60 GHz 通道组合的反演结果相比，60 GHz 扩展通道组合的海面气压反演精度提高了约 0.6 hPa。有云条件下的 60 GHz 扩展通道组合的海面气压反演值与参考值之间的相关系数、偏差和均方根误差分别是 0.917、−0.252 hPa 和 2.936 hPa，与图 10.5 中 60 GHz 通道组合的反演结果相比，60 GHz 扩展通道组合在有云条件下对海面气压的反演精度提高了约 0.7 hPa。有雨条件下的 60 GHz 扩展通道组合的海面气压反演值与参考值之间的相关系数、偏差和均方根误差分别是 0.884、0.159 hPa 和 3.169 hPa，相比 60 GHz 通道组合，对海面气压的反演精度提高了约 0.9 hPa。另外，通过对比图 10.10 和图 10.11 可以发现，由于加入到 60 GHz 扩展通道组合中的 MWTS-II 通道 11～13 的观测亮温几乎不受云和降水的影响，60 GHz 扩展通道组合在有云和有雨条件下对海面气压的反演精度相当。

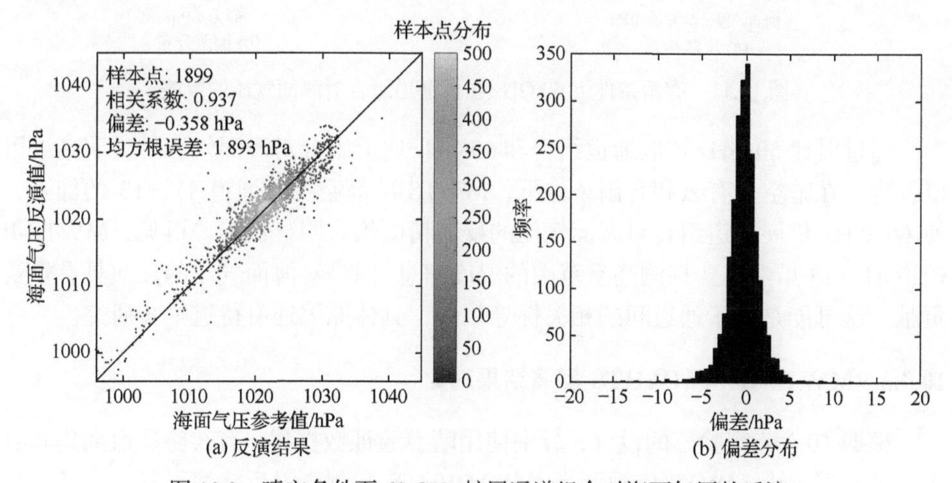

图 10.9　晴空条件下 60 GHz 扩展通道组合对海面气压的反演

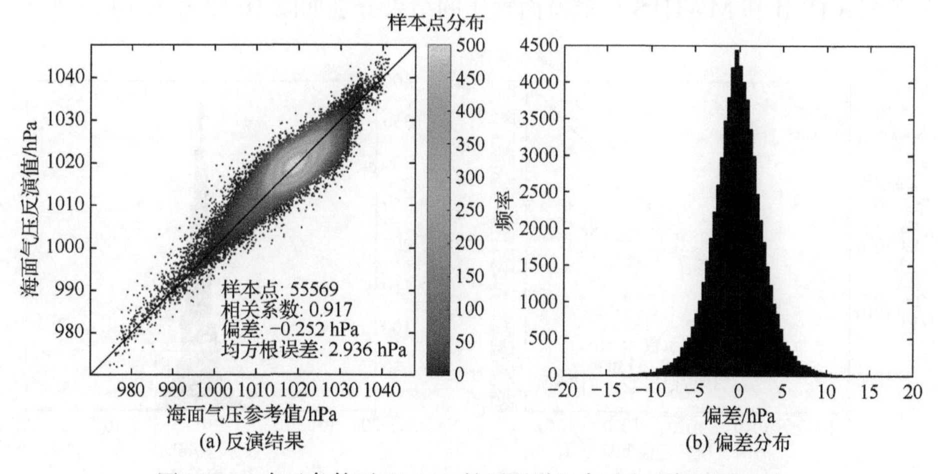

图 10.10　有云条件下 60 GHz 扩展通道组合对海面气压的反演

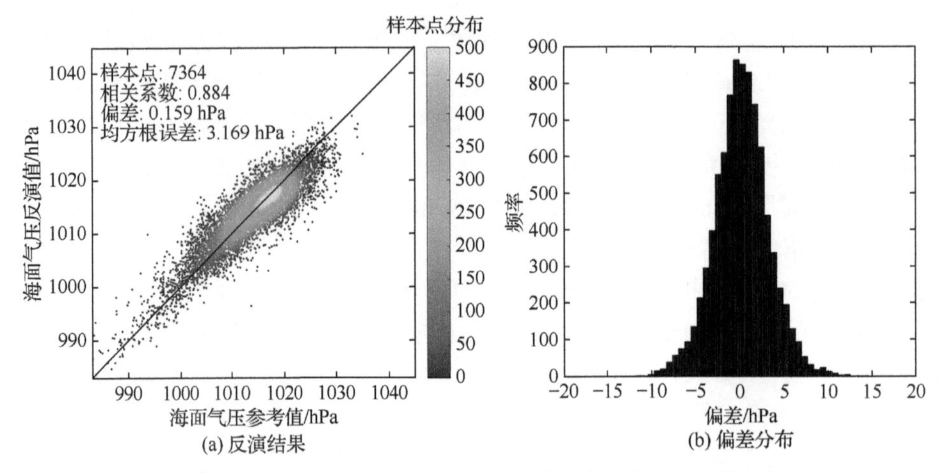

(a) 反演结果　(b) 偏差分布

图 10.11　有雨条件下 60 GHz 扩展通道组合对海面气压的反演

通过对比 60 GHz 扩展通道组合和 60 GHz 通道组合对海面气压的反演结果可以发现，在晴空、有云和有雨条件下，MWTS-II 高空探测通道 11～13 的加入，使 60 GHz 扩展通道组合对海面气压的反演精度均有明显提高。可见，MWTS-II 通道 11～13 虽然主要探测高空范围的温度信息，但是对海面气压的反演具有重要贡献。这可能是由于通道间的相关性导致的，具体原因还有待进一步研究。

10.4.3　MWTS-II 和 MWHTS 反演结果对比

根据 10.3 节实验三的设计，分别使用晴空验证数据集、有云验证数据集和有雨验证数据集中 MWTS-II 观测亮温和 MWHTS 观测亮温反演海面气压。晴空条件下 MWTS-II 和 MWHTS 反演海面气压的结果分别如图 10.12 和图 10.13 所示。

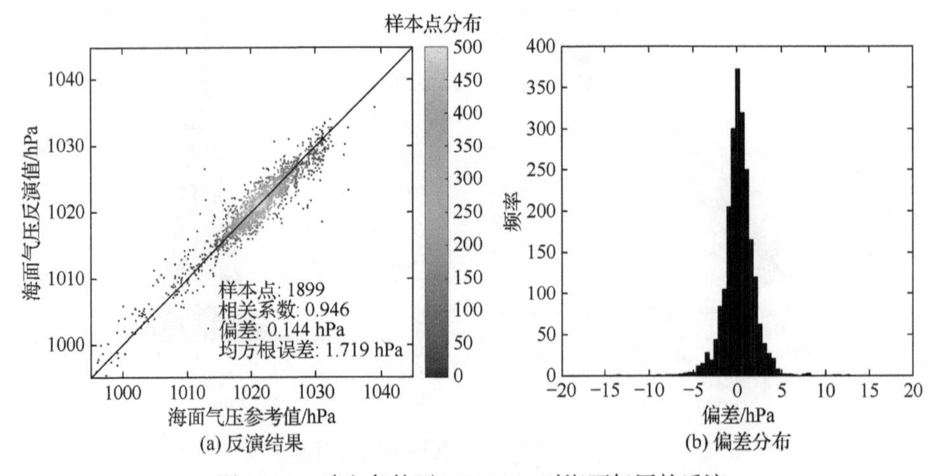

(a) 反演结果　(b) 偏差分布

图 10.12　晴空条件下 MWTS-II 对海面气压的反演

在晴空条件下，MWTS-II 的海面气压反演值与参考值之间相关系数、偏差和均方根误差分别是 0.946、0.144 hPa 和 1.719 hPa，MWHTS 对应的反演结果分别是 0.931、0.094 hPa 和 1.936 hPa。晴空条件下 MWTS-II 可获得比 MWHTS 高约 0.2 hPa 的海面气压反演精度。

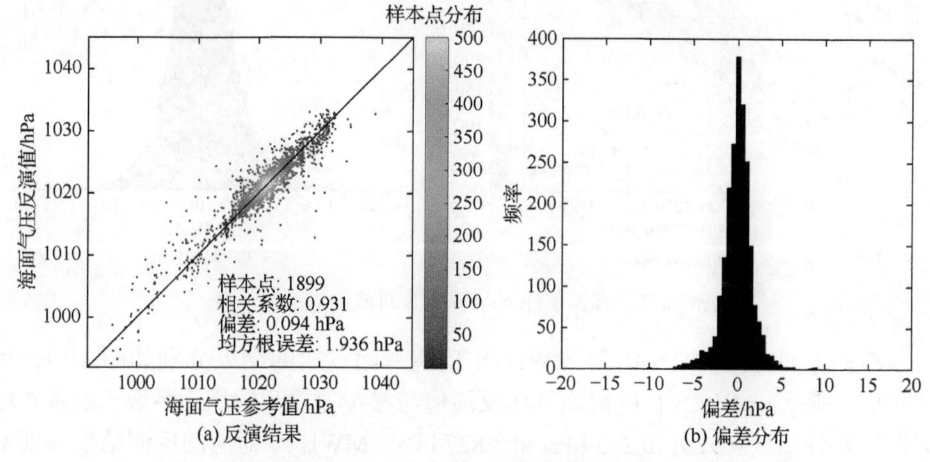

图 10.13　晴空条件下 MWHTS 对海面气压的反演

有云条件下 MWTS-II 和 MWHTS 反演海面气压的结果分别如图 10.14 和图 10.15 所示。MWTS-II 的海面气压反演值与参考值之间的相关系数、偏差和均方根误差分别是 0.928、−0.065 hPa 和 2.734 hPa，MWHTS 对应的反演结果分别是 0.850、−0.314 hPa 和 3.878 hPa。有云条件下 MWTS-II 对海面气压的反演精度明显高于 MWHTS 的反演精度，约高 1.1 hPa。

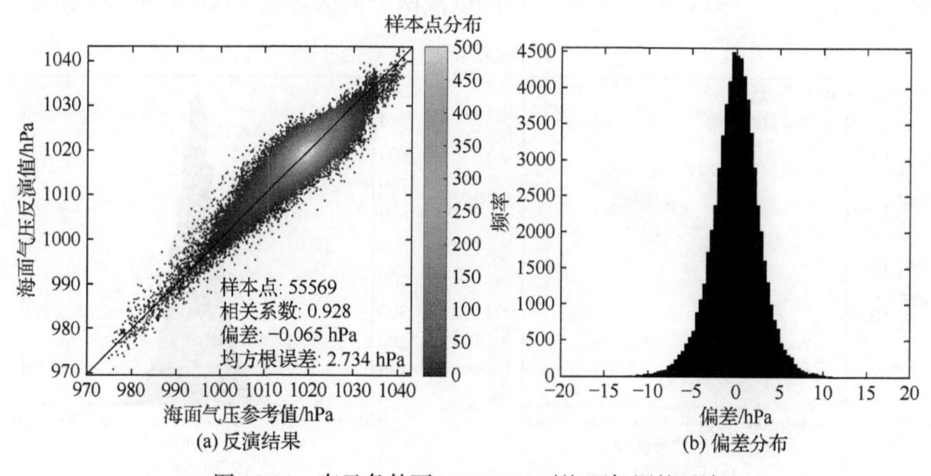

图 10.14　有云条件下 MWTS-II 对海面气压的反演

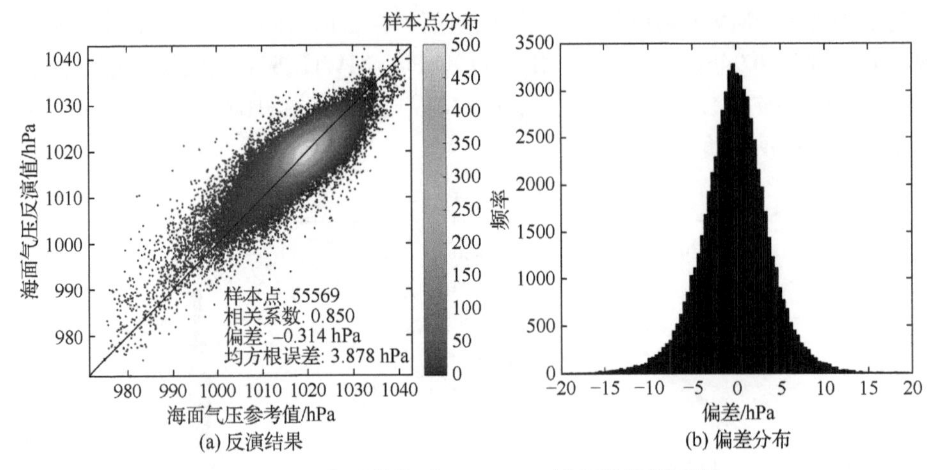

(a) 反演结果　(b) 偏差分布

图 10.15　有云条件下 MWHTS 对海面气压的反演

有雨条件下 MWTS-II 和 MWHTS 反演海面气压的结果分别如图 10.16 和图 10.17 所示。MWTS-II 的海面气压反演值与参考值之间的相关系数、偏差和均方根误差分别是 0.910、0.213 hPa 和 2.827 hPa，MWHTS 对应的反演结果分别是 0.783、–0.288 hPa 和 4.231 hPa。与有云条件下的反演结果相似，MWTS-II 在有雨条件下对海面气压的反演精度远高于 MWHTS 的反演精度，约高 1.4 hPa。通过对比 MWTS-II 和 MWHTS 在三种天气条件下对海面气压的反演结果可以发现，无论是在晴空还是有云或有雨条件下，相比 MWHTS，MWTS-II 均具有更强的海面气压探测能力。

对于 MWTS-II 和 MWHTS 反演海面气压而言，相比 MWTS-II，MWHTS 的观测数据包含了 183 GHz 水汽吸收频段以及两个窗区频段 89 GHz 和 150 GHz 的

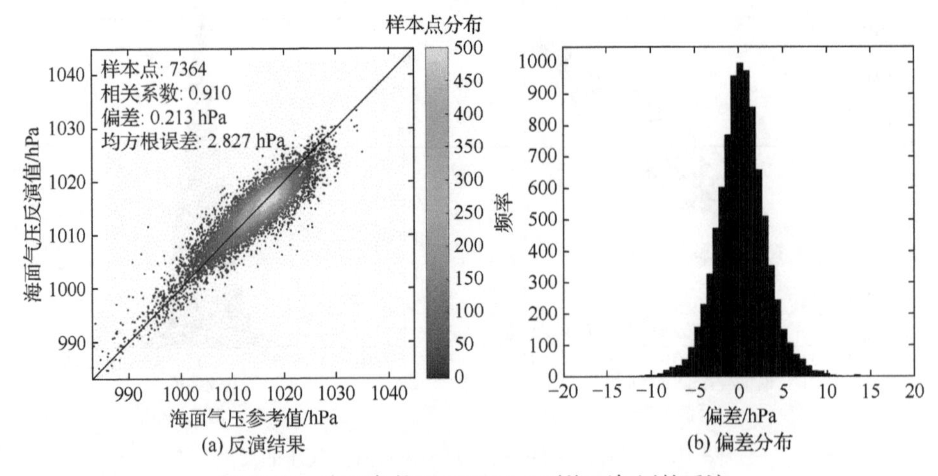

(a) 反演结果　(b) 偏差分布

图 10.16　有雨条件下 MWTS-II 对海面气压的反演

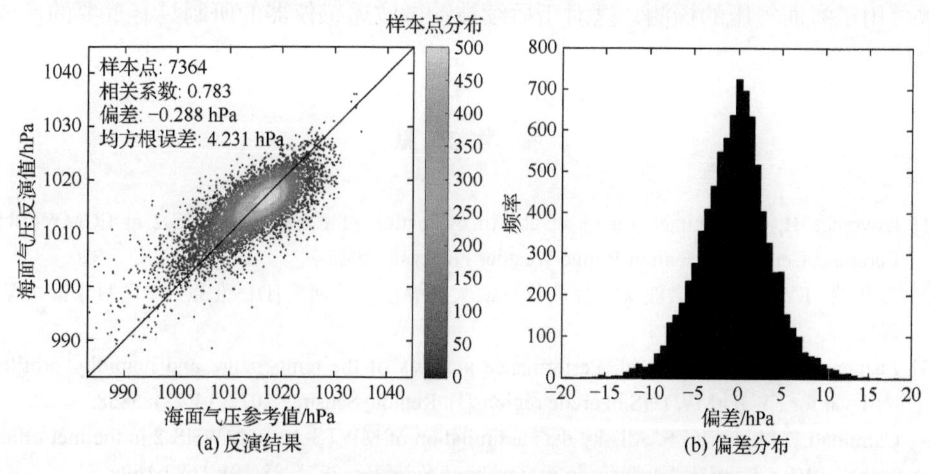

(a) 反演结果　　(b) 偏差分布

图 10.17　有雨条件下 MWHTS 对海面气压的反演

观测信息，但在晴空条件下，其对海面气压的探测能力仍低于 MWTS-II。在有云和有雨条件下，MWHTS 对海面气压的探测能力更差，其反演的海面气压不能满足气象应用对海面气压的精度需求(晴空条件下 1～2 hPa，有云或有雨条件下 3 hPa)。通过对比可以发现，MWTS-II 虽然只使用了 60 GHz 频段的探测数据，但是在有云和有雨条件下仍具有较强的海面气压探测能力，其数据应用于海面气压反演时，可获得满足需求的海面气压反演精度。

另外，通过对比 118 GHz 通道组合在不同天气条件下对海面气压的反演结果可以发现，云水参数对 118 GHz 的海面气压探测能力具有重要影响，云水含量越大，其探测能力越差。然而，60 GHz 受云水参数的影响较小，在有云和有雨条件下均具有较高的海面气压探测能力。通过对比 MWHTS 或 MWTS-II 在不同天气条件下对海面气压的反演结果也可得出相似的结论，即相比 MWTS-II，云水参数更容易对 MWHTS 的海面气压反演结果带来不利影响。

10.5　本章小结

本章使用 MWTS-II 和 MWHTS 观测资料开展了 60 GHz 和 118 GHz 对海面气压的探测能力对比研究，根据通道权重函数分布建立了 60 GHz 通道组合和 118 GHz 通道组合，并开展了海面气压的反演实验。实验结果表明，相比 118 GHz，60 GHz 在晴空、有云和有雨条件下均具有更强的海面气压探测能力。另外，通过在 60 GHz 通道组合中加入 MWTS-II 通道 11～13 建立了 60 GHz 扩展通道组合，并开展了海面气压反演实验。相比 60 GHz 通道组合，60 GHz 扩展通道组合能够获取更高的海面气压反演精度。这表明了通道权重函数峰值位于高空范围的通道也可用于海面气压的探测，这对于后续被动微波遥感仪器的研制具有重要的参考价值。

参 考 文 献

[1] Lawrence H, Bormann N, Lu Q, et al. An evaluation of FY-3C MWHTS-2 at ECMWF[R]. European Centre for Medium-Range Weather Forecasts, 2015.

[2] 贺秋瑞. FY-3C 卫星微波湿温探测仪反演大气温湿廓线研究[D]. 北京：中国科学院大学, 2017.

[3] Zhang L, Tie S, He Q, et al. Performance analysis of the temperature and humidity profiles retrieval for FY-3D/MWTHS in arctic regions[J]. Remote Sensing, 2022, 14(22): 5858.

[4] Carminati F, Migliorini S. All-sky data assimilation of MWTS-2 and MWHS-2 in the met office global NWP system[J]. Advances in Atmospheric Sciences, 2021, 38(10): 1682-1694.

[5] Croom D L. The 2.53 mm molecular rotation line of atmospheric O_2[J]. Planetary Space Science, 1971, 19: 777-789.

[6] Gasiewski A J, Barrett J W, Bonanni P G, et al. Aircraft-based radiometric imaging of tropospheric temperature and precipitation using the 118.75 GHz oxygen resonance[J]. Journal of Applied Meteorology and Climatology, 1990, 29(7): 620-632.

[7] Gasiewski A J, Johnson J T. Statistical temperature profile retrievals in clear-air using passive 118 GHz O_2 observations[J]. IEEE Transactions on Geoscience and Remote Sensing, 1993, 31(1): 106-115.

[8] Sahoo S, Bosch-Lluis X, Reising S C, et al. Radiometric information content for water vapor and temperature profiling in clear skies between 10 and 200 GHz[J]. IEEE Journal of Selected Topics in Applied Earth Observations and Remote Sensing, 2014, 8(2): 859-871.

[9] He Q, Wang Z, He J, et al. A comparison of the retrieval of atmospheric temperature profiles using observations of the 60 GHz and 118.75 GHz absorption lines[J]. Journal of Tropical Meteorology, 2018, 24(2): 151-162.

[10] Ulaby F T, Moore R K, Fung A K. Microwave Remote Sensing: Active and Passive[M]. MA: Addison-Wesley, 1981.

[11] Marzano F S, Visconti G. Remote Sensing of Atmosphere and Ocean from Space: Models, Instruments and Techniques[M]. Berlin: Springer, 2003.

[12] 张子瑾. 基于被动微波探测的海面气压反演理论和方法研究[D]. 北京：中国科学院大学, 2019.

[13] Zhang Z, Dong X, Liu L, et al. Retrieval of barometric pressure from satellite passive microwave observations over the oceans[J]. Journal of Geophysical Research: Oceans, 2018, 123(6): 4360-4372.

[14] He Q, Wang Z, Li J. Fusion retrieval of sea surface barometric pressure from the microwave humidity and temperature sounder and microwave temperature sounder-II onboard the fengyun-3 satellite[J]. Remote Sensing, 2022, 14(2): 276.

[15] He Q, Wang Z, Li J, et al. Sensitivity testing of microwave temperature sounder-II onboard the

fengyun-3 satellite to sea surface barometric pressure based on deep neural network[J]. Remote Sensing, 2022, 14(12): 2839.

[16] He J, Zhang S. Regional profiles and precipitation retrievals and analysis using FY-3C MWHTS[J]. Atmospheric and Climate Sciences, 2016, 6: 273-284.

[17] Rodgers C D. Retrieval of atmospheric temperature and composition from remote measurements of thermal radiation[J]. Reviews Geophysics, 1976, 14(4): 609-624.

[18] Liu Q, Boukabara S. Community radiative transfer model (CRTM) applications in supporting the suomi national polar-orbiting partnership (SNPP) mission validation and verification[J]. Remote Sensing of Environment, 2014, 140: 744-754.

[19] Boukabara S A, Garrett K, Chen W, et al. MiRS: An all-weather 1DVAR satellite data assimilation and retrieval system[J]. IEEE Transactions on Geoscience and Remote Sensing, 2011, 49(9): 3249-3272.

[20] Barlakas V, Galligani V S, Geer A J, et al. On the accuracy of RTTOV-SCATT for radiative transfer at all-sky microwave and submillimeter frequencies[J]. Quarterly Journal of the Royal Meteorological Society, 2022, 283(3): 108137.